新型智慧农业技术应用

姚光琴　谢久凤　向钦瀚　著

U0222540

吉林科学技术出版社

图书在版编目（ＣＩＰ）数据

新型智慧农业技术应用 / 姚光琴，谢久凤，向钦瀚
著. -- 长春：吉林科学技术出版社，2023.3
ISBN 978-7-5744-0317-8

Ⅰ．①新… Ⅱ．①姚… ②谢… ③向… Ⅲ．①智能技
术－应用－农业技术－研究 Ⅳ．①S-39

中国国家版本馆 CIP 数据核字(2023)第 066105 号

新型智慧农业技术应用

著	姚光琴　谢久凤　向钦瀚	
出 版 人	宛　霞	
责任编辑	高千卉	
封面设计	南昌德昭文化传媒有限公司	
制　　版	南昌德昭文化传媒有限公司	
幅面尺寸	185mm×260mm	
开　　本	16	
字　　数	300 千字	
印　　张	14	
印　　数	1-1500 册	
版　　次	2023 年 3 月第 1 版	
印　　次	2024 年 1 月第 1 次印刷	

出　　版　吉林科学技术出版社
发　　行　吉林科学技术出版社
地　　址　长春市南关区福祉大路 5788 号出版大厦 A 座
邮　　编　130118
发行部电话/传真　0431—81629529　81629530　81629531
　　　　　　　　　　81629532　81629533　81629534
储运部电话　0431-86059116
编辑部电话　0431-81629510
印　　刷　廊坊市印艺阁数字科技有限公司

书　　号　ISBN 978-7-5744-0317-8
定　　价　79.00 元

《新型智慧农业技术应用》
编审会

» 前言 «

农业机械化和智能化是转变农业发展方式、提高农村生产力的重要基础，是实施乡村振兴战略的重要支撑，没有农业机械化、智能化，就没有农业农村现代化。智慧农业是信息技术、生物技术、先进制造技术等高新技术在农业生产中的集成应用，也是科技创新支撑乡村振兴发展的重要抓手。科技部历来高度重视智慧农业科技创新工作，通过国家重点研发计划等部署了相关领域研究任务，如智能农机装备、农业信息技术平台、数字乡村等，着力推进项目、基地、人才、资金的一体化配置，推动智慧农业的发展，促进农业质量效益的提升。面对新使命、新形势、新需求，我们要加快补齐创新链、产业链和供应链上的技术短板，科技支撑着智慧农业高质量发展。

智慧农业是指利用信息技术，对农业生产、经营、管理、服务全产业链进行智能化控制，实现农业生产的优质、高效、安全和可控。我国高度重视发展智慧农业，发展智慧农业是实现现代农业的必由之路。

信息技术、智能技术、物联网系统等多项现代前沿科学技术成就的全面发展，给现代高科技农业的全面发展模式带来诸多重大变化。我国数字农业信息系统正在逐渐利用现代电子科学技术而迅速地发展并成为新型智慧农业。因此对新型智慧农业技术的研究探索是十分必要的，本书首先对乡村振兴背景下的新型智慧农业的基础理论进行了阐述，接着分析了智慧农业4.0的发展背景，然后在此基础之上对感知技术、大数据技术、物联网技术、人工智能技术等在智慧农业生产中的应用进行了分析，并探索了智慧农业的多元发展路径，为新时代、新技术背景下农业的发展指明了方向，本书可为农业技术研究和智慧农业发展管理的人员提供了参考。

本书撰写的过程中，参考了许多参考资料以及其他学者的相关研究成果，在此表示！鉴于时间较为仓促，水平有限，书中难免出现一些谬误之处，因此恳请广大读者、专家学者能够予以谅解并及时进行指正，以便后续对本书做进一步的修改和完善。

目录

第一章 新型智慧农业的基础理论

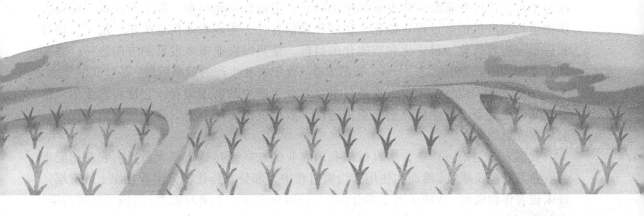

第一节 智慧农业的内涵

一、"智慧农业"的内涵

"智慧农业"概念的提出,从技术层面上看,与计算机技术、互联网、信息化、大数据、物联网、智能化等诸多领域发展与应用直接相关;从产业层面看,与农业产业化、农业创新转型、农村综合治理、农民职业化直接相关。也就是说,"智慧农业"是指在信息时代中应用大数据、智能化、移动互联网和云计算等技术对传统农业经济实行产业化治理、实现农业产供销全过程可追溯监管、培育职业农民的新型农业体系。"智慧农业"与"数字农业""农业信息化""电子农业""智能农业""互联网农业"等概念相通相近。总体来看,"智慧农业"概念及其产业的发展,是农业信息化、农业产业化及农民职业化发展的结果。

目前,研究者对"智慧农业"的定义特别多。①智慧农业是以最高效率地利用各种农业资源,最大限度地降低农业成本和能耗、减少农业生态环境破坏以及实现农业系统的整体最优化为目标，以农业全产业、全过程智能化的泛在化为特征，以全面感知、可靠传输和智能处理等物联网技术为支持及手段，以自动化生产、最优化控制、智能化管理、系统化物流和电子化交易为主要生产方式的高产、高效、低耗、优质、生态和安全的一种现代农业发展模式与形态。②"智慧农业"是充分利用信息技术，包括更透彻的感知技术、更广泛的互联互通技术和更深入的智能化技术，使得农业系统的运转更加有效、更加智慧，以使农业系统达到农产品竞争力强、农业可持续发展、农业资源有效利用和环境保护的目标。③"智慧农业"利用现代计算机技术和互联网手段与平台，通过专家经验和专家系统的指导，定量数字化模拟、加工与决策，使得农作物生长与产供销全过程智能化、数字化和信息化，实现农业信息采集、加工、处理和评价分析现代化、科学化和智能化的目标，是我国农业未来发展的方向之一，是实现农业现代化重要举措之一。④"智慧农业"处于农业生产的最高阶段，是物联网技术、无线网络技术、传感技术等多种新技术在农业生产中的高度融合，它使得农业生产信息化基础更完备，农业信息感知更加透彻，数据资源更加集中，智能控制更加深入，公众服务更加贴心。

我国农业是第一产业，一直以来我国农业的发展主要是依靠大量投入农药化肥来为农业发展提质增效，然而在使用和设施过程中大部分农药化肥只附着在泥土的表层，并未被农作物吸收，造成了大量养分损失，同时也破坏了土壤的肥力，造成了环境污染。我国大部分地区都是以传统农业生产模式为主的农业生产，传统的生产模式耕种主要凭农民的个人经验进行农业生产，在施肥灌溉上很容易控制不好尺度，这样很容易污染环境、影响土壤肥力，阻碍农业发展的可持续性。"智慧农业"针对上述问题，利用农业物联网信息采集系统监测动态，获取实时的、多维的信息，在农业生产快速信息与种植专家知识系统共享的基础上，实现农田的自动控制，达到智能灌溉、智能施肥与智能喷药等，突破信息获取难、智能化程度低等技术发展瓶颈。《发展"智慧农业"问题研究——以广西为例》一文中阐述了我国当前受农业科技和传统农业耕作模式的影响，农民通过科学技术指导农业发展的意识和环境保护意识都很淡薄，对农作物的生长环境和土壤结构、害虫防治、农作物施肥方式等方面缺乏科学地分析，随意使用化肥农药非常普遍。所以解决农药过量和盲目的使用成为我国当前农业发展面临的重要问题，应当合理控制农药使用，防治农药对土壤的污染。"智慧农业"就是为关注人类身体健康而提出的一种新的农业发展方式。"智慧农业"在生产过程中既需要将现代科技管理和科技方法科学地融入农业生产中，又要考虑到生态环境持续发展和人类的身心健康。现代农业发展的必然趋势是"智慧农业"。"智慧农业"是智能农业专家系统，是"感知中国"理念在农业发展中的具体应用，指利用物联网技术、云计算技术等信息化技术实现"三农"产业的数字化、低碳化、生态化、智能化、集约化，从空间、组织、管理整合现有农业基础设施、通信设备和信息化设施，使农业与生态环境和谐发展，实现"高效、智能、聪明、精细"，是现代信息技术融合在农业发展领域中的具体实践和应用。

二、"智慧农业"系统

"智慧农业"系统能够促进传统农业向"智慧农业"转变，可从农产品种植、收获、生产、销售、物流、产品追踪等方面实现生产、供应、销售全流程的控制，覆盖农业生产、销售等多个环节。"智慧农业"可以由四个部分组成："智慧农业"生产系统、"智慧农业"经营系统、"智慧农业"管理系统、"智慧农业"服务系统。

（一）"智慧农业"生产系统

"智慧农业"生产管理系统以农业物联网平台为载体，保证农产品的质量。物联网、云计算等技术构建成的智慧型农业物联网，通过部署在各个农业生产现场的终端传感器，对农产品的生长过程进行全程管理，检测农作物是否需要添加农药等物质，利用 RFID（即射频识别技术，通过射频信号和空间耦合传输特性，进行自动识别目标对象并获取相关的数据）电子标签追踪产品溯源等。生产管理系统的主要功能有：一是信息采集功能，通过各种传感器采集如温湿度、土壤酸碱度等数据；二是监管功能，通过安装视频等设备对农业生产现场进行采集，传输到专家系统对生产情况进行指导；三是数据分析功能，对生产过程中积累的大量数据能够进行充分的挖掘、分析；四是操控功能，通过互联网、物联网技术实现卷帘、灌溉、风机等远程操控。

（二）"智慧农业"经营系统

农产品依靠原始的信息手段、销售手段解决不了销售难的问题。而利用物联网系统中储存的大量数据，根据农产品的种类和农民所处地域，可以精确分析处理并给出实时市场数据，实现销售、购买和费用支付等业务"一条龙"模式，解决农产品积压、滞销等问题。将信息技术与农业生产有机结合，建立农产品生产监管机制，包括对农产品质量的监督和销售的监督，实现农业生产信息透明化、销售有序化、售后可控化，最终建立整体的、系统的农产品生产模式。

（三）"智慧农业"管理系统

现代农业的集约化生产和可持续发展要求实时了解农业相关资源配置，掌握环境变化，需要加强对农业整体的监管，在宏观上加强管理，合理配置、合理开发、合理利用有限的农业资源，实现可持续发展。我国农业资源分布有较大的区域差异，并且种类多、变化快，难以依靠传统方法进行准确预测，而现代技术的广泛应用为农业管理提供了便捷，农业的管理与决策更为智慧。其主要是通过物联网、移动互联网、云计算、大数据等现代信息技术，推动种植业、畜牧业、农机农垦等各农业领域协调发展，推进农业生产管理信息化，加强农业生产的应时控制、农产品质量安全信用体系的建设，农产品行业中可应用于农产品的跟踪监管和溯源，确保农产品供应链的高质量数据交流。"智慧农业"运用信息化技术能保证农产品来源的清晰，实现产品追踪，从而实现产品质量的监管和追溯。提高农业主管部门在生产决策、资源配置、上下协同、指挥调度、信息反馈等方面的行政效能，达到"农业管理高效和智能"的先进化管理的智慧水平。利用移动互联网、云计算、物联网等现代信息技术，建立起农业综合在线管理系统，系统通过移动智能终端，实现一系列管理活动，提高农业管理的工作效率。

（四）"智慧农业"服务系统

通过互联网技术将部署在各个生产现场的传感器采集到的数据进行压缩编码，传送给农业专家，专家足不出户，不用到生产现场，即可实时远程指导、在线回答疑问等。专家远程服务系统的主要功能有：一是农产品生产者与农业专家可实现双向音视频实时沟通的功能；二是对农业生产过程实施远程控制的功能；三是综合服务功能。基于农业大数据分析结果得到的决策信息，通过农业信息共享平台向农户传递，农户可以通过手机 App 实时查看自己农田的环境参数信息，还可以远程控制农田里的灌溉设备。

三、"智慧农业"的特征

"智慧农业"就是把农业资源各要素、各个产业与科学技术、现代信息技术、大数据分析相融合，用技术推动从农业生产到农产品销售终端之间各个环节完美实现，提高农业资源利用效率，提高效益，减少污染。

（一）"智慧农业"生产的生态性

"智慧农业"生产是整个农业产业链的关键环节。农业生产与互联网技术、农业云计算、大数据分析的结合使农业各个产业的运行更具有效率。农业生产者可以通过 3S 技术（遥感技术、地理信息系统、全球定位系统）得出农作物生长的相关环境数据，对农作物生长做出最优抉择，提高农业资源利用率，保证农业生产的生态性，提升农产品的品质。

（二）"智慧农业"管理的效益性

"智慧农业"管理贯穿于整个农业产业链的方方面面，从农业生产到农产品销售终端各个环节实现有效管理。利用农业环境监测平台，对农作物生长情况做到有效预警，对农作物施肥、施药、灌溉等进行精细化控制；利用农产品交易平台，做到精准营销，提高农产品产业化水平，增加农民收入。因此，"智慧农业"管理具有效益性。

（三）"智慧农业"信息服务的共享性

"智慧农业"在发展过程中注重信息服务的共享性，基于互联网、云计算、大数据分析等，可实现农业生产信息的采集、储存与传送，农民有问题可以随时与在线专家联系，了解信息，及时解决问题；对农产品涉及的市场信息、农产品供给信息、消费者需求信息、物流信息等了如指掌，对农业资讯、农业发展动态信息实时跟进，有效解决农业信息不对称与信息获取的困难性。

四、"智慧农业"的作用

（一）"智慧农业"能够提高农业生产经营效率，提升农业竞争力

"智慧农业"采集到的农业大数据，可以让农业经营者灵活地实时掌握天气变化数据、市场供需数据、农作物生长数据等，准确判断农作物是否该施肥、浇水或打药，避免了因自然因素造成的产量下降，提高了农业生产对自然环境风险的应对能力。通过智能化设备合理安排用工用时用地，减少劳动和土地使用成本。智能化设备代替人力的农业劳作，不仅解决了农业劳动力日益紧缺的问题，而且实现了农业生产的规模化、集约化，这样不仅提高了农业生产率，促进了农业生产组织化，还提高了农业生产对自然环境风险的应对能力，使弱势的传统农业成为具有优势的现代产业。互联网与农业的深度融合，使得农产品电商、土地流转平台、农业大数据、农业物联网等农业市场创新商业模式不断出现，大大降低了信息搜索、经营管理的成本。"智慧农业"还可以引导和支持新型农业经营主体发展壮大和联合，如农业专业大户、家庭农场、农民专业合作社、龙头企业等，促进农产品生产、流通、加工、储运、销售、服务等农业相关产业紧密链接，农业土地、劳动、资本、技术等要素资源得到有效组织和配置，使产业、要素集聚从量的集合到质的突变，从而再造整个农业产业链，实现农业和二、三产业交叉渗透、融合发展，提升农业竞争力。

（二）"智慧农业"能够实现农业精细化、绿色化发展

必须确立发展绿色农业就是保护生态的观念。"智慧农业"作为集保护生态、发展生产为一体的农业生产经营模式，通过农业精细化生产，实施测土配方施肥、农药精准科学施用、农业节水灌溉，推动农业废弃物资源化利用，达到了合理利用农业资源、减少污染、改善生态环境的目的，不仅保护好青山绿水，又能实现产品绿色安全优质。"智慧农业"借助科技手段对不同的农业生产对象实施精准化操作，在满足农作物生长需要的同时，避免资源浪费，又防止环境污染。通过智能化设备对土壤、水环境状况可以实时动态监控，构建农业生态环境监测网络，精细获取土情、地情、水情等农业资源信息，使之符合农业生产环境标准，按照一定技术经济标准和规范要求通过智能化设备进行生产，保障农产品的品质，达到统一，确保产品安全。借助互联网及二维码等技术手段，建立全程可追溯、互联共享的农产品质量和食品安全信息平台，健全从农田到餐桌的农产品质量安全过程监管体系，保障人民群众"舌尖上的绿色与安全"。"智慧农业"保障了资源节约、产品安全，实现精细化操作，推动资源永续利用和农业可持续发展，实现了"绿色化"。

（三）"智慧农业"能够促进农业发展观念的转变

智慧化的农业让人们转变了传统的农业思考模式，比如，农业相关人员利用信息化手段足不出户就能够远程学习农业知识，获取各种科技和农产品相关信息；专家系统和信息化终端为农业生产者提供生产指导，指导农业生产经营，改变了过去单纯依

靠经验进行农业生产经营的传统模式，彻底转变了农业生产者和消费者对传统农业生产方式落后、科技含量低的观念。另外，"智慧农业"阶段，农业生产经营规模越来越大，生产效益越来越高，迫使小农生产向以大规模农业协会为主体的农业组织体系转型升级。

"智慧农业"的发展，体现了以人为本的价值观念，摒弃了追求眼前物质利益而忽视人类伦理关怀的价值倾向。"智慧农业"的发展，以建设优美宜人的自然环境和健康舒适的人文环境为目标，创造良好的农业环境，为人类生存和发展提供科学化、舒适化的自然关怀。体现了科学原则与人文关怀的统一，有利于根据自然本身发展的规律使人与自然和谐相处、有机统一，让农业生产、自然环境与人类的生产之间实现互利共赢。农产品的生产与种植也要考虑自然环境的承载力，遵循自然环境的发展规律，将农业、自然环境、人构成有机统一体，充分考虑到每个方面的特点，实现农业生产运行的科学化。

（四）"智慧农业"能够促使农业发展过程的优化

"智慧农业"的重要特点是农产品品质好，富含丰富的矿物质和有机元素，为人体提供多样的营养元素，促进人的身体健康，这也是"智慧农业"生产的基本要求，单方面改进生产技术、提高产量是对"智慧农业"的片面认识。只有认识到农产品的品质是农业生产的基础，才可生产出人们需要的农产品，农产品质量才有了保证，才会彰显"智慧农业"的优势。传统农业生产的农产品的质量有待提升，"智慧农业"在信息技术、科学管理的支撑下，可以有效提升质量和提高产量，促进农业发展过程的优化。"智慧农业"的优化发展呼应了生态文明的理念，依靠科学技术、信息技术，资源才能合理分配与利用，促进农业发展的持续化，促进农业发展的转型升级。特别是重视土地轮耕和轮休，遵循自然规律，充分发挥农田的作用，促进农业可持续发展，这也有利于维持生态系统的平衡。

第二节　实施乡村振兴战略与发展智慧农业

一、实施乡村振兴战略的必要性

（一）有利于实现农业可持续发展

农业可持续发展是指在保证农业稳步发展的情况下，实现农业资源的节约、环境的保护，实现经济发展与生态环保协调统一。马克思所提出的"物质变换"理论和恩格斯的"两个和解"理论都蕴含了可持续发展的思想，实现了人与自然的物质交换，使人类从自然界夺取的东西能返还到自然界，实现物质循环与发展。中国农业和农村发展面临很多困境，比如人口众多，农业资源相对匮乏。我国人均耕地面积占有量少，这就决定了我国只能走集约高效的农业发展道路。合理地利用农业资源、改善农业生态环境、发展生态农业，符合我国基本国情，加强农村基础设施建设、弘扬优秀的传统文化，这些对于乡村振兴战略实施具有重要的意义。

（二）有利于保证农产品质量和安全

我国农产品种类多，能够基本满足国内的需求，为了提高产量过度使用农药和化肥等化学产品，导致农村环境污染和农产品的污染。在农药的使用中，农作物吸收一部分，剩余的会进入土壤，最后污染地下水，土壤自我修复能力下降，导致土地状况不良等问题。一些有害物质在无形循环过程中会回到人类的身体之中，也影响人们的健康和生活。乡村振兴战略就是竭力改善生态环境，依靠先进技术，追根溯源，保证农产品质量安全。国家正在重视农业化肥量的控制问题，农业生产势必要走绿色和生态之路。

（三）有利于提升国际竞争力

中国改革开放和加入世界贸易组织以来，对外贸易繁荣发展，成为农产品贸易大国。国际市场竞激烈，各国设置的绿色贸易壁垒给我国农业出口带来了严重的影响。绿色贸易壁垒导致国外消费者对我国产品信心不足，对我国出口贸易带来了长期的影响。为了解决所面临的一系列问题，发展生态农业是必然选择，能够促进农业发展、增加农民收入、发展农村经济，还能够保护生态环境、提高农产品质量和出口能力。粮食产量是一个重要的问题，同时粮食的质量也得达到标准，不管是产量还是质量都得牢牢把握在自己的手上。

二、"智慧农业"与传统农业的区别

"智慧农业"是农业发展史上的重要阶段，也是实现农业现代化的重要模式，它不再局限于传统的农业种植类型，而是包含了第一、二、三产业的融合发展。传统农业的发展在信息技术盛行的今天，劳动力成本的优势不再明显，不能适应现代社会的发展要求了，必须改变传统的农业发展结构，走现代化农业之路。

（一）技术含量不同

在传统农业社会中，主要依靠人力或简单的操作工具来助力农业的发展，农业机械的应用和推广也会受到抑制。"智慧农业"是用现代科学技术武装起来的农业，其要素大都是由农业部门外部的现代化工业部门和服务部门提供的，以比较完善的生产条件、基础设施、现代化的物质装备为基础，合理分配物质投入和劳动力投入，从而提高了农业生产效率。

（二）经营目标不同

传统农业生产技术落后，生产效率低下，农民抵御自然灾害的能力不足，受自然环境的影响较大。为了预防自然灾害给人们的生活和生存带来威胁，农民尽量地多生产、多存粮以备急需，因此传统农业的生产目标主要就是产量最大化，通过产量的增加获得收入。"智慧农业"的经营目标是追求利润的最大化，以一定的投入获取最大限度的利润，让农业成为高度商业化的产业。"智慧农业"突破了传统农业或者主要从事初级农产品原料生产的局限性，实现种养加、产供销、贸工农一体化生产，使农业的内涵不断得到拓宽和延伸，农业的链条通过延伸更加完整，农业的领域通过拓宽使得农工商的结合更加紧密。尤其是食品供给的链条越来越长，环节越来越多。一种食品从开始种植到利用，要经过生产、加工、流通等诸多环节，食品的供给体系越来越复杂化以及国际化。

（三）规模化程度不同

传统农业是一家一户式分散经营，不具有规模化，农业生产效率与农民收入都不高，社会生产力发展到一定阶段，原有的农业发展模式已显示出弊端，农业的发展日益走向现代化、智慧化。农业中的某些产业受到集聚规模效益的驱动，向特定农业资源的地理区域集中，从而形成具有一定规模、地域特征明显的"智慧农业"产业集聚区。"智慧农业"按照区域比较优势原则，突破行政区划的界限，使分散农户形成区域生产规模化，实现资源的优化配置。"智慧农业"的发展注重产业规模化，具有一定的产业化经营水平和潜力，能够从根本上解决农村经济发展落后的问题。

（四）管理方式不同

"智慧农业"广泛采用先进的经营方式、管理技术和管理手段，从农业产前到产后形成比较完整的、有机衔接的产业链，具有很高的组织化程度。高效且稳定的销售渠道，具有较高素质的农业经营管理人才和职业化农民，这些构成了"智慧农业"发展必备的现代农业管理体系。

三、发展"智慧农业"与实现乡村振兴

建设社会主义新农村应要按照"生产发展、生活宽裕、乡风文明、村容整洁、管理民主"的要求，扎实、稳步地加以推进。乡村振兴战略的提出，要按照产业兴旺、生态宜居、乡风文明、治理有效、生活富裕的总要求，建立健全城乡融合发展体制机制和政策体系，加快推进农业农村现代化。

现在我国社会的主要矛盾就是人民日益增长的美好生活需要和不平衡、不充分的发展之间的矛盾。现阶段，我国的城市化和工业化发展势头正旺，但是农村农业的现代化发展相对比较缓慢，城市和农村发展差距依然存在，帮助农民摆脱贫困的问题还是非常艰巨的。只有重视建设农业农村现代化，并且有效地推进农业农村的平衡、充分、现代化发展，才能够真正实现社会主义现代化强国的目标。走中国特色减贫之路，

需要乡村振兴战略，这是一个综合性战略，能够改善民生，精准扶贫。加快发展现代高效农业，促进第一、二、三产业融合，增加农民收入，这是实施乡村振兴战略的要旨。发展"智慧农业"应当与实现乡村振兴相互契合。中国社会科学院财经战略研究院研究员李勇坚认为，互联网发展给中国乡村带来了以下几个方面的机遇：一是农产品有了更广阔的市场空间，为乡村发展注入新的活力；二是有利于改善农村的商业消费环境，提高乡村消费水平；三是有助于乡村精准扶贫；四是有助于农村金融的发展；五是有助于提升乡村治理水平。李勇坚同时表示，以互联网发展促进乡村振兴需要多措并举，一是需要农产品上行与工业品下行同时发力；二是要加快推动农村各类服务互联网化；三是利用互联网挖掘贫困地区的各类资源价值；四是利用互联网发展乡村公共服务，传播乡村特色文化；五是利用互联网发展与"三农"相关的金融服务。

互联网的不断发展、信息化技术的广泛使用促进了"智慧农业"的产生，农业日益走向网络化、智能化，"智慧农业"成为乡村振兴发展的重要路径。苏宁控股集团董事长张近东表示，农业发展是乡村振兴战略的基础支撑。随着互联网等新技术的加速涌现，数字农业、"智慧农业"应运而生，农业发展迈入了"新的春天"。"智慧农业"高效率、智能化、精准化等一系列特点，对解决我国人多地少的实际国情和全面建成小康社会具有重要的现实意义。

（一）乡村振兴战略为"智慧农业"发展引导方向、拓展思路

1. 乡村振兴战略的提出，为"智慧农业"注入活力

源于乡村振兴战略，各类资本投入农业的兴趣将被再度激发，新一轮农业投资热潮迎面而来。政府对农村和农业的高度关注与科学规划，再加上充足社会资金的投入，使农村农业面临发展的重大机遇，"智慧农业"自然被注入了无限活力、激活了无限潜力。

2. 乡村振兴的政策体系，为"智慧农业"指明道路

随着乡村振兴战略的提出，中国从上到下倍感振奋，各级政府部门抓紧时间出台规划和各类政策，为农业供给侧改革明确新的方向。河北省出台了《河北省乡村振兴战略规划（2018—2022年）》，《规划》指出，实施乡村振兴战略，是解决新时代主要矛盾、实现"两个一百年"奋斗目标和全体人民共同富裕的必然要求，是深度融入京津冀协同发展、补齐发展短板、实现高质量发展的必由之路，具有重大现实意义及深远历史意义。

3. 乡村振兴的成效，为"智慧农业"夯实基础

2018年中央一号文件明确指出，"坚持农业农村优先发展。把实现村振兴作为全党的共同意志、共同行动，做到认识统一、步调一致，在干部配备上优先考虑，在要素配置上优先满足，在资金投入上优先保障，在公共服务上优先安排，加快补齐农业农村短板"。政府规划和引导、农民以及全社会积极参与，中国的农村将要实现农业强、农村美、农民富的美好愿景。在乡村振兴逐步深入推进的过程当中，一些问题如农村农业基础设施差、部分农村居民思想滞后、科技力量欠缺等障碍将被大力破解，为"智

慧农业"的发展夯实基础。

（二）"智慧农业"发展给乡村振兴提供助力、提供保障

产业兴旺是实现乡村振兴的重要内容，发展"智慧农业"是产业兴旺的核心，就是依靠信息技术和科学手段推动农业、林业、牧业、渔业和农产品加工业转型升级，提升良种化、科技化、信息化、标准化、制度化和组织化水平。随着农村改革的不断深化，除了农业这个根基之外，延伸出来的农村第二产业、第三产业也不断地发展起来。要大力发展新型职业农民，调动广大农民的积极性、创造性，形成现代农业产业体系，推进农村一、二、三产业融合发展，促进农业产业链延伸，保持农业农村经济发展鲜活的生命力。"智慧农业"可推动农业产业结构的优化升级，一些传统资源、农业废弃物被综合利用，新模式的农业蓬勃发展；在稳定传统农业的基础之上，不断拓展农业其他功能，实现现代先进科技与农业产业的融合发展。

生态宜居是提高乡村发展质量的保证，发展"智慧农业"是生态宜居的持续。在过去很长一段时期，我国农业发展主要是粗放式经营，追求高产是目标，虽然带来了丰富的农产品，但对生态环境造成了一定的破坏。随着经济的发展，人们的需求越来越高，不仅要提供优质的农产品，还要提供生态产品以及具有乡情、农耕文化的精神产品，满足这些需求，离不开生态宜居的良好环境。"智慧农业"主要秉承保护自然、顺应自然、敬畏自然的生态文明理念，提倡绿色生态理念，不断的完善基础设施建设，注重人与自然和谐共生，让乡村人居环境绿起来、美起来，实现乡村振兴。

乡风文明是乡村建设的灵魂，发展"智慧农业"可以促进乡风文明的发展。乡风文明的实质和核心是农民的知识化、文明化、现代化。当前农村乡风主流是好的，但也存在一些普遍的问题。一是农民整体文化素质不高，表现为观念落后，不愿意掌握新知识，固守原有的思想，科学技术知识匮乏，对信息技术手段不感兴趣甚至排斥，法律意识不强，喜欢凭经验办事。二是陈规旧习普遍存在。农村中常常存在着一些铺张浪费、炫富攀比、大操大办、高价彩礼等现象；不尊老、不敬老问题，不关心老人、不赡养老人的事情也时有发生，为了面子，薄养厚葬现象在一些地方比较普遍；还有的村民封建迷信思想残留严重。三是部分村干部的理想信念有所弱化，有的基层党员党性不强，素质不高，集体意识薄弱，宗族观念深厚。推进乡风文明建设，就是要破除农村中的不良现象，坚持物质文明和精神文明、社会文明和生态文明一起抓。努力实现乡村传统文化与现代文明的融合，其关键在于建设富裕农村。物质基础决定上层建筑，发展"智慧农业"有利于提高农民收入，实现精准扶贫，从而推动农民素质的提升，农村文明程度的提高。

治理有效是实现乡村振兴、乡村善治的核心。治理越有效，乡村振兴战略的实施效果就越好。我国具有悠久的农耕文化和乡村自治传统，在农村中人们使用共同的资源、共同的环境、共同的秩序，有自己的行为规范。随着农业生产方式的改革，农村社会结构分化，大量农村劳动力外出打工，有些村子成了"空心村"，丧失了自治能力，因此，乡村治理就尤为重要。应该建立健全现代乡村社会治理体制，完善乡村治理体系，

加强基层民主和法治建设，确保农村更加和谐、安定、有序。

生活富裕是乡村振兴的目标，乡村振兴战略的实施效果要用农民生活富裕程度来评价。生活富裕就是要让农民增收，要发展农业新产业、新业态，打破城乡二元经济，推动一、二、三产业融合，延长农业产业链，对农产品进行深加工，把农业附加值留在农村内部。同时，发展农村电商，合理布局生产、加工、包装、品牌，打造完整的农村电商产业链。发展"智慧农业"能够实现产业化经营，有利于提高农民的收入，缩小城乡居民收入差距，最终达到共同富裕。

第三节　智慧农业的并行模式——"互联网＋现代农业"

一、"互联网＋现代农业"的内涵

"互联网＋"是指利用互联网的信息化、技术化对传统产业进行转型、升级，使有效信息被挖掘、利用、转化，注重对传统产业效益的提升，实现经济的快速发展。"互联网＋现代农业"不是"互联网＋"与现代农业的简单叠拼，而是两者的深度融合。综合来看，"互联网＋现代农业"指在农业中广泛运用互联网技术、大数据、云计算、物联网等先进技术，以信息化、智能化、产业化为主要形式，调整农业产业结构，促进农业升级优化，保障农业可持续发展，是加快实现农业现代化、"四化同步"的利剑。

二、"互联网＋现代农业"的主要特征

为了更好地理解"互联网＋现代农业"，我们将"互联网＋现代农业"的特征总结为"八化"，即品种良种化、布局区域化、生产智能化、经营产业化、服务信息化、农产品品牌化、农民职业化、发展国际化。

（一）品种良种化

有了优良品种，既不增加劳动力和肥料，也可获得较好的收成。纵观现代农业生产的发展和进步，无一不是良种在起着关键性的作用。要实现农业的现代化，一是要提高良种覆盖率，二是要不断进行品种更新。"互联网＋现代农业"就是运用互联网技术、大数据分析等对农作物的育种、生长环境等方面实现有效控制，做到品种良种化，有利于提升农产品品质，实现农业产出高效。

（二）布局区域化

每一个优良品种，都有自己最适宜的栽培区域，只有把它放在最适宜的地区栽培，才能充分发挥其作用。所谓布局区域化，主要是指把优良品种安排在最适宜的地区集中栽培，以发挥其最大的潜力和比较优势。"互联网＋现代农业"，就是运用现代信息技术、大数据分析，使农业资源优化配置，形成优势农产品生产区与产业带，提升农业发展效益和产业竞争能力。

（三）生产智能化

靠天、靠经验的传统农业生产方式已经不适应时代发展的潮流，在"互联网＋"时代下，应充分利用互联网技术、云计算、大数据分析，提高农业生产效率，实现农业生产的精细化。农业生产者可通过物联网技术、3S技术（遥感技术、地理信息系统、全球定位系统）、生态环境监测系统等，注重农业生产的智能化，提高农业资源利用率，实现农业现代化的快速发展。

（四）经营产业化

农业产业化经营要充分运用互联网技术、大数据分析、开放平台来组织现代农业的生产和经营。"互联网＋现代农业"对农业和农村经济实行区域化布局、精准化生产、网络化服务和在线化管理，形成产、供、销"一条龙"的经营方式和产业组织形式，推动农业的发展日益呈现出规模化、产业化的特征。

（五）服务信息化

"互联网＋现代农业"基于农业大数据共享平台、大数据分析等，可实现农业生产、农业流通、农业管理过程中服务的精准化、共享化，帮助农业生产者获取农作物生长信息、市场信息、物流信息、农业发展动态信息等，提升了农业的市场竞争力，振兴乡村经济，加速农业现代化进程。

（六）农产品品牌化

国际环境的变化对我国农业产业的发展产生了深刻的影响，农产品市场的竞争异常激烈。从一定意义上讲，没有品牌和商标的农业，不是现代化农业，也无法适应市场经济。好的品牌，意味着好的质量、好的价格，有利于农业增效、农民增收。因此，建立和培育农产品品牌已经成为我国农产品生产经营者提升市场竞争力的必然选择，成为我国农业产业化和现代化进程中不能回避的重要环节。互联网开放、透明、共享的特性，倒逼着农企更加注重品牌。借助互联网技术，建立农产品质量安全追溯平台，保证农产品质量和安全，树立农产品品牌，有利于平衡农产品供需结构。

（七）农民职业化

"互联网＋现代农业"的发展，从根本上讲，最终取决于科技的进步与劳动者素质的提高。加快农业现代化的实现，适应"互联网＋现代农业"发展的需要和应对市场经济的挑战，就必须高度重视和加速农民职业化的进程，培养更多的知识型农民、

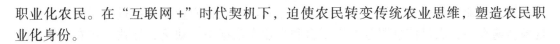

职业化农民。在"互联网+"时代契机下，迫使农民转变传统农业思维，塑造农民职业化身份。

（八）发展国际化

当今世界，正面临着工业化、信息化、城镇化、市场化、国际化深入发展的新形势。要实现农业的现代化，就必须有国际化的大视野，实现国内农业生产、流通、消费与国际的对接。"互联网+现代农业"充分利用现代信息技术，注重农业生产的智能化、信息化、规模化，降低农业生产成本。农业产业不断升级和优化，提高了农产品的科技含量，农产品品牌日益国际化，与国际接轨，有利于夯实我国农业发展的国际竞争力。

三、"互联网+现代农业"发展面临的挑战

在"互联网+"时代背景下，互联网技术的发展与应用正不断深刻地改变着农业，催生着农业日益走向智能化、产业化、精细化，农业发展水平不断提高。互联网与农业的深度融合，使得"互联网+现代农业〃蓬勃发展。"互联网+现代农业"的发展顺应我国农业经济发展趋势的客观需求，对农业现代化的实现、中华民族的伟大复兴有重要的意义，但是也面临着一些挑战。

（一）农业生产智能化水平不高

农业生产大部分还是靠天、靠经验种植，缺乏现代新技术的渗透，生产出来的农产品缺乏安全质量的保障。有的农产品供应已经严重过剩，还一直生产；有的农产品供不应求，甚至有一部分农产品依赖于进口。随着城乡居民收入水平的提高以及消费者需求变化的升级，人们对绿色农产品、有机农产品越来越青睐。要想真正实现农业的现代化，促进农民增收，必须提高农业生产智能化水平。

（二）农业经营方式相对落后

长期以来，我国农业主要实行家庭联产承包责任制为基础的分散式经营，农户各自为战。我国土地经营规模偏小一定程度上阻碍了农业现代化的实现。农民对单个农户生产经营理念根深蒂固，不愿土地流转，"宁可揭荒不可失地"。随着信息化、工业化的推进，农业操作的机械化水平不断提高，农民劳动强度不断降低，更不愿轻易将土地流转出去。全国平均的土地流转率不足33%，且农户土地情况千差万别，面积不等，没有形成规模化农业经营模式，就无法发挥出现代信息技术在农业中作业的效果，严重制约了"互联网+现代农业"的实现。所以，需要改变传统农业经营方式，适度的规模化经营方能真正实现"互联网+现代农业"。

（三）农村信息基础设施不完善

农村经济的发展、农民收入的增加以及农业现代化的实现，都离不开现代信息技术的支撑。农村信息基础设施建设是推进"互联网+现代农业"的物质基础。当前农村互联网基础设施落后，农村互联网基础设施普及率偏低，城乡互联网普及率的差距，

互联网对农业的渗透举步维艰，制约了"互联网＋现代农业"的推进。"信息孤岛"现象普遍存在，农村信息服务共享平台和农业大数据中心缺乏，导致一些农业信息闭塞、农业数据资源条块分割化，转化为现实生产力的任务艰巨。物流基础设施建设与城市相比存在较大差距，农村物流配送体系也并不完善，农产品的流通还主要依靠传统交易方式，导致农村电子商务发展缓慢，农产品滞销，农民收入较低，严重影响了"互联网＋现代农业"的发展。

（四）农民传统农业思维亟须转变

"互联网＋现代农业"的推进需要大批在农村中既掌握现代信息技术、网络技能，又能经营农业的人才。目前，"互联网＋现代农业"的经营主体主要依靠农民，农民具备互联网意识与操作能力是顺利开展"互联网＋现代农业"的前提条件。非网民不上网的原因主要是上网技能缺失以及文化水平限制，这必然影响互联网在农村农民中的应用和普及。农村中许多有文化、有知识、身体力壮的年轻人都选择去城里务工，大学生毕业后也不愿意回到农村工作，造成农村劳动力的"空心化"。而留守农村的大多数农民，受教育程度不高，信息意识比较低，运用互联网获取信息的能力偏低，对互联网不感兴趣甚至排斥。"互联网＋现代农业"是最近几年提出的农业发展理念，与传统农业理念相比更加重视信息技术在农业中的推广和改造。而传统农业思维已在一些留守农民身上凝结，他们习惯了传统的作业方式和经营理念，不愿意接受和学习新鲜的知识。农民折射出的传统农业思维以及信息素养不高影响了互联网和农业的深度融合，就难以吸收、推广"互联网＋现代农业"。

四、"互联网＋现代农业"创新发展体系

"互联网＋"使传统农业向生产科学化、经营产业化、销售精准化、服务信息化等方向转型升级，由此构建了一种基于"互联网＋"背景下农业的创新发展体系，以生产—经营—流通—深发展为主线，应用"互联网＋"串起现代农业的发展链条，有利于解决我国的"三农"问题，促进农业经济的繁荣发展。"互联网＋现代农业"创新发展体系主要包括生产体系、经营体系、流通体系、"服务＋管理"体系以及可持续发展体系五大体系。这五大体系相互联系，不可分割，以互联网、大数据、云计算等信息技术手段为媒介，渗透于农业的各个方面，促进农业经济全面现代化的实现。"互联网＋现代农业"生产体系可从源头上提高农业经济的竞争力，互联网技术进入育种、栽培、灌溉、收割、加工等农业生产环节，促进了农业生产精细化、专业化，基于物联网、大数据等手段提升农业生产各个环节的智能化水平。"互联网＋现代农业"经营体系主要以土地为基础，融合现代互联网信息技术，实行土地改革，改变以家庭联产承包责任制为主的经营体制，形成"互联网＋现代农业"发展的适度规模化、产业化优势。"互联网＋现代农业"流通体系主要解决农产品的销售问题，实现农业生产与需求之间的精准对接，主要通过农业电子商务体系达到供需平衡，提高农民收入，

实现精准扶贫。"互联网＋现代农业"可持续发展体系可实现农产品深加工、各产业融合、生态环境保护、创意农业等，保障"互联网＋现代农业"的长远发展。"互联网＋现代农业"的"服务＋管理"体系贯穿于生产体系、经营体系、流通体系、可持续发展体系中，基于信息化手段和信息共享平台提供技术服务、社会化服务等，让各个体系相互融合，实现农业、农村现代化治理。

五、"互联网＋现代农业"发展维度探析

（一）从国家宏观维度上加强顶层规划设计，引导"互联网＋现代农业"

"互联网＋现代农业"是现代信息技术与农业深度融合的战略性思维，对农业现代化的实现有重要的推动作用。但是在国家宏观维度上尚缺顶层规划设计和一些政策引导，导致"互联网＋现代农业"呈现出局部性或片面性发展，各自为政，影响了我国农业现代化的实现，对农业国际竞争力的提升也大打折扣。所以应加强"互联网＋现代农业"顶层规划设计，尽快出台"互联网＋现代农业"发展规划，借助大数据、云计算等手段，制定"互联网＋现代农业"的发展目标、任务和步骤，统一布局、统一协调、稳步推进，在国家宏观指导下具体开展"互联网＋现代农业"的实施性工作，在省市县尽快出台"互联网＋现代农业"发展方案，确定技术发展思路图，加强关键技术和基础领域在互联网与农业深度融合上的实践与创新。加强政策引导，在政策制定和扶持上适度倾斜"互联网＋现代农业"，如加大农业智能化技术研发补贴、加大农村科研经费投入等，为"互联网＋现代农业"发展提供资金支持；完善"互联网＋"时代下一些"惠农"发展机制，为"互联网＋现代农业"的实现提供有利条件。建立健全激励机制，成效突出的示范区可加大支持力度，对成效不突出或发展缓慢的地区要减少或暂停相关政策项目支持。

（二）从农业生产维度上提高农业生产智能化水平，促进"互联网＋现代农业"

提高农业生产智能化水平，是新时代条件下提高农业大国竞争优势与提升政府治理能力的有效路径。"互联网＋现代农业"重视农业生产的信息化、智能化，倒逼出"精准农业"，能够节约成本，提升农产品的品质，提高农业发展效益，增加农民收入。利用大数据、云计算、物联网等技术，在育种、栽培、生长、灌溉等环节，做到科学种植、合理生产，不断提升农作物生产的效益。可重点推广节水、节药、节肥、节劳动力的物联网技术，提高农业生产的劳动生产率和土地生产率。在农产品生长环节，充分利用大数据、云计算精准获取农作物生长信息、环境信息等，选择优良的品种，保障农作物生长的安全和质量，有利于调节农产品的供应，避免供应过剩，满足人们的需求。将大数据分析、云计算运用到农产品质量安全监管的全过程，加强农产品质量溯源管理，满足人们对"舌尖上的安全"的渴求，打造特色农产品品牌，树立品牌意识，推进地

区精准扶贫。

（三）从经营方式维度上鼓励农业适度规模化经营，推动"互联网＋现代农业"

农业适度规模化经营是"互联网＋现代农业"的必经之路，只有农业适度规模化经营才能有效地把互联网技术、先进的大数据分析应用到农业经济中，提高产量、降低经营成本，实现农业产业化发展。农业适度规模化经营，首要破除农民"视土地为命根"的思维，依法推进农村土地使用制度改革，规范、合理地促进土地承包经营权的流转。国家鼓励和支持土地经营权流转，遵循2018年中央一号文件《关于实施乡村振举战略的意见》的要求，落实农村土地承包关系稳定并长久不变政策，衔接落实好第二轮土地承包到期后再延长30年的政策，保护农民土地权益，建立规范有序的土地流转市场，完善土地补偿机制，健全农村社会保障体系。促进农业适度规模化经营，可采取多种方式，比如可实行联户经营、树立统一标准的规模化经营、涉农组织带动的规模化经营等，不断创新适合"互联网＋现代农业"发展的规模化经营模式。

（四）从基础设施建设维度上深度融合农业现代信息技术，发展"互联网＋现代农业"

"互联网＋现代农业"发展的关键在于与现代信息技术的深度融合，应必须加快农村互联网基础设施建设，"宽带中国"战略的推进有助于我国信息基础设施建设水平的提升，着重解决宽带"村村通"问题，缩小城乡互联网普及率差距，降低农村互联网资费标准和使用成本，逐步扩大信息网络在农村的覆盖范围，优化农村信息服务环境。加快建设农业大数据工程、大数据中心，是农业实现跨越式发展的动力。全面采集农业信息，整合全方位信息服务，使农民能够了解农业大数据信息的使用，可确保农业信息及时、准确、有效，提高农民使用农业信息资源利用的效率，为顺利实现"互联网＋现代农业"的科学发展提供信息保障。在农产品流通渠道上深度融合农业现代信息技术，积极推动农村电商发展。发展农村电商是实现"互联网＋现代农业"的重要手段，有利于实现农产品的供应与消费者需求的精准对接，也为实现农民创业创收的重要方式。要推动农村电子商务平台的建立，增加较完善的电商平台在农业方面的投入力度，如加大对阿里巴巴、京东的投入等，还要培养、鼓励一些涉农企业或组织建立电商平台，让农产品可实现线上线下同步交易。加强农村物流基础设施建设，提升农产品物流配送体系，降低农村物流运输成本，保障农产品的运输和配送，从而不断提高农村电商的盈利水平，拓宽农村网购市场，带动农村服务业的升级和发展。

（五）从经营主体维度上培养新型职业化农民，践行"互联网＋现代农业"

"互联网＋现代农业"的发展，各参与主体都要逐渐转变传统农业意识，尤其是农民。国家、政府要不断宣传"互联网＋"在实现农业现代化发展中的重要作用，同时也要积极培训农民，逐步渗透"互联网＋"思维观念，让农民真正领悟到、感受到"互联网＋"带来的利益，能够践行"互联网＋现代农业"，实现农业农村经济的现代化发展。

"互联网＋现代农业"真正的落地生根，需要大批新型职业化农民，不但能懂农业，还会利用网络技术管理农业，他们是实现"互联网＋现代农业"建设的人力支撑。以农业适度规模化、产业化为抓手，推进农民职业化发展，提高农民的职业素养，建立新型职业农民队伍，构建智能化、移动化的新型职业农民培育体系，具体落实新型职业农民教育培训体系的构建工作，为"互联网＋现代农业"发展提供智力支持。鼓励和引导大中专毕业生、返乡农民工、各类科技人员等到农村践行"互联网＋现代农业"，发挥他们的推动作用，提高涉农人员素质。尤其是农村中的中青年，他们接受新鲜事物比较快，对互联网的操作和使用比较熟练，应当做好扶持工作，鼓励他们回农村、在农村中工作，带动农业农村经济现代化的实现。

（六）从发展长效维度上拓展农业发展多种功能，提升"互联网＋现代农业"

由于农业资源的有限性、环境的污染性以及人们需求的无限性，拓展农业发展多种功能是提升"互联网＋现代农业"的重要手段，有助于农业农村的长效发展和农村环境的改善。要利用现代信息技术、大数据分析、云计算等，推进农业与文化、教育、科技、生态、康养、旅游的融合，提高农产品附加值，提升农业持续竞争力。要利用农村天然禀赋优势，比如自然生态环境、人文景观等积极开发农村旅游业、休闲农业、文化创意农业，推动农村服务业的发展，减少对农业农村环境的污染。利用农村地区优势，积极建设美丽田园，培育各具特色的地方品牌，形成别具一格的农业发展模式，加强宣传，走向国际，提高农业综合收益。融合新技术、新手段，鼓励农民、联合社会各类组织对农业进行改造和创新，充分发挥出农业的优势，挖掘出农业的多种功能，实现乡村振兴。

第二章 新型智慧农业的4.0发展

第一节 农业4.0的概述

一、农业4.0

农业4.0是资源软整合的农业。在互联网时代，农业通过网络、信息等进行资源软整合，在大数据、云计算、互联网、传感器、机器人基础上形成智能农业，尤其是以全链条、全产业、全过程的无人系统为特征。农业4.0是利用农业标准化体系的系统方法对农业生产进行统一管理，所有过程都是可控、高效的；农业服务提供者与农业生产者之间的信息通道通过农业标准化平台实现对接，使整个过程中的互动性加强。进行软整合，增加资源的技术含量，提升农业生产效率和质量。

伴随着我国在"三农"领域多年"摸着石头过河"式的探索，基本上解决了绝大部分农村地区的温饱贫困、危房改造、环境整治、吃水用电、交通设施等硬件问题，并在农业的科技研发、惠农政策补贴、农民的观念改进等方面取得了很大的进步。不论是城市人还是农村人，以市场需求为导向，投身农业农村的创业积极性空前高涨，特别是在大城市周边和景区周边，已形成热点，在个别环节、个别领域和个别区域，农业 4.0 时代已经悄然来临。

首先，农业 4.0 表现为第一、二、三产业的"三产"融合互动。通过把产业链、价值链等现代产业组织方式引入农业，更新农业现代化的新理念、新人才、新技术、新机制，做大做强农业产业，形成很多新产业、新业态、新模式，培育出了新的经济增长点，即发展"第六产业"。第六产业做的不是简单的"1+2+3"，而是综合乘数效应。

其次，农业 4.0 表现为农业、农村和农民的"三农"融合互动。农业根植于农村，养育着农民，"三农"共生共存，就像人身体的肌肉、骨骼和血液一样不可分割，任何将三者孤立开来的考虑和发展最后都会失败。不管是家庭农场、专业大户、农民合作社、农业产业化龙头企业都必须放在"三农"的背景下，通过发展农业 4.0，带动农村的乡土文化复兴，带动农民的富裕小康，实现"三农"的统筹发展。

再次，农业 4.0 还表现为生产、生活和生态的"三生"融合互动，以及城与乡、工与农、知识与资本、线上与线下等社会多要素的融合互动。在三产融合、三农融合的基础上，投资者和经营者还要置身于时代大背景和消费大环境下，开发实现以城带乡、以工促农、生活工作两不误、知识和资本平等互换、线上与线下共同营销推广的泛农产品。农业 4.0 不仅提供的内容是丰富的，模式也是多样的，诸如乡村文创、互联网技术、众筹、私人定制、绿色共享理念等都将成为农业 4.0 时代的标签。

农业 4.0 是靠知识和资本推动的，即以先进的发展理念和商业模式为前提，以新技术、新机制、新人才和新资本下乡为内容，以城乡统筹和社会资源大融合为目标的现代化"三农"解决方案。农业 4.0 以全社会"共赢共享"为目标，出售的不再是某一系列农村产品，而是一种让人向往的乡村生活方式。不管是参与、共享，还是体验、购买，均伴随着一种情怀。因此，农业 4.0 追求的是体验的"广"，旨在打造一个泛农业的生态圈，充分进行资源的软整合。

二、农业 4.0 的特征

从信息化的角度看，农业 4.0 具备以下特征：

（一）农业 4.0 是无人的生产系统

农业 4.0 的最核心技术是人工智能和无人系统技术，农业物联网使得物与物、物与人之间的联系成为可能，使得各种农业要素可以被感知、被传输，进而实现智能处理与自动控制。运行在农业生产活动中的不再是传统的农具和机械，而是通过物联网技术连接起来的自动化设备，传感器、嵌入式终端系统、智能控制系统、通信设施通过信息物理系统形成一个智能网络系统，可实现种植养殖环境信息的全面感知，种植养殖个体行为的实时监测，农业装备工作状态的实施监控，现场作业的自动化操作以及可追溯的农产品质量管理，使得农业装备、农业机械、农作物、农民和消费者之间实现互联，互联网＋农业的特征日趋明显。

（二）农业4.0是信息技术的集成

农业发展过程中的电脑农业以农业专家系统为核心，精准农业以3S技术为核心，数字农业以电子技术和决策支持系统的应用为核心，但是本质上都不需要整个信息技术的集成应用，而农业4.0的实现靠单一的信息技术是完不成的，其实现需要整个信息技术集成应用，包括更透彻的感知技术、更广泛的互联互通技术和更深入的智能化处理技术，实现农业全链条中信息流、资金流、物流的有机协同与无缝连接，农业系统更加有效和智能的运转，达到农产品竞争力强、农业可持续发展、有效利用农村能源和环境保护的目标，凸显整体系统的最优

（三）农业4.0实现泛在的智能化

如果说农业3.0解决了农业的局部自动化与智能化，那么农业4.0重要特征之一就是实现农业全链条、全过程、全产业、全区域泛在的智能化和无人化。农业全链条全过程的智能化是指农业产前生产资料优化调度、使用，产中各种农业资源和农业生产过程的配置和优化，产后农产品的加工、包装、运输、存储、物流、交易的成本优化，最终实现全链条的整体智能化，即成本最低、效率最高、生态环境破坏最少全产业的智能化是指与农业生产相关的各产业达到人员、技术、装备、资金、体系、结构实现最优配置，确保产业的竞争力。全区域的智能化是指在单个企业、单个种植或养殖单元实现自动化和智能化的基础上，如何实现整个区域的资源最佳配置、生产过程的最优化以及成本的最优控制，通常区域智能化和整体的智能化是建立在单元智能化基础上，通过链条和产业的智能化，逐步实现大区域或整体的智能化。

（四）农业4.0是现代农业的最高阶段

农业4.0中现代信息技术的应用不仅仅体现在农业生产环节，它会渗透到农业经营、管理及服务等农业产业链的各个环节，是整个农业产业链的智能化，农业生产与经营活动的全过程都将由信息流把控，形成高度融合、产业化和低成本化的新的农业形态，是现代农业的转型升级：实现规模化的畜禽养殖场建设，日光温室、批发市场、物流中心的转型升级，工业化生产线和大型制造商的介入使农业生产更加产业化，各类技术的高度融合使农业生产更加低成本化。土地生产的成果不再是化肥农药超标、普通的农产品，更多的是质量提高、产量提高并且更接近自然的无公害产品，因此，农业4.0是现代农业的最高阶段，但随着技术的进步，的初级、中级、高级和终级等不同时期。

第二节　农业4.0的构成维度

农业4.0是采用实时化、物联化、智能化等新一代信息技术手段对农业资源的重新配置和融合，是一种生产方式、产业模式和经营手段的多维创新，通过推进技术进步、

效率提升和组织变革,提升农业的创新力,进而形成农业生产方式、经营方式、管理方式、组织方式和农民生活方式变革的新形态。农业4.0对农业的生产、经营、管理、服务等农业产业链环节有深远影响,为农业现代化发展提供了新动力。以农业4.0为目标、以"互联网+"为驱动力,有助于发展高效农业、绿色农业、智能农业,提高农业质量效益和竞争力,实现由传统农业向现代农业转型。资源要素、信息技术、行业应用、产业链条、支撑体系、运行模式和机制是观察农业4.0区别于传统农业的六个视角,在农业4.0时代,从这六个视角出发分析农业的要素构成,可构建出农业4.0发展的理论体系。

系统科学认为,系统是由若干相互作用、相互依赖的要素组成的具有特定功能的有机整体。系统科学主张把事物、对象看作是一个系统,通过整体的研究来分析系统中的成分、结构和功能之间的相互联系,通过信息的传递和反馈来实现某种控制作用,以达到有目的地影响系统的发展并获得最优化的效果农业4.0的发展受到经济发展水平的制约、传统农业的影响,同时又受到多方因素制约,所以在"互联网+"时代下,农业4.0依赖于六个维度的条件支撑,即资源要素、信息技术、行业应用、产业链条、支撑体系、运行模式和机制,这六个维度之间相辅相成、形成耦合机制,共同形成了农业4.0的架构体系。

一、农业资源要素

农业4.0的本质是通过物联网、大数据、移动互联网、云计算、空间信息和智能装备等新一代信息技术与农业资源要素(土地、水、劳动力、资金、信息等)的重新配置和深度融合,产生一个更高产、高效、优质、生态、安全的更具有竞争能力的新业态。因此,从资源配置的维度分析,农业4.0要优化配置哪些资源要素呢?

(一)土地要素

信息技术+土地资源=规模效益。广义的土地要素范畴,是未经人类劳动改造过的各种自然资源的统称,既包括一般的可耕地和建筑用地,也包括森林、矿藏、水面、天空等。土地是任何经济活动都必须依赖和利用的经济资源,比之于其他经济资源,其自然特征主要是它的位置不动性和持久性,以及丰度和位置优劣的差异性。土地是种植业的命脉,在农业4.0时代,通过互联网技术、精准农业技术、无人驾驶等技术,一方面能够对土地进行虚拟流转,实现土地规模化、集约化管理,另一方面能够提高水肥利用效率,大幅提高土地的产出率,实现土地的规模效益。

(二)劳动力要素

信息技术+劳动力=新兴力量。新农人即具有科学文化素质、掌握现代农业生产技能、具备一定经营管理能力,以农业生产、经营或服务作为主要职业,以农业收入作为主要生活来源,居住在农村或城市的农业从业人员。新农人是现代农业中新的力量,自动化、智能化信息技术的应用,将大大提高新农人的劳动生产率,使一产劳动力大幅减少并向二、三产转移。农业 4.0 环境下，农业流程化管理将更加清晰，谁来生产、谁管技术、谁做管理、谁负责流通将更加明晰，劳动力实现在一、二、三产的合理分布。

（三）资本要素

信息技术＋资本与金融＝农户融资。资本要素是通过直接或间接的形式，最终投入产品、劳务和生产过程中的中间产品和金融资产。互联网金融经过多年的发展后，所涉领域在不断扩大，从传统的小微借贷、票据保理等传统业务到珠宝、黄金、农业等产业链条，同时商业模式也在不断变化，从单一分散的借贷到信托于产业链形成闭环的金融服务。在农业金融服务上，随着土改推进，原来缺乏金融服务的农村金融正迎来前所未有的发展机遇。农业将成为继房地产、IT 产业之后资本角逐的新蓝海，互联网时代农户融资将不再看别人脸色。

（四）市场要素

信息技术＋市场与信息＝新兴渠道。市场机制通过需求与供给的相互作用及灵敏的价格反应，自如地支配经济运行。即自由、灵活、有效、合理地决定着资源的配置和再配置。互联网技术的发展对传统商品市场形成了强有力的冲击，电子商务、大数据分析等技术应用，彻底改变了市场配置资源、调解供需的方式，建立成一条新兴的农产品流通渠道。

（五）生产工具要素

信息技术＋生产工具＝设施装备智能化。农业设施和装备是实现农业信息化的基础，用信息技术武装农业生产工具，能够加快推动农业生产设施和装备升级，实现设施装备智能化。农业 4.0 时代，是一个无人的生产系统，农业生产工具不再是传统的农具和机械，而是演变成以物联网技术为纽带，集智能感知、智能识别、智能传输和智能控制于一体的智能网络系统。设施装备的智能化，将会引领农业生产进入无人时代，无人机、机器人等将成为主要的农业生产工具，劳动生产率大幅提高。

（六）信息资源要素

信息技术＋信息资源＝价值增值。农业信息资源是农业资源的抽象，是农业自然资源和农业经济技术资源的信息化信息是用来消除随机不确定性的东西农业信息资源包括与农业信息生产、采集、处理、传播、提供和利用有关的各种资源，如农业信息技术与信息机械、农业信息机构与系统、农业信息产品与服务等。在农业 4.0 时代，利用大数据技术对农业信息资源进行挖掘、分析，能够对零散、无序、优劣混杂的信息进行筛选、解构、组合、整序，使之可视化、有序化，从而在农业生产、经营、管理、服务过程中形成了一系列新的信息产品，使农业信息得到增值。

二、信息技术 —— 农业 4.0 的核心技术

农业 4.0 是充分利用移动互联网、大数据、云计算、物联网等新一代信息技术与

农业的跨界融合，创新基于互联网平台的现代农业新产品、新模式与新业态，是以"互联网+"为驱动，努力打造"信息支撑、管理协同，产出高效、产品安全，资源节约、环境友好"的现代农业发展升级版。农业 4.0 需要现代信息技术的强力支撑。

（一）物联网

物联网作为农业 4.0 应用的重要组成部分，是新一代信息技术的高度集成和综合运用，具有渗透性强、带动作用大、综合效益好的特点，在农业领域具有广阔的应用前景。物联网技术的核心是赋予农业设施和装备以能够识别的有效身份，并且通过信息技术实现物与物之间的通信。物联网技术是支持无人系统、无人作业的关键技术，是农业 4.0 时代技术应用的重要标志。应用农业物联网技术，有利于促进农业生产向智能化、精细化、网络化方向转变，对于提高农业生产经营的信息化水平，完善新型农业生产经营体系，提升农业管理和公共服务能力，带动农业科技创新与推广应用及推动农业产业结构调整和发展方式转变具有重要意义。物联网技术与先进农机装备的联动应用，可以提高农业生产全程自动化水平，减少农药、化肥的施用量，减少劳动力投入，实现大田种植、畜禽养殖、水产养殖和设施园艺等农业的无人化、高效化生产。

（二）大数据

农业大数据是融合了农业地域性、季节性、多样性、周期性等自身特征后产生的来源广泛、类型多样、结构复杂、具有潜在价值并难以用通常方法处理和分析的数据集合。它保留了大数据自身具有的规模巨大、类型多样、价值密度低、处理速度快、精确度高和复杂度高等基本特征，并使农业内部的信息流得到了延展与深化。

根据农业的产业链条划分，目前农业大数据主要集中在农业环境与资源、农业生产、农业市场和农业管理等领域。农业自然资源与环境数据主要包括土地资源数据、水资源数据、气象资源数据、生物资源数据和灾害数据。农业生产数据包括种植业生产数据和养殖业生产数据，其中种植业生产数据包括良种信息、地块耕种历史信息、育苗信息、播种信息、农药信息、化肥信息、农膜信息、灌溉信息、农机信息和农情信息；养殖业生产数据主要包括个体系谱信息、个体特征信息、饲料结构信息、圈舍环境信息、疫情情况等。农业市场数据包括市场供求信息、价格行情、生产资料市场信息、价格及利润、流通市场和国际市场信息等。农业管理数据主要包括国民经济基本信息、国内生产信息、贸易信息、国际农产品动态信息和突发事件信息等。

农业农村是大数据产生和应用的重要领域之一，是我国大数据发展的基础和重要组成部分。农业 4.0 时代，随着信息化和农业现代化深入推进，农业农村大数据把与农业产业全面深度融合，成为农业生产的定位仪、农业市场的导航灯和农业管理的指挥棒，是智慧农业的神经系统和推进农业现代化的核心要素。

（三）云计算

云计算是利用互联网技术将信息技术处理能力整合成以大规模、可扩展的方式对多个外部用户提供服务的一种计算方式，被信息界公认为是第 4 次 IT 浪潮。其优势表现在以下几个方面：①摆脱了摩尔定律的束缚，从提高服务器 CPU 的速度转向增加计算机的数量，从小型机走向集群计算机、分布式集群计算机，从而优化了计算机计算速度增长的方式；②我国第一台性能超千万亿次的超级计算机曙光"星云"具有大规模数据的计算能力，在新能源开发、新材料研制、自然灾害预警分析、气象预报、地质勘探和工业仿真模拟等众多领域发挥重要作用；③具有大规模数据的存储能力，智能备份和监测使系统的稳定性大幅提高，宕机概率减少；④以计时或者计次收费的服务方式为客户提供 IT 资源，减免客户对于设备的大量采购，而且具有可伸缩的、分布式的设备扩充能力，大大节约了客户信息化建设成本。

农业云是指以云计算商业模式应用与技术（虚拟化、分布式存储和计算）为支撑，统一描述、部署异构分散的大规模农业信息服务，能够满足千万级农业用户数以十万计的并发请求，及大规模农业信息服务对计算、存储的可靠性、扩展性要求。在农业 4.0 时代，用户可以按需部署或定制所需的农业信息服务，实现多途径、广覆盖、低成本、个性化的农业知识普惠服务，通过软硬件资源的聚合和动态分配、实现资源最优化和效益最大化，降低服务的初期投入与运营成本，极大地提升了我国农业信息化的服务能力。

（四）移动互联网

移动互联网是一种通过智能移动终端，采用移动无线通信方式获取业务和服务的新兴业务，包含终端、软件和应用三个层面。终端层面包括智能手机、平板电脑、电子书、MID（移动互联网设备）等；软件层面包括操作系统、中间件、数据库和安全软件等；应用层面包括休闲娱乐类、工具媒体类、商务财经类等不同应用与服务。

移动互联网具有以下四个特性：①终端移动性。移动互联网业务使得用户可以在移动状态下接入和使用互联网服务，移动的终端便于用户随身携带和随时使用。②业务使用的私密性在使用移动互联网业务时，所使用的内容和服务更私密，如手机支付业务等。③重视对传感技术的应用。有关的移动网络设备向着智能化、高端化、复杂化的方向发展，利用传感技术能够实现网络由固定模式向移动模式转变，方便广大用户。④有效地实现人与人的连接。在移动互联网的未来发展方向中，实现人与人的连接。人的联网，是移动互联网应用的一个非常重要的方面。任何的时代产物必然是产生于人们的需求中，在移动互联网的发展过程中，注重客户和消费者的需求，市场的发展状态，将会获得更加宽广的发展前景。

（五）空间信息技术

空间信息技术是 20 世纪 60 年代兴起的一门新兴技术，于 20 世纪 70 年代中期以后在我国得到迅速发展。该技术主要包括卫星定位系统、地理信息系统和遥感等的理论与技术，同时结合计算机技术和通信技术，进行空间数据的采集、测量、分析、存储、管理、显示、传播和应用等。

在农业 4.0 时代，空间信息技术将在土地利用动态监测和资源调查、农业自然灾害监测与评估、农业精细作业、农作物长势监测与估产、农业病虫害监测等方面得到广泛应用。加快对空间信息技术研究，并在农业中推广应用，将会推动农业资源利用的精准化，促进农业可持续发展。

（六）人工智能技术

人工智能（Artificial Intelligence，AI）是研究、开发用于模拟、延伸和扩展人的智能的理论、方法、技术及应用系统的一门新的技术科学。人工智能是计算机科学的一个分支，它企图了解智能的实质，并生产出一种新的能以人类智能相似的方式做出反应的智能机器，该技术的研究领域包括机器人、语言识别、图像识别、自然语言处理和专家系统等。人工智能从诞生以来，理论和技术日益成熟，应用领域也不断扩大，可以设想，未来人工智能带来的科技产品，将会是人类智慧的"容器"。

在农业4.0时代，人工智能在农业中的应用主要体现在农业智能装备及机器人、虚拟现实技术等方面。人工智能技术将贯穿于农业生产的产前、产中、产后各阶段，以其独特的技术优势提升农业生产技术水平，实现智能化的动态管理，实现以机器全部或者部分代替人的劳动，减轻农业劳动强度，具有巨大的应用潜力。

三、产业链——农业4.0的产业环节构成

农业4.0全产业链主要涉及四个环节，分别为生产、经营、管理以及服务。农业4.0全产业链利用"互联网＋"新经济形态，发挥现代信息技术在农业生产要素配置中的优化和集成作用，切实将互联网思维转变为实际行动，解放和发展农村生产力，提升农业竞争力，努力走出一条生产技术先进、经营模式适宜、管理方式高效、服务内容实用的新型农业现代发展道路。

（一）农业生产智能化

农业4.0在生产上智能化主要体现为：按照"全系统、全要素、全过程"要求，推动物联网应用从生长环境感知向动植物生长控制深入，建立"感知－传输－处理－控制"的闭环应用，提高设施园艺、大田种植、畜禽养殖、水产养殖的智能化、自动化水平，不断扩大物联网应用的规模化程度，通过按需控制和精细管理实现农业生产的节本增效。我国以黑龙江省依安县为试点，在推进农业生产智能化、由农业2.0向农业3.0和农业4.0迈进方面做出了重要探索，取得显著成效。

（二）农业经营网络化

大力发展农业电子商务，畅通流通渠道，激发消费需求，破解困扰农业电子商务发展的短板，实现农产品、农业生产资料、农村特色旅游的网络化经营，提升农产品批发市场和农业产业化龙头企业的网络经营能力，构建以农业电子商务为核心、覆盖农村、惠及农民的现代经济形态，促进农业农村经济发展方式转变。在推进农业经营网络化方面，一批农产品电子商务企业积极探索，形成一系列具有推广意义的商业模式。

（三）农业管理高效化

采用大数据、云计算等信息技术，改造升级现有农业管理信息系统，革新管理方式，建立起全面涵盖电子政务、应急指挥、监测预警、质量追溯、数据调查等领域的在线化、数据化政务管理体系，通过数据共享和业务协同，提高管理效能，实现农业管理的高效透明。

（四）农业服务便捷化

立足信息化与农业现代化深度融合的新态势，顺应现代信息技术发展的新趋势，根据农民和新型农业经营主体的信息服务新需求，加快推进信息进村入户工程，不断创新服务方式，优化服务手段，有针对性地为农民提供及时、精准、高效的信息服务，将农业信息服务引向新的发展高度。农业农村部通过实施"信息进村入户"工程，推动互联网的创新成果与农业生产、经营、管理、服务深度融合，对于转变农业发展方式、创新农业行政管理方式具有重要意义。信息进村入户工程加快了农业信息服务便捷化的进程，推进农业服务从1.0向2.0、3.0迈进，并且在部分农业服务4.0领域进行了有益探索。

四、行业领域 —— 农业4.0带来的改变

农业4.0要顺应由消费领域向生产领域拓展延伸的发展规律，切入点是农业电子商务，着重点是农业生产的智能化，突破点是农业的大数据，落脚点是为农民提供便捷高效的信息服务。农业4.0在产业链环节的突破，将为种植业、畜牧业、渔业等各行业领域的发展带来重要的影响。

（一）种植业

种植业是栽培各种农作物以及取得植物性产品的农业生产活动，是农业的主要组成部分之一。种植业利用植物的生活机能，通过人工培育以取得粮食、副食品、饲料和工业原料，包括各种农作物、林木、果树、药用和观赏等植物的栽培。作物种类包括粮食作物、经济作物、蔬菜作物、绿肥作物、饲料作物、牧草及花卉等园艺作物。种植业在中国通常指粮、棉、油、糖、麻、丝、烟、茶、果、药、杂等作物的生产活动。

种植业4.0，以利用无人机、机器人、农业智能装备等实现无人作业为主要特征，应用基于GIS（地理信息系统）的农田管理系统、测土配方施肥系统、墒情监控系统、农田气象监测系统、作物长势监控系统、病虫害监测预报防控系统及精准作业系统，确保大田高产、优质、高效、生态、安全，促进大田种植的规模化、集约化、智能化生产。

（二）畜牧业

畜牧业是利用畜禽等已经被人类驯化的动物，或者鹿、麝、狐、貂、水獭、鹌鹑等野生动物的生理机能，通过人工饲养、繁殖，使其将牧草和饲料等植物转变为动物，以取得肉、蛋、奶、羊毛、山羊绒、皮张、蚕丝和药材等畜产品的生产部门。

畜牧业4.0，既是生态畜牧业，也是智能畜牧业，以无人值守畜牧场为基本特征，畜牧业进入超高产、高效、优质、生态、安全的崭新时代。主要是应用畜禽养殖环境监控系统、饲料自动给喂系统、育种繁育系统、疫病诊断与防控系统、养殖场管理系统及质量追溯系统。不仅养殖的畜禽数量和质量、出栏率及劳动生产率有了大幅度的提升，而且劳动力的需求非常少（主要是管理人员和技术人员），以不到1%的畜牧业劳动力就能养活整个地区，甚至可以为其他地区和国家提供高品质、高营养的肉蛋奶，养殖户的生活达到富裕的水平，牧场主成为富人群体中的一员，畜牧业也将成为令人羡慕的行业。

（三）渔业

渔业是指捕捞和养殖鱼类和其他水生动物及海藻类等水生植物以取得水产品的社会生产部门一般分为海洋渔业和淡水渔业，渔业可为人民生活和国家建设提供食品和工业原料。

渔业4.0采用人工智能技术、大数据技术、智能装备技术应用到渔业的生产、经营、管理、服务等的全过程，利用物联网、云计算、大数据、移动互联网等现代信息技术和装备，提升苗种繁育、病害防治、生产管理、技术服务、产品销售等养殖各环节的信息化水平，达到合理利用渔业资源、节能降耗、提质增效、降低生产成本、降低养殖风险、改善生态环境等目的，实现高密度、高产值、高效益的标准化养殖。

（四）农业机械

农业机械是指农业生产中使用的各种机械设备统称。具体比如大小型拖拉机、平整土地机械、耕地犁具、耕耘机、微耕机、插秧机、播种机、脱粒机、抽水机、联合收割机、卷帘机、保温毡等。

农机4.0，就是要着力提高农机装备信息化水平，加大物联网和地理信息技术在农机作业上的应用，"无人、高效、可靠、舒适、通用"是未来农业机械发展的方向。基于智能高效的农业发展模式，政府部门可以实现农机作业实时全局监管，通过年度、季度作业数据统计分析，补贴发放依据和政府决策管理，提高监管效率，降低监管成本；准确掌握农机作业进度；合作社和农户可准确掌握农机作业进度，实时查询农机投入和地理分布情况，并在作业过程中完成测亩，节省人力开支和时间成本；农机企业可以建立庞大的用户信息库，通过大数据智能商业分析、科学指导生产销售和服务，变被动服务为主动服务，提高了农机产品科技含量，增强用户黏性。

（五）农产品加工

农产品加工业是以人工生产的农业物料和野生动植物资源为原料的总和进行工业生产活动。广义的农产品加工业，是指以人工生产的农业物料和野生动植物资源及其加工品为原料所进行的工业生产活动。狭义的农产品加工业，是指以农、林、牧、渔产品及其加工品为原料所进行的工业生产活动。

农产品加工4.0，以实现生产的高效率与高精度、降低生产成本、节约资源、提高农产品品质和实现安全生产等为目的，满足人们在农产品生产和消费中的需求。正如机器人在工业生产上可以降低生产成本和提高产品质量一样，在农产品加工生产中机器人也有同样的作用，在未来，分拣机器人、包装机器人等将在各生产线上广泛应用。通过应用符合生产实际的先进技术，实现农产品加工生产的优质、高产、高效，发展适合农产品加工生产现实条件的自动化模式，带动一、二、三产业联动发展。

（六）休闲农业

休闲农业是利用农业景观资源和农业生产条件，发展观光、休闲、旅游的一种新型农业生产经营形态，也是深度开发农业资源潜力，调整农业结构，改善农业环境，增加农民收入的新途径。在综合性的休闲农业区，游客不仅可观光、采果、体验农作、了解农民生活、享受乡土情趣，且可住宿和度假。

休闲农业4.0就是要在互联网平台下，不但要实现消费者与消费者之间的信息互动，而且要实现经营者与消费者之间的信息互动，通过消费者诉求，重构休闲农业产品，提升产品附加值。通过旅游带动原有的农业基地或园区，能够大大提升地块及区内农副产品的附加价值，不仅自身蔬菜瓜果等产品能够实现就地销售，更能够通过旅游项目的带动，促进园区产业机构的优化，解决更多农民就业和农民致富的问题。

五、支撑体系 —— 农业 4.0 建设需要的支撑条件

农业4.0建设是具有前瞻性和复杂性的系统工程，需要一系列条件进行支撑，只有在基础设施完备、产业发展健全、科技手段丰富、人才保障有力、市场体系完善、发展环境优化的条件下，农业4.0建设才可能顺利、快速推进。

（一）基础设施支撑体系

信息化基础设施是支持信息资源开发、利用及信息技术应用的各类设备和装备，是分析、处理以及传播各类信息的物质基础，政府是推进农业信息化基础设施支撑体系建设的第一主体。信息化基础设施建设主要包括广播电视网、电信网、互联网的建设及其他相关配套设施的建设。农业4.0时期，互联网基础设施将是以光纤光通信为骨干的，以 IP 作为连接，以大数据、云计算和物计算作为网络功能，同时支持固定接入和移动接入的互联网，为用户提供一个高安全性、灵活性和高质量服务的网络环境。

（二）产业支撑体系

信息产业的发展开拓了农业发展的道路，农业信息产业的发展作为重要的物质内容，直接影响着农业可持续发展策略，企业是农业信息化产业支撑体系的主要实施主体。现代农业的优化结构主要是凭借农业机械化、化学以及生物技术，在这个结构中存在大量的信息，这些信息需要及时、准确并且全面进行有效传递，才能够将农业科学知识与创新技术有效转化为生产力，其对农业产业结构起着直接的作用，从而影响着农业4.0的建设与发展。农业4.0时期，将涌现一批具有强大国际竞争力的、服务于农业

产业的大型跨国网信企业，打通第一产业、第二产业和第三产业之间的边界，实现一、二、三产业融合发展。

（三）科技支撑体系

农业信息化科技创新与应用基地建设是推进农业 4.0 创新发展的重要支撑，其中高校和科研院所是推进科技支撑体系建设的主体。提升农业信息化科研支撑和创新能力，要完善农业农村信息化科研创新体系，壮大农业信息技术学科群建设，科学布局一批重点实验室，加快培育领军人才和创新团队，加强农业信息技术人才培养储备。农业 4.0 时期，就是要通过大幅度提高农业科技水平来突破资源环境约束，提高劳动生产率，降低农产品生产成本，改善农产品品质，发展农业产业化，提升农业综合生产能力，加快农业发展转型升级。

（四）人才支撑体系

推进信息技术与现代农业深度融合，迫切需要一批既懂现代信息技术又懂现代农业技术和市场营销技能的农业网络信息服务人才，高校是培养人才的重要主体。政府要加强引导，要致力于就地培养和利用人才资源，大力营造网络信息人才优先发展的良好氛围，突出产业引领，不断加大产业扶持力度，以产业聚人才、增强产业发展对人才的吸纳力。要吸引网络信息人才致力于农业发展信息化建设，使专家学者、高校毕业生、科研机构的网络信息人才积极投身农业发展。农业 4.0 时期，从事农业生产经营的新一代农民，将是一大批懂技术、会应用的实用性人才，例如在水产养殖领域，通过集成现代信息技术，构建物联网平台，实现水产养殖中饲料投喂、收获、洗网、加工的完全自动化，只要定期维护便可以实现 1~2 人管理全场所有事务。

（五）市场支撑体系

农业 4.0 的市场支撑体系，是在互联网背景下，流通领域内农产品经营、交易、管理、服务等组织系统与结构形式的总和，是沟通农产品生产与消费的桥梁与纽带，是现代农业发展的重要支撑体系之一。农业 4.0 时期，将形成高度成熟、规范、完整的市场支撑体系，包括智能化、标准化的农产品批发市场、农产品超市以及农产品物流系统等。同时将会形成一批具有高度智能化管理能力的农产品中间商，成为衔接农场主和批发市场、超市的重要纽带。

（六）环境支撑体系

农业 4.0 发展环境是指农业信息化建设所需要的经济、社会、政治和人文环境。只有当农村经济发展到一定阶段，农民人均纯收入达到一定水平，能够承担开展农村信息化的基础成本；农村社会具备了信息化意识，接受了信息化的理念；政府开始重视信息化建设，制定政策规划并承担信息化基础投入；农民文化素质得到了普遍提高，具备了应用信息技术的知识和能力，农村信息化建设才能够正常推进。

六、运行机制 —— 农业 4.0 实现可持续发展

根据"机制"的本来含义,使用"机制"这一概念的领域必须是一个有机体系,即这一领域内部是一个有机联系的整体;这个有机体系内部各组成部分之间处于动态,一部分的变化会引起另一部分的相应变化,是一个相互作用着的系统;这个有机体系在相互作用中所发生的作用机理,是该领域内在运动规律的外在形式。运行机制,指在人类社会有规律的运动中,影响这种运动的各因素的结构、功能及其相互关系,以及这些因素产生影响、发挥功能的作用过程和作用原理及其运行方式。是引导和制约决策并与人、财、物相关各项活动的基本准则及相应制度,是决定行为的内外因素及相互关系的总称。各种因素相互联系,相互作用,要保证农业 4.0 建设目标和任务真正实现,必须建立一套协调、灵活、高效的运行机制。

第三节　农业 4.0 的先进性

农业 4.0 构建了一个生产者、消费者、服务平台、金融机构、教育培训机构以及政府与企业良性生态系统,这个系统是各主体通过专业化经营和高度协同,形成良好的信誉,促进互利共赢。农业 4.0 就是利用物联网、云计算、大数据等互联网技术,整合土地、资本、劳动力等各类要素资源,实现农业产业链去中间化,提升生产流通效率的新型农业平台。农业 4.0 在农业资源利用、信息技术应用、行业发展、产业链布局、外部条件支撑、运行机制等方面都有着显著的先进性与引领性。

一、资源高效利用

现阶段我国的农业资源利用状态已变成了一边治理、一边破坏以及局部改造、整体恶化的尴尬局面,导致了土壤资源遭受侵蚀、水土流失问题日益严峻、森林资源生态功能下降、土地沙漠化蔓延等后果,农业生态问题逐渐严重。有数据显示,目前我国的水土流失总面积已经超过了 350 万 hm^2,每年平均新增水土流失面积超过了 2 万 hm^2,而我国的土地荒漠化面积已经增加到 262 万 hm^2,水资源的污染问题也开始凸显。怎样保护农业生态、提升农业资源的利用率已成了迫在眉睫的问题。

2017 年中央一号文件《中共中央、国务院关于深入推进农业供给侧结构性改革,加快培育农业农村发展新动能的若干意见》指出,推进农业供给侧结构性改革,要在确保国家粮食安全的基础上,紧紧围绕市场需求变化,以增加农民收入、保障有效供给为主要目标,以提高农业供给质量为主攻方向,以体制改革和机制创新为根本途径,优化农业产业体系、生产体系、经营体系,提高土地产出率、资源利用率、劳动生产率,促进农业农村发展由过度依赖资源消耗、主要满足量的需求,向追求绿色生态可持续、更加注重满足质的需求转变。

农业 4.0 是以物联网、大数据、移动互联网、云计算技术为支撑和手段的一种现代农业形态，是继传统农业、机械化农业、信息化（自动化）农业之后进步到更高阶段的智能农业。在农业 4.0 时代，与机械化农业相比，农业的自动化程度更高，资源利用率、土地产出率、劳动生产率更大。

二、信息技术深度应用

通过 IT 技术，突破时空限制实现随时随地互联互通，从而大大促进了农业技术知识、农业资源、农业政策、农业科技、农业生产、农业教育、农产品市场、农业经济、农业人才、农业推广管理等各方面信息的有效传递，解决了各种信息不对称问题。在促进农业生产生活的同时，也能有效对接农产品供求市场，解决传统农业中因信息不畅而导致滞销等问题。在信息使用方面，互联网能有效打通信息传递的"最后一公里"，使各种农业信息全方位地渗透到农村一线，切实指导生产生活，并且通过大数据分析等手段提高农业科学化、现代化的程度。

利用互联网技术提高现代农业生产设施装备的数字化、智能化水平，积极发展数字农业、精准农业、智能农业。通过互联网及全面感知、可靠传输、先进处理和智能控制等技术的优势改变传统的农业生产方式，实现农业生产过程中的全程优化控制，解决种植业和养殖业各方面的资源利用率、劳动生产率、土地产出率低等问题。基于互联网技术的大田种植业向精准、集约、节约转变，基于互联网技术的设施农业向优质、自动、高效生产转变，基于互联网技术的畜禽水产养殖向生产集约化、装备工厂化、测控精准化、管理智能化转变，最终达到合理使用农业资源、提高农业投入品利用率、改善生态环境、提高农产品产量与品质的目的。

三、各行业高度发达

农业 4.0 必须要落在具体行业上，针对行业特点发力，用互联网和信息技术对传统行业进行在线化改造，具体来讲就是传统种植业、畜牧业、渔业、农机、农产品加工、休闲等行业怎么在线化、数据化，每个行业都有自己的特点和重点，明确六大行业"互联网"＋农业的战略方向。围绕六大行业发展，农业 4.0 表现为是第一、二、三产业的"三产"融合互动，通过把产业链、价值链等现代产业组织方式引入农业，更新农业现代化的新理念、新人才、新技术、新机制，做大做强农业产业，形成很多新产业、新业态、新模式，培育新的经济增长点。农业 4.0 以全社会"共赢共享"为目标，出售的不再是某一系列农村产品，而是一种让人向往的乡村生活方式。不管是参与、共享，还是体验、购买，都伴随着一种情怀。所以，我们认为，农业 4.0 追求的是"广"，即打造一个泛农业的生态圈。

四、全产业链高度智能化

（一）农业生产 4.0 —— 智能农业

农业生产 4.0 主要是利用物联网技术提高现代农业生产设施装备的数字化、智能化水平，发展精准农业和智能农业。通过互联网，全面感知、可靠传输、先进处理和智能控制等技术的优势可以在农业中得到充分的发挥，能够实现农业生产过程中的全程控制，解决种植业和养殖业各方面的问题。基于互联网技术的大田种植向精确、集约、可持续转变，基于互联网技术的设施农业向优质、自动、高效生产转变，基于互联网技术的畜禽水产养殖向科学化管理、智能化控制转变，最终可以达到合理使用农业资源、提高农业投入品利用率、改善生态环境、提高农产品产量和品质的目的。

（二）农业经营 4.0 —— 农业电子商务

农业经营 4.0 主要是利用电子商务提高农业经营的网络化水平，为从事涉农领域的生产经营主体提供在互联网上完成产品或服务的销售、购买和电子支付等业务。通过现代互联网实现农产品流通扁平化、交易公平化、信息透明化，建立最快速度、最短距离、最少环节、最低费用的农产品流通网络。近几年，我国农产品电子商务逐步兴起，国家级大型农产品批发市场大部分实现了电子交易与结算，电商又进一步让农产品的市场销售形态得到根本性改变，2015 年我国农产品电子商务交易额已超过 1000 亿元，"互联网 +"农业经营的方式颠覆了农产品买难卖难的传统格局，掀起了一场农产品流通领域的革命。

（三）农业管理 4.0 —— 管理高效透明

农业管理 4.0 主要是利用云计算和大数据等现代信息技术，使农业管理高效和透明。从农民需要、政府关心、发展急需的问题入手，互联网和农业管理的有效结合，有助于推动农业资源管理，丰富农业信息资源内容；有助于推动种植业、畜牧业、农机农垦等各行业领域的生产调度；有助于推进农产品质量安全信用体系建设；有助于加强农业应急指挥，推进农业管理现代化，提高农业主管部门在生产决策、优化资源配置、指挥调度、上下协同、信息反馈等方面的水平及行政效能。

（四）农业服务 4.0 —— 服务灵活便捷

农业服务 4.0 主要是利用移动互联网、云计算和大数据技术提高农业服务的灵活便捷，解决农村信息服务"最后一公里"问题，让农民便捷地享受到需要的各种生产生活信息服务。互联网是为广大农户提供实时互动的扁平化信息服务的主要载体，互联网的介入使得传统的农业服务模式由公益服务为主向市场化、多元化服务转变。互联网时代的新农民不仅可以利用互联网获取先进的技术信息，也可以通过大数据掌握最新的农产品地理分布、价格走势，从而结合自己资源情况自主决策农业的生产重点。

五、外部支撑条件强劲有力

农业4.0是外部条件强力支撑下发展的农业，基础设施、产业、科技、人才、市场、环境等条件缺一不可，共同构成农业4.0的支撑体系。农业4.0时代，在政府层面将加强互联网基础设施的普及，营造农业4.0良好发展环境。完善互联网基础网络环境、物流基础环境等各类硬件基础设施建设。加大对"互联网+"农业创新的政策扶植力度，加大资源倾斜力度，促进互联网进村入户，切实利用好各类农业服务平台，营造形成农业4.0发展的大氛围与大环境。

农业4.0时代，在企业层面，龙头企业、明星企业将带动区域乃至行业发展，壮大农业信息化产业。在互联网渗透农业全产业链的过程中，会涌现出各种创新的商业模式和商业机会，传统农业企业需要根据自身的实际情况，找到适合自己的"互联网+"，结合自身优势打赢"卖货""聚粉""建平台"的互联网化"三大战役"。与此同时，部分企业较早完成了信息化建设，有资源、有用户、理解农业行业本身，理解互联网。比如司尔特、金正大、辉丰股份等农资巨头，大北农、新希望、隆平高科等农业明星企业，阿里、京东、苏宁等互联网巨头以及顺丰等物流巨头，都可依托自有资源优势，通过互联网工具渗透农村和农业市场。这些龙头型企业进入农村市场，能起到排头兵的作用，利用资源和实力，完善整体网络环境、物流环境等基础设施，先行培育农村市场的互联网观念，提高农村对于互联网的接受程度，同时带动相关产业升级，促进并带动区域和行业发展。

农业4.0时代，互联网意识将会在全社会普及，农业4.0人才不断涌现。养殖大户、农资二代、家庭农场、专业合作社等新型农村主体的信息技术和电商知识将不断普及，创造条件让他们获得实惠和好处，起到示范效应，通过新型农村主体带动农村居民整体的互联网意识和观念的转变。

六、运行机制良性可持续

农业4.0的运行机制包括激励约束机制、利益分配机制以及风险共担机制等几部分，合理的运行机制能够使得农业信息依托现代信息机制快速传递给产业链中的各个环节，并从政策、制度、法规、信用风险等方面为农业4.0的运作提供良好的外部环境；利益分配机制是农业4.0能够实现持续稳定运行的动力保障。

构建合理的利益分配机制，就是要在信息生产、传递的整个过程中产生价值增值，采用各种利益分配手段使信息化各类参与者都能增加获得的利益，形成"利益共享、风险分担"的良性运营机制。一方面促使信息服务提供商提供优良的服务，另一方面提高信息用户接受服务的积极性，进而使信息服务形成一种良性循环的、可持续的"共赢"服务，使农业信息化的整体效益实现最大化。

可见，农业4.0的利益分配机制从利益角度对信息生产、信息传递和信息消费进行激励，为信息化建立资金投入的长效机制提供了可持续动力。合理的利益分配机制能够协调农业4.0各参与主体的利益关系，为整个农业信息化体系的运作提供了利益保障和动力支持，为农业4.0体系建设中的一个关键环节。

第三章 智慧农业中的感知技术

第一节　物联网的感知技术

一、传感器技术

农业传感技术为农业物联网的核心技术。农业传感主要用在采集各个农业生产要素信息，包括种植业中的光、热、温、水、肥、气参数；畜禽养殖业中的二氧化碳、氨气、二氧化硫等有害气体含量，空气中的尘埃、飞沫以及气溶胶浓度、温湿度等环境指标参数，水产养殖中的溶解氧、酸碱度、氨氮、电导率、浊度等参数。

在农业中的传感器是农业物联网的关键设备，是农业物联网中感知信息的重要来源。传感器是指能感受被测量，并可按照一定的规律转换成可用信号输出（通常为电信号）的器件装置，它是获取信息的重要工具。传感器可以测量各种变量，任何一个信息系统和控制系统都离不开传感器。国家标准 GB 7665—87 定义的传感器为：能够感受规定的被测量件，并按照一定的规律换成可用信号的器件或者装置，通常由敏感元件和转换元件组成。此外根据新韦氏大辞典的定义，传感器的作用是将一种能量转

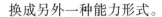

换成另外一种能力形式。

（一）传感器分类

农业传感器种类繁多复杂，不同传感器的功能与用途大不相同，可根据传感器的工作原理进行分类，也可根据传感器输出信号分类，还可以根据能力转换关系分类。

1. 按工作原理分类

根据传感器的工作原理，可将传感器分为物理传感器和化学传感器两大类。物理传感器应用的是物理效应，如磁电效应、压电效应、磁致伸缩现象、热电效应等，被测量的信号量的微小变化都将转换成电信号。化学传感器是将各种化学物质特性的变化定性或定量地转换为电信号的装置。

主要的物理传感器有电磁式传感器、热电式传感器、压电式传感器、光电式传感器、光导纤维传感器等。主要的化学传感器有气敏传感器、湿敏传感器、离子传感器等。

2. 按能量传递方式分类

按能量的传递方式传感器可分为有源传感器与无源传感器两大类。有源传感器将非电量转换为电量，无源传感器是依靠外加能源工作的传感器，被测非电量仅对传感器中的能量起控制或调节作用。

3. 按输出信号分类

根据输出电信号的不同类型可以将传感器分为模拟传感器、数字传感器、膺数字传感器和开关传感器 4 种类型。

模拟传感器：将被测量的非电学量转换成模拟电信号输出的传感器。目前，由于电流输出更稳定，因此绝大多数的模拟传感器都采用电流信号输出，其中包括大部分的温度传感器、湿度传感器、CO_2 传感器等。

数字传感器：数字传感器将被测量的非电学量转换成数字信号输出，其输出的数字信号直接通过解码就可以得出测量数值。

膺数字传感器：膺数字传感器将被测量的非电学量转换成频率信号或短周期信号，它输出多个脉冲信号，无解码规则，可根据使用目的换算成多种数据，常用于转速等传感应用。

开关传感器：当被测量的非电学量达到某个特定阈值时，传感器相应地输出一个阈值的低电平或高电平。

（二）常用传感器

农业用传感器品种很多，常用的传感器主要分为两大类：单因子传感器和多因子综合传感器：

1. 单因子传感器

（1）温度传感器、湿度传感器

农作物的生长与温度和湿度有密切关系，塑料大棚的控制参数中，温度与湿度的感知与控制是主要参数之一。温度传感器（temperature transducer）是指能感受温度并转换成可用输出信号的传感器。温度传感器是温度测量仪表的核心部分，品种繁多。按测量方式可分为接触式和非接触式两大类，按照传感器材料及电子元件特性分为热电阻和热电偶两类。湿度传感器是指能感受环境中湿度的变化并转化成可用的输出信号的装置。湿敏元件是最简单的湿度传感器。湿敏元件主要有电阻式、电容式两大类。当环境湿度发生改变时，湿敏电容的介电常数发生变化，使其电容量也发生变化，其电容变化量与相对湿度成正比。湿度传感器主要有氯化锂湿度传感器（电阻式氯化锂湿度计、露点式氯化锂湿度计）、碳湿敏元件、氯化铝湿度计和陶瓷湿度传感器4种。

（2）土壤干燥度传感器

作物生长需要水分，在农业生产劳作中如何灌溉，做到既不影响作物生长又不浪费水资源是至关重要的问题。土壤干燥度的检测，需要用干燥度传感器。目前应用比较广泛的干燥度传感器是由负压传感器与陶瓷过滤管组成的。

（3）CO_2 传感器

农作物生长发育离不开光合作用，而光合作用又和 CO_2 浓度密切相关，进行 CO_2 浓度的调控可增强农作物生长发育。通过利用 CO_2 传感器感知农作物生长环境的 CO_2 浓度情况，为智能调控 CO_2 浓度提供数据基础。

（4）光照度传感器

光照也是影响农作物光合作用的关键因子，光照强度的大小直接关系到植物光合作用的进行。采用光照传感器进行作物生长环境条件光照强度的感知，为智能调控光照强度提供数据基础。

（5）NH_3 含量传感器

NH_3 含量传感器用于检测畜禽舍环境中 NH_3 的含量，依检测结果决定是否需要通风换气和清除粪便。一般以 ppm 为单位，有效范围在 $0 \sim 100$ ppm。养鸡场应用较多，尤其是蛋鸡场，由于鸡的消化系统不能完全消化饲料，大量蛋白质通过粪便排出后，经过复杂的化学反应转变为 NH_3，而 NH_3 又是影响鸡蛋产量的关键因素，一旦 NH_3 浓度超过一定值，蛋鸡产蛋率明显下降，甚至不产蛋，需要数周才能恢复。

（6）pH 传感器

pH 传感器是用来检测被测物中氢离子浓度并转换成相应的可用输出信号的传感器，通常由化学部分和信号传输部分构成。pH 传感器常用来进行对溶液、水等物质的工业测量。

（7）离子浓度、电导率传感器

电导率传感器是在实验室、工业生产和探测领域里被用来测量超纯水、纯水、饮用水、污水等各种溶液的电导性或水标本整体离子浓度的传感器。电导率传感器根据测量原理与方法的不同可分为电极型电导率传感器、电感型电导率传感器以及超声波电导率传感器。电极型电导率传感器根据电解导电原理采用电阻测量法对电导率实现测量，其电导测量电极在测量过程中表现为一个复杂的电化学系统；电感型电导率传感器依据电磁感应原理实现对液体电导率的测量；超声波电导率传感器根据超声波在液体中变化对电导率进行测量，其中以前两种传感器应用最为广泛。

2. 多因子综合传感器

多因子综合传感器，即多功能传感器，是由若干种敏感元件组成的多功能传感器，是一种体积小巧而多种功能兼备的新一代探测系统，其可以借助于敏感元件中不同的物理结构或化学物质及其各不相同的表征方式，用单独一个传感器系统来同时实现多种传感器的功能。

（1）营养元素传感器

营养元素传感器用于检测作物生长环境中氮、磷、钾的含量，以决定是否需要施肥。一般用于检测无土栽培环境中所调配的营养液中营养元素含量，或根据流回的营养液中元素的吸收情况决定营养元素的调配比率，也可用于普通大棚或温室中土壤营养元素含量检测。

（2）植物径流传感器

植物径流是指作物在蒸腾作用下体内产生的上升液流，它可以反映植物的生理状态信息。土壤中的液态水进入植物的根系后，通过茎秆的输导向上运送到达冠层，再由气孔蒸腾转化为气态水扩散到大气中去，这一过程中，茎秆中的液体一直处于流动状态。热脉冲法和热扩散法大多数都采用侵入式的热源和温度探针；热平衡法通常用于测定直径较小的植物或器官。

（3）UWS300 系列无线传感器

UWS300 系列产品功能模块可根据需要进行调整，具有良好适应性。适用于各种类型的连动温室、日光温室、智能温室。

卓越的电路设计与智能的休眠算法，使节点在保证采集通信的同时，最大限度的降低功耗，使电池工作时间长达三年（UWS330 在 30 分钟采集频率下测得）；在温室内安装土壤水分传感器、空气温湿度传感器感知探头以及无线测量终端，通过终端内集成的无线模块，借助现有的移动网络将数据发送至数据中心服务器，实现温室环境信息的实时监测，远程的智能化管理。

监测的环境信息主要包括土壤水分、温度、空气温湿度、光照强度、二氧化碳浓度等，主要通过一体的 UWS 系列无线传感器来实现。

（三）新型传感器

1. 光纤传感器

通常光纤传感器可以分为功能型（传感类）与非功能型（传光型）两类。光纤传感器具有抗电磁干扰能力强、灵敏度高、定位准确、耐高温、耐腐蚀、易变形和无源等特性，它在农业上的典型应用是在农田水利设施中采用光纤光栅传感器对水渠的裂缝状进行监测，但因成本收益问题，目前更多的则是应用在大坝安全检测中。在育种、温室大棚种植和农产品储藏方面，用光纤温度传感器实时获取环境温度信息，用光纤

气体传感器测量 CO_2 等气体的浓度，以保证环境条件达到所需的最佳状态。

此外，以光纤传感器为探头的光纤光度分析仪器在农产品品质无损检测中的应用也越来越广泛。刘燕德等利用光纤传感器在非接触式水果品质检测方面做了很多有益的尝试和探索性的研究，取得了一系列成果。

2. MEMS 微电子传感器

MEMS（Microelectro Mechanical Systems）微机电系统是在微电子技术基础上发展起来的，涉及电子、机械、材料、物理、化学、生物和医学等多种学科及技术，具有广阔的应用前景。利用 MEMS 加工制备的新一代传感器件，在传输前可进行信号的放大，减少干扰和传输噪声，提高信噪比。同时，芯片上集成有反馈线路和补偿线路，可有效地改善输出的线性度和频响特性。

MEMS 传感器有微机械加速传感器、微机械角速度传感器、微型压力传感器、微型磁传感器、微型光传感器、微型热传感器、微型气敏传感器、微型化学传感器、微型生物传感器和微型电场传感器等。MEMS 传感器在农业中的应用主要集中于制造超光谱成像系统上，利用超光谱成像技术可以随时观测货架上食物的霉变情况，也可用来鉴定商品商标的真伪。光子学和 MEMS 领域的先进研发机构 Info tonics 与美国康奈尔大学合作，研制了一种基于电容率的传感器，可以实时监视并固定牛奶中的病原体，如发生固化，病原体附着在传感器阵列的分子探针上，引起电容发生变化，用其和参考传感器的电容作对比，则可证明病原体的存在。这在检查奶牛乳腺炎的过程中发挥了积极作用，可以较早发现病症，减少奶农损失。

3. 仿生传感器

仿生传感器，是一种采用新的检测原理的新型传感器，它采用固定化的细胞、酶或者其他生物活性物质与换能器相配合组成传感器。这种传感器是近年来生物医学和电子学、工程学相互渗透而发展起来的一种新型的信息技术。这种传感器的特点是性能好、寿命长。在仿生传感器中，比较常用的是生体模拟的传感器。

仿生传感器是目前的热门研究领域，机器人传感器是其中的典型代表。机器人传感器的功用包括自身运动状态的检测和外部环境信息的感应两方面，机器人内部传感器按用途分为位置检测传感器、位移检测传感器、角位移检测传感器、速度检测传感器、加速度检测传感器和力检测传感器。伴随着我国经济的发展和社会的变革，大量农村劳动力向城市转移，农村人口老龄化现象日益突出，这在一定程度上制约着农业的发展，不利于"三农"问题的解决。农业采摘机器人的出现，降低了农民的劳动强度，极大地提高了劳动生产率和产品质量，具有广阔的发展前景。农业采摘机器人根据作业对象和环境的不同，要求选用不同的传感器以提高其感知能力和智能化水平。采摘过程中按照操作顺序可分为视觉传感器、位置传感器、力传感器与避障传感器等。

目前我国已研制成功或正在研制的果蔬采摘项目有番茄、黄瓜、葡萄和柑橘等，棉花等作物的采摘机器人关键技术也正在研制中。南京农业大学王玲近日就成功破解了采摘机器人对于棉花品级视觉识别的关键技术——田间子棉品级识别，为解决机器人采摘棉花的效率与品质问题，改变我国棉花收获长期依靠手工作业的现状，以及推动棉花定级仪器的面世做出了贡献。

4. 电化学传感器

电化学传感器在农业领域中的一个新的重要应用是土壤化学中对诸如 pH 值的直接测量。土壤测试结果对于提高农作物产量和生产质优、味美的食品至关重要。用于测量土壤中某些离子活度（H^+，K^+，NO_3^-，Na^+ 等）的电化学传感器有如下两类：①离子选择电极；②离子选择性场效应管（ISFET）传感器。这两类传感器也被用于监测植物对离子的摄取。营养成分的摄取速度取决于植物对营养的需求，此种需求与植物的生长速度和植物体的营养状况有关。多数常量营养元素（如氮、磷、钾）的吸收过程都很活跃。监测植物体或生长系统的离子浓度可以帮助农民制订施肥策略和提高产量。

离子选择电极已经可以用于多种不同离子的检测。它们可用于土壤和作物（如土豆和蔬菜）中氮元素的监测，以便进行施肥管理。植物或者土壤中的离子（如碘离子、氟离子、氯离子、钠离子、钾离子和镉离子等）可以用离子选择电极进行测定，以便对植物的新陈代谢、营养以及植物中所存在的重金属离子的毒物等进行研究。

二、RFID 技术

射频识别（Radio Frequency IDentification，缩写：RFID）是一种无线通信技术，可以通过无线电信号识别特定目标并读写相关数据，而无须识别系统与特定目标之间建立机械或者光学接触。无线电的信号是通过调成无线电频率的电磁场，把数据从附着在物品上的标签上传送出去，以自动辨识与追踪该物品。某些标签在识别时从识别器发出的电磁场中就可以得到能量，并不需要电池；也有标签本身拥有电源，并可以主动发出无线电波（调成无线电频率的电磁场）。标签包含了电子存储的信息，数米之内都可以识别。与条形码不同的是，射频标签不需要处在识别器视线之内，也可嵌入被追踪物体之内。

RFID 主要由电子标签、读写器和系统高层三部分组成。电子标签是由芯片及天线组成，附着在物体上标识目标对象，存储着被识别物体的相关信息；读写器是利用射频技术读写电子标签信息的设备；系统高层是计算网络系统，数据交换和管理由计算机网络完成，读写器可以通过标准接口与计算机网络连接，计算机网络完成数据的处理、传输和通信功能。其优势和特点表现如下：

①RFID 电子标签抗污损能力强；
②RFID 电子标签安全性高；
③RFID 电子标签容量大；
④RFID 可远距离同时识别多个电子标签；
⑤RFID 是物联网的基石。

RFID 系统按照频率分类，可分为低频系统、高频系统和微波系统；按照供电方式分类，可分为无源供电系统、有源供电系统和半有源供电系统；按照耦合方式分类，可分为电感耦合方式、电磁反向散射方式；按照技术方式分类，可以分为主动广播式、被动倍频式和被动反射调制式；按照保存信息方式分类，可分为只读电子标签、一次写入只读电子标签、现场有线可改写式和现场无线可改写式；按照系统档次分类，可分为低档系统、中档系统和高档系统；按照工作方式分类，可分为全双工和半双工工作方式、时序工作方式。

现在射频识别已经应用于制造、物流零售等多个领域。在农业领域，主要用于畜牧牲口和农产品生长的监控等，确保绿色农业，确保农业产品的安全。

（一）RFID 技术特点

RFID 标签具有体积小、容量大、寿命长、可重复使用等特点，可支持快速读写、非可视识别、移动识别、多目标识别、定位及长期跟踪管理。RFID 技术与互联网、通信等技术相结合，可实现全球范围内物品跟踪与信息共享。RFID 技术应用在物流、制造、公共信息服务行业，可大幅度提高管理与运作效率，降低成本。

RFID 主要技术特点有：①可穿透物体；②动态实时通信；③数据存储量大；④标签数据可更改；⑤读写速度快；⑥使用寿命长；⑦安全性好。

（二）RFID 系统组成

RFID 系统在具体的应用过程中，根据不同的应用目的和应用环境，RFID 系统的组成会有所不同，但从 RFID 系统的工作原理来看，系统一般都由信号发射机、信号接收机、发射接收天线几部分组成。

（1）信号发射机在 RFID 系统中，为不同的应用目的，会以不同的形式存在，典型的形式是标签（TAG）。标签相当于条码技术中的条码符号，用来存储需要识别传输的信息，另外，与条码不同的是，标签必须能够自动或在外力的作用下，把存储的信息主动发射出去。标签一般是带有线圈、天线、存储器与控制系统的低电集成电路。

（2）在 RFID 系统中，信号接收机一般叫做阅读器。根据支持的标签类型不同与完成的功能不同，阅读器的复杂程度是显著不同的。阅读器基本的功能就是提供与标签进行数据传输的途径。另外，阅读器还提供相当复杂的信号状态控制、奇偶错误校验与更正功能等。标签中除了存储需要传输的信息外，还必须含有一定的附加信息，如错误校验信息等。识别数据信息和附加信息按照一定的结构编制在一起，并按照特定的顺序向外发送。阅读器通过接收到的附加信息来控制数据流的发送。一旦到达阅读器的信息被正确的接收和译解后，阅读器通过特定的算法决定是否需要发射机对发送的信号重发一次，或知道发射器停止发信号，这就是"命令响应协议"，使用这种协议，即便在很短的时间、很小的空间阅读多个标签，也可以有效地防止"欺骗问题"的产生。

（3）天线是标签与阅读器之间传输数据的发射、接收装置。在实际应用中，除了系统功率，天线的形状和相对位置也会影响数据的发射和接收，需要专业人员对系统的天线进行设计、安装。

（三）RFID 系统工作流程

阅读器通过发射天线发送一定频率的射频信号，每当射频卡进入发射天线工作区域时产生感应电流，射频卡获得能量被激活。射频卡将自身编码等信息通过卡内置发送天线发送出去。系统接收天线接收到从射频卡发送来的载波信号，经天线调节器传送到阅读器，阅读器对接收的信号进行解调和解码然后送到后台主系统进行相关处理。主系统根据逻辑运算判断该卡的合法性，针对不同的设定做出相应的处理和控制，发出指令信号控制执行机构动作。

在耦合方式（电感 - 电磁）、通信流程（FDX，HDX，SEQ）、从射频卡到阅读器的数据传输方法（负载调制、反向散射、高次谐波）以及频率范围等方面，不同的非接触传输方法有根本的区别，但所有的阅读器在功能原理上，以及由此决定的设计构造上都很相似，所有阅读器均可简化为高频接口和控制单元两个基本模块。高频接口包含发送器和接收器，其功能包括：产生高频发射功率以启动射频卡并提供能量；对发射信号进行调制，用于将数据传送给射频卡；接收并且解调来自射频卡的高频信号。不同射频识别系统的高频接口设计具有一些差异。

（四）RFID 在农业物联网中的典型应用

无论是国内还是国外，与计算机技术和数字控制技术相比，传感技术的发展都落后于它们。从 20 世纪 80 年代起才开始重视和投资传感技术的研究开发或列为重点攻关项目，不少先进的成果仍停留在研究实验阶段，转化率比较低。我国从 20 世纪 60 年代开始传感技术的研究与开发，经过从"六五"到"九五"的国家攻关，在传感器研究开发、设计、制造、可靠性改进等方面获得长足的进步，初步形成了传感器研究、开发、生产和应用的体系，并在数控机床攻关中取得了一批可喜的、为世界瞩目的发明专利与工况监控系统或仪器的成果。但从总体上讲，它还不能适应我国经济与科技的迅速发展，我国不少传感器、信号处理和识别系统仍然依赖进口。同时，我国传感技术产品的市场竞争力优势尚未形成，产品的改进与革新速度慢，生产和应用系统的创新与改进少。事实上，传感器已经渗透到人们当今的日常生活当中，例如热水器的温控器、电视机的遥控器、空调的温湿度传感器等。此外，传感器也广泛应用到工农业、医疗卫生、军事国防、环境保护等领域，极大地提高了人类认识世界和改造世界的能力。

近年来我国农资市场混乱，食品安全事故频发造成农产品贸易受阻，而食品安全是关系着人民群众身体健康和生命安全、经济健康有序发展、社会稳定和国家长治久安的重大民生问题，因此急需调整农业结构，梳理农业战略流程，实现农产品可追溯体制。2010 年，我国也相应出台了一系列支持农业发展的政策，农村农业经济保持平稳运行。当前农业生产面临最突出的问题是：基础设施薄弱，抗灾能力差，农产品期货"金融化"明显，市场价格波动剧烈，质量安全事件时有发生。随着全国信息化进程的不断推进，尤其是随着传感器、RFID 技术的研发和普及应用、手机和 RFID 结合应用等的开发，支撑农产品溯源、畜牧产品监控等服务技术手段已经成熟，能够完全支撑各行业信息化应用的需求。物联网传感技术在农业中的应用，既能改变粗放型的农业经营管理方式，也可以提高动植物疫情疫病防控能力，确保农产品质量安全，引领现代农业发展。

在农业物联网中的典型应用主要包括动物跟踪与识别、数字养殖、精准作物生产、农产品流通等。

1. 动物跟踪与识别

近年来全世界的动物疫情不断爆发，如疯牛症、口蹄疫、禽流感等，给人们的身体健康和生命带来了严重危害，沉重地打击了全世界的畜牧业，从而引起了世界各国特别是欧洲各国的高度重视。为此，各国政府迅速制定政策和采取各种措施，以加强对动物的管理，其中对动物的识别与跟踪成为这些重大措施其中之一。例如，英国政府规定对牛、猪、绵羊与山羊、马等饲养动物都必须采取各种跟踪与识别手段。最近几年动物电子识别实践表明，电子识别方法中的 RFID 在动物管理中起到的作用越来越重要。

动物识别与跟踪是指利用特定的标签，以某种技术手段和拟识别的动物相对应，并能随时对动物的相关属性进行跟踪与管理的一种技术。

对各种动物进行识别与跟踪，能够加强对外来动物疾病的控制与监督，保护本土物种的安全，保证畜产品国际贸易的安全性；能加强政府对动物的接种与疾病预防管理，提高对动物疾病的诊断与报告能力，以及对境内外动物疫情的应急反应。

（1）RFID 涉及的环节

饲养环节：在牲畜出生饲养的时候，在牲畜的身上安装上 RFID 标签（如做成耳标或脚环），这些电子标签在牲畜一出生时就打在耳上，此后饲养员用一个手持设备，不断地设定、采集或存储它成长过程中的信息，从源头上对生产安全进行控制。同时记录牲畜在各个时期的防疫记录、疾病信息及养殖过程关键信息的记录。在牲畜屠宰之前，首先要通过手持机读取 RFID 标签，以确认无疾病牲畜才能出栏。

屠宰环节：在屠宰前，读取牲畜身上的 RFID 标签信息，确认牲畜是有过防疫记录并切实健康的，才可以屠宰并进入市场，同时将该信息写入包装箱标签、货物托盘标签和价格标签之中去。

主管部门监管环节：监管部门在进行市场监管的过程中，要求所有销售网点的货物托盘、包装箱和价格标签都内含 RFID 电子标签，把肉类的产地、品名、种类、等级、价格等相关数据写进电子标签。

物流配送环节：生鲜肉类进入流通环节，在装载肉类的托盘或包装箱贴上 RFID 电子标签，运送到指定的超市或市场销售点，在交接货物时，只需通过固定的远距离读卡器或手持读写器读取包装箱或托盘上的 RFID 电子标签即可。

外来牲畜的管理：比如是外省市运来的已经屠宰好的肉类产品要进入市场，先到指定的监管地点进行产品检验，检验合格后加贴有关产品信息及相关检验信息的电子标签。同时，监管部门发给市场销售产品的资质证书。

（2）涉及的基本信息

①动物基本信息：出生信息、饲养员信息、生长信息、出入草场、出栏信息等基本信息的记录。

②防疫信息：防疫、接种疫苗、防疫检查、防疫处理等信息的记录。

③流通环节的监督：温度、湿度、道口检查等信息的记录。

④屠宰检疫记录：屠宰检疫、屠宰日期、仓储环境等信息记录。

⑤销售产品信息：销售地信息、销售日期、分销商信息的记录。

⑥国家监督部门的统计查询功能。

⑦系统后台管理功能。

⑧追溯查询功能。

（3）RFID 动物标签种类及使用方法

动物 RFID 标签大致分颈圈式、耳牌式、注射式与药丸式电子标签。

①颈圈式电子标签能够非常容易地从一头动物身上换到另外一头动物身上，主要应用在厩栏中的自动饲料配给以及测定牛奶产量。

②耳牌式电子标签的性能大大优于条形码耳牌。由于电子标签比条形码存储的数据多得多，而且能适用于有油污、雨水的恶劣环境。阅读器的读取距离远远大于条形码的读取距离，而且能实现批量读取。

③注射式电子标签近几年才开始应用，其原理是利用一个特殊工具将电子标签放置到动物的皮下，因此在动物的躯体与电子标签之间就建立起了一个固定的联系，这种联系只有通过手术才能撤销。目前能做到商用的注射式电子标签只有一颗米粒大小。

④药丸式电子标签是将一个电子标签安放在一个耐酸的圆柱形容器内，大多是陶瓷的。然后将这个容器通过动物的食道放置到反刍动物的前胃液内，一般情况下，药丸式电子标签会终身停留在动物的胃内。这种方式的最大特点是简单和牢靠，并且可以在不伤害动物的情况下将电子标签放置到动物体内。

2. 农产品流通

基于 RFID 技术的农产品安全监控系统，围绕"生产、监控、检测、监管"四条主线，以农产品生产环境、农产品生产、农产品加工、农产品流通、市场进入等环节为立足点，对农产品的生产环境、生产、加工、流动、销售实施实时监控。下面在业务流程分析的基础上，探讨在农产品流通的各个环节中如何使用 RFID 技术，重点研究系统架构，系统业务模型、系统功能及其实现。

基于 RFID 技术的农产品安全监控系统主要包括农产品生产监控模块、供应基地监控模块、农产品物流企业监控模块、农产品仓储监控模块、农产品消费点管理模块、农产品安全管理中心模块等等。

（1）农产品安全管理部门（工商局或农产品主管部门）

设立农产品安全管理中心，建立中心数据库，中心数据库和各生产、加工厂家，农产品仓库以及各中途监控点进行实时通信。中心数据库具备监控、查询、统计、报表和计划等功能。农产品安全管理中心负责制定标签编码方案和号段分配，农产品经营主体备案管理，厂家身份鉴定资格审查、管理和取消，运输车辆资格审查、管理和取消，物流公司资格审查、管理与取消等工作。

（2）农产品生产、养殖基地模块

生产、种植、养殖基地（简称：生产基地）是农产品的生产地。当初级产品不需要加工时，由生产基地制作农产品电子标签、配送车辆电子标签和电子封条，将产品直接发送到农产品仓库；当初级产品需要加工时，则由生产基地制作农产品电子标签、配送车辆电子标签和电子封条，将初级产品直接发送到农产品加工企业。在初级产品发送前，生产基地将所有农产品信息实时传入到管理中心。

（3）农产品仓储监控模块

各农产品仓库作为地区性仓储中心，负责农产品接收、入库、存储和配送，各农产品仓库设本地数据库。于农产品入口处由 RFID 终端设备完成入库农产品的自动鉴别和商品信息输入功能。各商品在出库时要通过 RF1D 设备完成包括商品去向目的地信息在内的配送信息。这些商品的入库、存储及出库信息由本地后台数据管理系统负责完成统计、分析、报表和管理工作，同时本地系统要及时和农产品中心数据库保持通信，进行数据和指令的交互。农产品仓库（简称仓库）接受来自加工中心的农产品，是本物流检查系统的终点。为了保证农产品的安全，仓库内设置车辆货物检查点，对接受的农产品进行四重核对：①核对车辆身份；②核对车门上的电子封条是否完整；③核对车辆登记农产品和卸载农产品是否一致；④核对车辆登记农产品与管理中心数据库的数据是否一致。同时，仓库把卸货信息和检查结果上传管理中心。

（4）农产品加工中心监控模块

各加工中心负责将农产品进行包装。

各加工中心配备本地 RFID 系统，利用本系统对各包装单元进行编码并写入 RFID 标签，然后将标签贴到商品上，在装车的同时，将数据上传到农产品安全管理中心。车辆装载完毕时，将车上所有 RFID 标签标号一次性写入车辆配备的 RFID 车载电子标签中。农产品加工中心（简称加工中心）加工农产品并将加工好的农产品发送到各个农产品仓库。加工中心是物流运输的起点，负责制作要发送的农产品的电子标签、配送车辆电子标签和电子封条，并在发送前将这些电子信息传入到管理中心。

（5）农产品物流企业监控模块

物流公司将配送车辆相关注册信息发送给管理中心，管理中心对其进行资格审查和管理，以便运送过程中对车辆进行核对。每个车辆配备一个 RFID 车载电子标签，这个标签作为车辆的身份标志，记录有本车身份信息和本车装运商品的 RFID 标签的信息，以便车辆和所载商品信息关联起来。车载电子标签要求采用有源标签（例如 5.8G），以便能够存入大量的信息，并可以对车辆进行远距离识别，同时有源 5.8GRFID 标签可以与现有高速公路不停车收费系统统一起来。

（6）农产品销售点管理模块

消费点收到仓库配送过来的农产品时，读取并核对产品上的电子标签信息，实时将数据上传到管理中心和仓库数据库。

（7）农产品运输监测点模块

在车辆运输过程中，可以通过监测点对车辆进行监测。监测点可以是执法人员通过人工手段进行监测，也可通过安装固定设备进行自动监测，监测手段可以是手持式终端，也可以是固定 RFID 设备，监测点采集的信息可以通过 GPRS 无线方式，或者通过 TCP/IP 与农产品安全管理中心通信。管理部门可以设置固定的运输监测点和流动的人工运输监测点（简称监测点），对配送车辆进行合法性检查。

（8）农产品质量日常监管模块

包括：①产地环境、生产投入管理，对农产品质量安全进行管理，首先需要对农产品的产地环境、生产投入等相关因素进行日常监管；②农产品质量案件信息管理；③暂停农产品生产、销售；④恢复农产品生产、销售；⑤农产品及养殖户黑名单管理；⑥农产品停止生产、退出市场；⑦重点农产品划定；⑧重点农产品取消；⑨名优农产品；⑩名优农产品养殖企业。

（9）农产品安全公众服务信息模块

把农产品安全监控基本情况等通过 Internet 向公众发布，并且利用 Web GIS 发布生产区域生态环境、污染情况和生产投入等空间信息及相关信息，把农产品安全预警信息及时在网上发布，用户可通过系统了解有关的避防措施等。

三、编码技术

编码技术主要包括条码技术、二维码技术与彩色三维码技术。

（一）条码技术

条码技术是实现 POS 系统、EDI、电子商务、供应链管理的技术基础，是物流管理现代化的重要技术手段。条码技术包括条码的编码技术、条码标识符号的设计、快速识别技术和计算机管理技术，它是实现计算机管理和电子数据交换不可少的前端采集技术。

条码主要包括一维条码（如 EAN13 码、UPC 码、39 码、交叉 25 码、EAN128 码等）和二维条码（如 PDF417，CODE49，Maxi Code，QR Code 等），其中 UPC 码主要用于北美地区，EAN128 条码在全世界范围内具有唯一性、通用性和标准性，可给每一个产品赋予一个全球唯一的贸易项目代码，PDF417 码与上述一维条码相比，具有单位面积信息密度高和信息量大等特点，在制造业领域和物流领域已得到广泛应用。

（二）一维条码

1. 概念

条码是由一组规则排列的条、空及对应的字符组成的标记，"条"指对光线反射率较低的部分，"空"指对光线反射率较高的部分，这些条和空组成的数据表达一定的信息，并能够用特定的设备识读，转换成与计算机兼容的二进制和十进制信息。通常对于每一种物品，它的编码是唯一的，对于普通的一维条码来说，还要通过数据库建立条码与商品信息的对应关系，当条码的数据传到计算机上时，由计算机上的应用程序对数据进行操作和处理。所以，普通的一维条码在使用过程中仅仅作为识别信息，它的意义是通过在计算机系统的数据库中提取相应的信息而实现的。

2. 码制

码制即指条码条和空的排列规则，常用的一维码的码制包括：EAN 码、39 码、交叉 25 码、UPC 码、128 码、93 码、ISBN 码及 Coda bar（库德巴码）等。

不同的码制有它们各自的应用领域：

EAN 码：是国际通用的符号体系，是一种长度固定、无含意的条码，所表达的信息全部为数字，主要应用于商品标识。

39 码和 128 码：为目前国内企业内部自定义码制，可以根据需要确定条码的长度和信息，它编码的信息可以是数字，也可以包含字母，主要应用于工业生产线领域、图书管理等。

93 码：是一种类似于 39 码的条码，它的密度较高，能够替代 39 码。

25 码：主要应用于包装、运输以及国际航空系统的机票顺序编号等等。

Coda bar 码：应用于血库、图书馆、包裹等的跟踪管理。

ISBN：用于图书管理。

3. 符号

一个完整的条码的组成次序依次为：左侧空白区、起始符、数据符、中间分割符（主要用于 EAN 码）、校验符、终止符、右侧空白区。

空白区，也称静区，指条码左右两端外侧与空的反射率相同的限定区域，它能使阅读器进入准备阅读的状态，当两个条码相距距离较近时，静区则有助于对它们加以区分，静区的宽度通常应不小于 6mm（或 10 倍模块宽度）。

起始 / 终止符，指位于条码开始和结束的若干条与空，标志条码的开始和结束，同时提供了码制识别信息和阅读方向的信息。

数据符，位于条码中间的条、空结构，它包含条码所表达的特定信息。

构成条码的基本单位是模块，模块是指条码中最窄的条或空，模块的宽度通常以 mm 或 mil（千分之一英寸）为单位。构成条码的一个条或空为一个单元，一个单元包含的模块数是由编码方式决定的，有些码制中，比如 EAN 码，所有单元由一个或多个模块组成；而另一些码制，如 39 码中，所有单元只有两种宽度，即宽单元和窄单元，其中的窄单元即为一个模块。

4. 参数

密度（Density）：条码的密度指单位长度的条码所表示的字符个数。对于一种码制而言，密度主要由模块的尺寸决定，模块尺寸越小，密度越大，所以密度值通常以模块尺寸的值来表示（如 5mil）。通常 7.5mil 以下的条码称为高密度条码，15mil 以上的条码称为低密度条码，条码密度越高，要求条码识读设备的性能（如分辨率）也越高。高密度的条码通常用于标识小的物体，比如精密电子元件，低密度条码一般应用于远距离阅读的场合，如仓库管理。

宽窄比：对于只有两种宽度单元的码制，宽单元与窄单元的比值称为宽窄比，一般为 2～3 左右（常用的有 2：1，3：1）。宽窄比较大时，阅读设备更容易分辨宽单元和窄单元，因此比较容易阅读。

对比度（PCS）：条码符号的光学指标，PSC 值越大则条码的光学特性越好。

$$PCS=(RL–RD)/RL \times 100\%(RL: 条的反射率 ; RD: 空的反射率)$$

（三）二维码

1. 概念

二维条码 / 二维码（2-dimensional Bar Code）是用某种特定的几何图形按一定规律在平面（二维方向）分布的黑白相间的图形记录数据符号信息的；在代码编制上巧妙地利用构成计算机内部逻辑基础的"0""1"比特流的概念，使用若干个与二进制相对应的几何形体来表示文字数值信息，通过图像输入设备或光电扫描设备自动识读以实现信息自动处理。其具有条码技术的一些共性：每种码制有其特定的字符集；每个字符占有一定的宽度；具有一定的校验功能等。同时还具有对不同行的信息自动识别功能及处理图形旋转变化点。

2. 分类

二维码的原理可以从矩阵式二维码的原理和行列式二维码的原理来讲述。

（1）堆叠式 / 行排式

堆叠式 / 行排式二维条码又称堆积式二维条码或层排式二维条码，其编码原理是建立在一维条码基础之上，按需要堆积成二行或多行。它在编码设计、校验原理、识读方式等方面继承了一维条码的一些特点，识读设备与条码印刷与一维条码技术兼容。但是由于行数的增加，需要对行进行判定，其译码算法与软件也不完全相同于一维条码。有代表性的行排式二维条码有：Code 16K，Code 49，PDF417，MicroPDF417 等。

（2）矩阵式二维码

矩阵式二维条码（又称棋盘式二维条码）是在一个矩形空间通过黑、白像素在矩阵中的不同分布进行编码。在矩阵相应元素位置上，用点（方点、圆点或其他形状）的出现表示二进制"1"，点的不出现表示二进制的"0"，点的排列组合确定了矩阵式二维条码所代表的意义。矩阵式二维条码是建立在计算机图像处理技术、组合编码原理等基础上的一种新型图形符号自动识读处理码制。具有代表性的矩阵式二维条码有：Code One，Maxi Code，QR Code，Data Matrix，Han Xin Code，Grid Matrix 等。

除了上述常见的二维条码之外，还有 Veri code 条码、CP 条码、Coda block F 条码、田字码、Ultra code 条码及 Aztec 条码。

3. 按业务分类

二维码应用根据业务形态不同可分为被读类与主读类两大类。

（1）被读类业务

应用方将业务信息加密、编制成二维码图像后，通过短信或彩信的方式将二维码发送至用户的移动终端上，用户使用时通过设在服务网点的专用识读设备对移动终端上的二维码图像进行识读认证，作为交易或身份识别的凭证来支撑各种应用。

（2）主读类业务

用户在手机上安装二维码客户端，利用手机拍摄包含特定信息的二维码图像，通过手机客户端软件进行解码后触发手机上网、名片识读、拨打电话等多种关联操作，以此为用户提供各类信息服务。

（四）彩色三维码技术

1. 彩色三维码概述

彩色三维码，简称彩码（Color Code），又名彩色码、彩链、丽码、彩色域名等，是全球第三代条码技术的代表。作为一项基于摄像头和无线网络的图像识别和无线寻址创新技术。国内专注于彩码技术和业务的公司包括上海彩码信息科技有限公司和上海彩链信息科技公司。

彩码技术原本是为没法操作数字键或按键的残障人士能够简单上网的一个技术，通过电脑自带的摄像头来监测。由于手机键盘非常小，操作起来较麻烦。后来，通过开发，这个技术应用在手机上就不用再操作键盘了，直接用摄像头拍摄一下就可以上网并获取有用信息。进一步通过开发出5×5共4色（RGBB）矩阵彩码，并将这项技术运用于手机3G，在日本和韩国取得成功的应用。

彩码是在传统二维码基础之上，加上黑、蓝、绿、红4色矩阵构成5×5、6×6、7×7等不同规格的彩色三维图像矩阵码。彩码以4种相关性最大的单一颜色：红、绿、蓝和黑来表述信息，彩码构成的架构是一个6×6的矩阵图，36个矩阵单位各自由上述4色中的单一颜色来填充，矩阵的外框通过黑色线条封闭，并且在外框黑边外留白。

多利彩码与传统二维码相比有以下3个优势：①安全性：彩码的闭源设计杜绝了二维码存在的木马病毒等盗码影响和伪链接，确保了信息的防伪追溯；②信息丰富度：彩码的编码制式是三十二进制，码段可以达到100多亿，信息含量扩展空间巨大，编码范围延伸到各种多媒体形态信息，远远优于二维码的二进制QR编码；③外观精美：彩码拥有红、绿、蓝、黑四种色彩，而且可以与图像图形结合，绘制成美丽的各种图案，远比单调的黑白色二维码时尚美观。

2. 核心价值

彩码是一种在线服务的条码，彩码自身并不带有任何的具体内容，只含有类似"指针"的信息，其对应的信息均在后台的服务器上存放，并与前提彩码"指针"逐一对应。为了确保彩码的可设计化的个性，彩码是以降低信息的携带量为前提，确保在有限的图形空间，能够为图形化设计创造更大的便利；同时该产品采用高效的纠错冗余算法和高效边界识别手段，能够排除平面设计中其他元素和画面的干扰，准确无误地识别彩码。

与传统的二维码技术相比，彩码的最大优势是采用了新的信息携带方式和新的识读手段，使得彩码的识别更加高效、更加便捷、更加可靠和更加低廉。

彩码与3G移动业务的绑定，将会为移动业务的普及和推广，提供强有力的支持和帮助。

有机农业是实现食品安全的重要手段，利用物联网技术进行有机农产品的质量追溯，具有非常重要的意义。为了保证多利有机农产品质量安全，实现对多利有机农产品质量可追溯，多利利用新一代彩码技术对有机农产品进行质量的追溯。

3. 彩码应用

多利有机蔬菜彩码追溯查询，消费者通过用手机、移动手持终端、iPad 等设备，扫描有机蔬菜包装上的次世代彩码，获取追溯码，通过追溯码获取有机码，得到有机蔬菜的认证信息。扫描多利彩码，可以获得多利有机蔬菜的认证信息。追溯信息同时包含有机蔬菜的生产批次、采摘时间、种子信息、田间农作信息、质检信息、生长环境信息、有机蔬菜的食疗食谱、有机蔬菜小知识等。多利彩码将贴在多利有机农产品的小包装袋上，成为多利有机农产品的标志，既为企业进行品牌宣传，又保证多利有机农产品质量安全。

四、手持 PDA 技术

（一）PDA 简介

手持 PDA 是 Personal Digital Assistant 的缩写，字面意思是"个人数字助理"，这种手持设备在早期应用中主要集中了计算、电话、传真和网络等功能。可用来管理个人信息（如通信录、计划等），上网浏览，收发 E-mail，可以发传真，还可以当作手机来用。

目前，手持 PDA 作为便于携带的数据处理终端，主要有以下通用特性：具有数据存储及计算能力；可进行二次开发；能与其他设备进行数据通信；有人机界面，具体而言要有显示和输入功能；可拆卸电池进行供电。

（二）PDA 分类

1. 条码扫描器

条码扫描器，又称为条码阅读器、条码扫描枪、条形码扫描器、条形码扫描枪及条形码阅读器。它是用于读取条码所包含信息的阅读设备，利用光学原理，把条形码的内容解码后通过数据线或者无线的方式传输到电脑或者别的设备。广泛应用于超市、物流快递、图书馆等扫描商品、单据的条码。

条码扫描器的结构通常包括以下部分：光源、接收装置、光电转换部件、译码电路、计算机接口。扫描枪的基本工作原理为：由光源发出的光线经过光学系统照射到条码符号上面，被反射回来的光经过光学系统成像在光电转换器上，经译码器解释为计算机可以直接接受的数字信号。除一、二维条码扫描器分类，还可分类为：CCD、全角度激光和激光手持式条码扫描器。

2. 射频识别

射频识别（RFID），又称电子标签、无线射频识别。常用的有低频（125～134.2K）、高频（13.56Mhz）、超高频、无源等技术。RFID 读写器也分移动式与固定式，RFID 技术应用很广，如图书馆、门禁系统、食品安全溯源等。

3. 超高频 PDA

超高频 PDA 是用来读取 RFID 标签的，在读取超高频标签中具有很大的优势。超高频的电子标签在读写距离上有很大的优势。

超高频的射频标签简称为微波射频标签 UHF，也就是微波频段的 RFID。一般采用电磁发射原理，工作频率：超高频（902～928MHz）；符合标准：EPC C1G2（ISO 18000—60；可用数据区：240 位 EPC 码；标签识别符：TID；64 位工作模式：可读写。

（三）主要功能

手持 PDA 除了拥有传统掌上电脑基本的信息处理功能外，还根据用户的要求增加了很多新的专业功能。

（1）条码扫描：条码扫描功能目前主要有两种技术，激光和 CCD，激光扫描只能识读一维条码，CCD 技术可以识别一维和二维条码，但在识读一维条码时，激光扫描技术比 CCD 技术更快更方便。

（2）RFID 读写：主要是利用无线射频技术，完成数据的采集和传输，RFID 分为低频、高频和超高频 3 种标签类型，带有 RFID 识读功能的手持 PDA 可以支持多种卡类型的操作，在交通运输、门禁、物流、考勤、货物管理、身份识别等方面有着十分广泛的应用。

（3）指纹采集：集成指纹采集和比对功能的手持 PDA 主要用于公安、社会保险等等。

（4）GPS 定位：主要用于物流配送，给快递人员和配送司机提供电子地图及定位服务。

（5）无线数据通信：主要功能为通过无线数据通信的方式与数据库进行实时数据交换。主要在两种情况下需要使用此功能，一是对数据的实时性要求很高的应用；二是应用中因各种原因无法将所需要的数据存储在手持 PDA 的时候，可能是所需要的数据过大，也可能需要保密等。

（6）无线语音通信：该功能主要用于语音通话，经过二次开发之后在一定程度上可替代对讲机。

（7）红外数据通信（电力红外）：一种短距离无线数据通信技术，电力红外规约是中国电力部颁布的标准，是用于电力设备之间的数据通信标准，用于抄表的手持PDA都带有该功能。

（8）蓝牙通信：蓝牙通信功能是新一代短距离无线通信技术，目前的手持PDA和手机都采用得比较多。

（9）RS232串行通信：是一种最基本的数据通信方式，大部分手持PDA均带该功能。

（10）USB通信：USB通信技术因其通信速率快，所以目前很多手持PDA都开始采用，其用途主要是与PC机进行大量的数据交换。

（11）Wi-Fi作为无线局域网的主流技术，目前的发展速度非常快，很多手持PDA已经配备了该功能，具有该功能的手持终端可以在一个比较大的范围内组网并与PC、服务器等进行数据交换，可在大的封闭空间（如厂房、仓库）进行无线数据交换。如果空间超过了无线信号可以覆盖的范围的话，可增加多个节点来解决。

（12）输入法及手写识别：如果要进行汉字输入的话，输入法是必不可少的，现在的手持PDA所采用的输入法也在跟随时代需求和用户习惯不断更新。如果用户需要大量的文字输入，那么手写识别功能可以快速解决这个问题，所以有些手持PDA的输入功能中也包含了手写输入功能。

（13）打印：有些手持PDA还集成了打印功能，可以直接连接打印机设备打印单据。

（14）其他功能，还有些手持PDA带有一些其他的功能，比如拍照、SD扩展卡槽、SIM插入式卡槽，PSAM加密模块等，可以根据用户的需要进行配置的选择。

第二节　植物生长和生理信息的感知技术

植物的长势情况直接决定了作物的产量和品质，因此及时获得植物生理信息、科学把握植物生长状况，对监测农情、预防病虫害具有重要意义。植物生长过程的感知与监控主要是利用传感器和摄像头来检测植物的生理信息，比如植物的茎流、茎秆直径和叶片厚度等。

一、植物茎流传感器

植物茎流是指植物在蒸腾作用下体内产生的上升液流，它可以反映植物的生理状态信息。土壤中的液态水进入植物的根系后，通过茎秆的输导向上运送到达冠层，再由气孔蒸腾转化为气态水扩散到大气中去，在这一过程中，茎秆中的液体一直处于流动状态。当茎秆内液流在一点被加热，则液流携带一部分的热量向上传输，一部分与水体发生热交换，还有一部分则以辐射的形式向周围发散，根据热传输与热平衡理论通过一定的数学计算即可求得茎秆的水流通量，即植物的蒸腾速率。近几年来，国内外在测量植株茎秆液流运动以确定作物蒸腾速率方面的研究进展很快。植物蒸腾量的热学测定法大致可分为热脉冲法、热平衡法和热扩散法等三类。热平衡法通常用于测定直径较小的植物或器官，如植物茎秆、小枝、苗木等。

热平衡法的基本思想是：如果向茎秆的一部分提供一定数量的恒定热源，在茎秆内有一定数量茎流流过的条件下，此处茎秆的温度会趋向于定值。在理想情况下，即不存在热损失时，提供的热量应等于被茎流带走的热量。这个论点构成了热平衡法测定茎流的基础。

植物的茎流变化是植物自身一个复杂的生理机能，与外界环境各种因素相互作用的结果，这些因素包括土壤水分含量，空气温湿度，太阳辐射强度，风速等。植物的茎流量还与传感器检测植株的种类，大小，叶片总面积，茎秆的位置，茎秆的直径大小都有一定关系。通过精确测量植物的茎流量，可以反映出相关的环境因素对其影响程度的大小，有助于进一步研究植物的生理状态与环境因素的相互作用。从而为探究温室智能调控、节水灌溉、诊治植物病虫害等方面提供有效检测工具。

二、植物茎秆强度传感器

植物茎秆强度传感器也可以称为抗倒伏测定仪。其主要是利用压力传感器来检测茎秆的弯折性、抗压强度、穿刺强度等。通常玉米、高粱、烟草等茎秆的强度是决定抗倒伏能力的一个主要因素，长期以来玉米、高粱、烟草的倒伏给玉米地机械收割成很大的困难。从机械化水平来说，造成大量的粮食浪费。另外，玉米倒伏，导致光照不充分，使其生产量受到极大的限制，该仪器适用于农业遗传育种部分。

三、叶绿素含量测定仪

（一）简介

SPAD-502 叶绿素仪，型号：SPAD-502 Chloro-phyll Meter Model。通过测量叶片在两种波长范围内的透光系数来确定叶片当前叶绿素的相对数量。这是全世界广泛使用的叶绿素活体测定方法，非常简便。

（二）工作原理

叶绿素是吸收光线的主要物质，不同波长的光线，叶片的吸收量不同，于是通过两种波长范围内的透光系数来确定叶片当前叶绿素的相对数量。SPAD-502 叶绿素仪就是通过对在两个不同波长区域，叶片传输光的数量进行计算，在这两个区域叶绿素对光吸收不相同。这两个区域是红光区（对光有较高的吸收并且不受胡萝卜素影响）和红外线区（对光的吸收极低）。

（三）产品特点

测量迅速、简便。测量时只需要将叶片插入并合上测量探头即可，无须将叶片剪下，这样就可以在作物的生长过程中全程对特定的叶片进行监测，从而得到更科学的分析结果。

四、LI-COR 6400 便携式光合仪

（一）简介

目前大家所熟悉的 LI COR-6400 是美国 LI-COR 公司的第 3 代气体交换测量系统，是 1995 年研制成功的。多年以来，LI-COR 公司对 LI COR-6400 进行了不断的改进和提高，包括 6400-09 土壤呼吸室和 6400-40 荧光叶室。2002 年，LI-COR 公司更新了 LI COR-6400 的数字控制板（200 MHz 处理器、LINUX 操作系统 J28M 内存和 64M 文件存储系统），同时将 OPEN 操作系统软件升级到 6.4 版本。

（二）工作原理与特点

1. 光合测定原理

公式：$CO_2 + 2H_2O^* \rightarrow (CH_2O) + O_2^* + H_2O$

差分式：测量样品室和参比室之间 CO_2，H_2O 的浓度差；匹配原理在于短时间内将样品室和参比室的气路改变，使之通入同一样品气，然后将两个检测器的读数调节一致，消除了系统内部误差，保证测量的准确性。

CO_2/H_2O 分析器位于传感器头部，与叶室紧紧相连，消除气体在管道中吸附而导致的检测误差。

LI COR-6400 系列光合仪的传感器头部有两个完整的、双通道、非扩散的红外气体分析仪，能够同时测量叶室中的 CO_2 和 H_2O 的绝对浓度。

2. LI COR-6400 硬件

基本硬件组成：分析器、主机、连接线、充电器和电池。

①光合作用动态变化研究：日动态、季节动态、年季动态

②植物光合生理指标的比较

③植物光响应曲线测定

④ CO_2 响应曲线（Pn-Ci 曲线或 A-Ci 曲线）

⑤光合诱导过程测定

五、LI-COR-8100 土壤碳通量测量仪

（一）简介

LI-COR 公司首次设计了单独测量土壤 CO，流量的系统——LI COR-8100 自动土壤 COZ 流量测量系统。LI COR-8100 能够对土壤 CO_2 流量进行长期测量与短期测量。当使用长期测量叶室时，LI COR-8100 能够在同一位置，自动测量土壤 CO_2 流量的日

变化，测量时间为几个星期或几个月。长期测量叶室的特点是设计独特、易携带，叶室对土壤自然条件的影响最小，从而保证在长时间条件下，测量到可靠的实验数据。当利用创新的短期叶室时，LI COR-8100 则能够快速测量土壤 CO_2 流量，并且得到多个位置的数据，完成空间变异的准确测量。

为监测土壤 CO_2 通量在时间和空间尺度上的高度变异性，美国 LI-COR 公司在 LICOR-8100 测量系统基础上设计了一款扩展系统 —— LICOR-8150 多路器，该系统可连接多达 16 个测量室，实现了对多点土壤 CO_2 通量的长期、连续监测。同时，该系统还可用于大气 CO_2、水蒸气廓线研究。另外，通过连接其他环境传感器，比如太阳辐射、土壤温度和土壤水分传感器等，可研究环境条件变化与土壤 CO_2 通量的相关性。

（二）工作原理

LI CQR-8100 利用测量室内 CO_2 浓度的增加速率推算测量室外土壤 CQ 扩散到空气中的速度。为了保证推算结果的正确，测量室内外的浓度梯度、气压、土壤温湿度应该相似。测量室内外的土壤表层与空气间的 CO_2 浓度梯度并不完全一样，这个问题可以通过估算测量室关闭后 CO，浓度增加的原初速率来解决。

测量室能够改变土壤 CO_2 浓度的梯度，从而导致了 CO_2 流量估算的误差。LI-COR 公司建议测量时间应该限制在 $0.5 \sim 3min$ 之间，以保证测量室中 CO_2 浓度变化尽可能小。

便携式 LICOR-8100 系统重量轻、不受天气状况影响，能量消耗低，且可以用膝上型计算机（Laptop Computer）或 PDA（Personal Digital Assistant）对仪器进行操作。无线通信提供了一个完整的、灵活的软件包以适合用户不同的数据采集协议。

（三）应用领域

①土壤 CO_2 通量的自动监测。

②植物群落 NEE 多点监测。

③廓线监测。

④果实及其他小样品 CO_2 排放速度监测。

（四）优点

①可进行精确、自动、重复的测量，连续监测、野外无须值守。

②经久耐用的防水接头和机箱，高流速、低耗电、寿命长的电磁阀，清洁过滤装置等高质量的硬件系统。

③强大的数据分析处理功能，可以提供包括土壤碳通量等在内的最终结果数据。

④LED 指示器面板提供多路器状态诊断信息，系统软件自动漏气检测，无须附加部件。

⑤独特的测量室通风口设计，保证气室内外压力平衡；机械式气室驱动机制，保证对土壤的扰动最小。

⑥高质量的防温涂层，可防止气室内温度快速改变。

⑦系统重量轻、能耗低，不受天气状况影响，可用计算机或者 PDA 无线通信对仪

器进行操作。

⑧数据可存储在主机内部的闪存器或可移动闪存卡中。

⑨每个测量室均可连接土壤温度和土壤水分等辅助传感器。

⑩用户可决定配置测量室的数量，并可现场进行调整。

⑪可用作 CO_2 廓线研究。

第三节　感知技术的应用

一、农田小气候的感知和监测

用现代信息技术和产品装备农业，比如在农田、温室大棚、养殖场等场所装备无线传感器、探测头，及时准确采集和传输光、热、水、气、肥等环境因子信息，为生产决策和管理提供科学依据。如通过监测手段对大田作物的"四情"进行动态监测、分析、预警，并通过生产指挥调度平台进行及时处置，减少危害，降低损失。

基于物联网技术架构的大田"四情"监测调度体系建设，一共有以下几个方面的建设目标：

（一）建立大田信息采集系统

负责农田环境（包括空气湿度和温度、土壤湿度）、太阳辐射、风速、风向、雨量、图像、视频等开展实时监控，并实时无线远程传输到苗情信息监控中心，由数据接收与传输系统进行转换处理后进行存储和管理。

（二）建立大田数据接收与传输系统

接收数据采集与传输平台传输过来的数据，负责将分布的、异构数据源中的数据，如关系数据、平面数据文件等抽取到临时中间层后进行清洗、转换、集成，最后加载到数据仓库或数据集市中，成为联机分析处理、数据挖掘的基础。并负责日常的维护、备份的任务。

（三）建立大田监测管理系统

负责对苗情、墒情、病虫草情、灾情进行即时的数据监测，以及对大田各生育阶段的长势长相进行动态监测和趋势分析，具有承担信息存储、过程监控、问题发现、在线查询及统计分析等功能。

（四）建立农业技术专家支撑系统

负责对大田"四情"等各类病害问题的诊断和分析，并提出相应的田管措施。方式有多种，如视频诊断、专家会诊等等。专家支撑系统的信息数据一方面来自专家经验，另一方面来自农业知识库，它们的结合运用，将代替为数极少的专家群体，走向地头，进入农家，在各地具体地指导农民科学种田，培训农业技术人员，将先进适用的农业技术直接交给广大农民。

（五）建立农业综合服务系统

体系所获得信息数据经过加工、分析、判定之后，得到的结论信息、过程信息、作物环境和本体信息，可以通过综合服务系统向不同用户（农业专家、政府管理部门、农户、农企、消费者等）提供服务和利用，进而满足不同用户不同的需求诉求。

（六）建立农业生产指挥调度系统

在大田监测管理系统和农业技术专家支撑系统应用的基础上，利用可视化、远程化、智能化等现代技术手段，对全省的农作物种植、田管、收割、抗灾等工作进行诊断、会商、指挥和调度。

二、畜禽牧业生产及运输过程的感知和监测

（一）畜禽类养殖环境的智能监控

动物体的各种机能是指它们的整体及其各组成系统、器官和细胞所表现的各种生理活动。利用传感器、RFID、摄像头等技术对动物生长过程的机能变化发展以及对环境条件所起的反应进行感知与监控，保证家畜与家禽生长安全。

利用物联网技术，围绕设施化畜禽养殖场生产和管理环节，通过智能传感器在线采集养殖场环境信息（二氧化碳、氨气、硫化氢、空气温湿度、光照强度、视频等），同时集成改造现有的养殖场环境控制设备、饲料投喂控制设备等，实现畜禽养殖场的智能生产与科学管理。主要包括：

（1）畜禽舍环境信息智能采集系统。实现养殖舍内环境（包括 CO_2、氨氮、H_2S、温度、湿度、光照强度、视频等）信号的自动检测、传输、接收。

（2）养殖舍环境自动调控系统。实现养殖舍内环境（包括照度、温度、湿度等）的集中、远程、联动控制。

（3）智能养殖管理平台。实现对采集自养殖舍的各路信息的存储、分析、管理；提供阈值设置功能；提供智能分析、检索、告警功能；提供权限管理功能；提供驱动养殖舍控制系统的管理接口。

（二）畜牧的标识技术

传统的动物个体标识方法有打耳缺、刺青法、烙字法、耳标法与直接涂标法，而物联网通过标识技术和标志产品实现"标识""识别""协同感知"。传统的方法优点是操作简单，标识的成本低，缺点是标识在动物体上保存时间较短（除耳缺的方式外），会在一定程度上造成动物体的损伤，并且容易出错，难以做到标识编码的自动机器识别。对于大规模动物群的标识，传统方法不适用。

随着 RFID 技术的不断成熟，标识方法得到很大的改进。耳标法（数字化标识），可用数字、图形标签、电子标签及虹膜特征信息等进行标识。目前广泛采用的是二维码标签。二维码耳标具有高密度编码，信息容量大等优点，可通过把图片、声音、文字、签字、指纹等数字化编码，以图像数据标识，从而降低成本，操作简单且持久耐用。但此方法也有缺点，容易褪色、老化和掉标。另一种方法——电子耳标，是一种无线通信技术，可通过无线电信号识别特定目标并读写相关数据，无须将识别系统与识别目标之间建立直接或光学接触。其具有抗振动、抗老化、防水、防高低温、防晒、防浸泡的优点，可以反复加密、多次读写，实现非接触、简洁、非对准的自动识别。但其成本较高，这使它的广泛应用受到一定的限制。

（三）快速检疫系统

近年来爆发的高致病性禽流感等重大动物疫病，严重危害和阻碍了我国畜牧业的持续稳定健康发展，甚至危及了人民群众身体健康和生命安全，影响经济发展和社会安定。为有效防控诸如禽流感等重大动物疫病的发生，需要建立一个完善、及时、高效的快速检疫系统，对动物的疫情、疾病等进行早期预警，从而能尽快采取有效措施控制重大动物疫情的发生。

快速检疫系统是基于 RFID 的设置，在省、市、县境道口的监控，主要对过境的畜禽疫病监管，也可以覆盖到大型屠宰场，进一步扩展到冷库和批发市场。该系统中含有动物防疫监督数据库，主要对入境、出境、过境畜禽产品的货物情况、证明情况、违章情况等方面进行检查、记录及追踪。快速检疫系统可以为相关的监管部门提供反馈数据，并且对不同的用户设置不同的访问权限，实现权限分配功能，以确保畜产品在运输过程中的质量监控。

（四）活畜（禽）流通实时监控

RFID 技术和 GPS 相结合是畜牧业应用的一个新趋势。利用 GPS 的全球定位功能，可对农畜产品的运输进行全程监控，这可以大大促进信息交换的实时性和有效控制。影响畜产品品质高低的重要因素是其时效性和保鲜度，这对现代化物流提出了新的挑战。基于 RFID，GPS 与 GIS 技术的畜产品物流监控管理系统实现了运输保管配送的信息共享、协同运作和快速反应。在物流过程中使用 RFID 自动识别技术，保证了商品的实物流与信息流更新的一致性。它可以跟踪采集生产和仓储中的物流数据，节约劳动力，同时结合 GPS 和 GIS 技术的使用，实现物流配送的全程监控和信息管理，缩短物流环节之间商品信息交换时间的同时，加快了物流的流通速度，并且使各环节信息更加准确、及时和透明，使供应链之间协同运作、科学决策，从而达到降低物流总成本的目标。

（五）畜产品的安全监管

在奶制品生产环节的监管，奶制品溯源码可以与奶制品生产批号相结合，对奶制品原料奶生产、运输、质检、投入品生产工艺等各环节进行完整的可追溯展示，可以给消费者提供即时查询的通道，包括互联网、手机、IVR、短信等方式。大众可以放心消费，农业、畜牧、工商、质检等监管机构若是遇到涉奶食品的安全事件，也可以通过生产过程进行质量追溯，即时定位违规环节，以便更迅速的信息披露和对相关单位环节的整改。

物联网的应用，实现了畜产品从牧场到餐桌的整个生产过程的质量追溯，确保了畜禽产品的安全监管，使得一块牛肉的产地、牛的养殖户及饲养情况及牛的各类疫苗注射情况一目了然。物联网信息贯穿养殖、生产、交易、加工和销售等各个环节，使得畜产品的质量得到了一定的保证，提升了畜产品质量的公信度，增强了消费者信心。在促进畜牧业升级换代和企业安全生产的同时提高了产品质量，也让销售数量稳定增长，产生巨大的经济和社会效益。

中国畜牧业从软、硬件的开发到解决方案的实施，顺应养殖模式的转型，以政府监管的要求，形成了一批产品，获得了一批自主知识产权，得到了不同程度应用。尽管如此，从物联网系统的技术环节本身而言，中国畜牧业物联网技术的应用与产品的开发还处于初级研究阶段，基础的技术标准与规范亟待修订，关键技术与产品缺乏，对畜牧业物联网的认知度不高，现有的畜牧业物联网技术在畜牧业上的应用存在局限性。中国是畜牧业产业大国，物联网技术的应用，能够大大减少劳动力，还节省饲料用量减少浪费，缓解对土地、环境、劳动力及饲料资源的需求压力。其次，物联网技术在畜牧业生产过程的全覆盖应用，对畜产品的全程跟踪和溯源，将大大提高对各个环节的监控能力，提高饲料的转化率及畜产品品质，提高对畜产品质量安全的监管能力，保障畜产品的有效供给与质量安全，意义重大并深远。

三、水产养殖过程的感知和监测

长期以来，我国水产养殖生产经营者多以追求产量和近期经济效益为目标，养殖密度过高，加上保护养殖环境意识淡薄，养殖病害呈逐年加重之势，随之而来的是药物滥用现象较为普遍，以至于水域遭受到不同程度的破坏，水产品质量安全得不到有效保障，水产养殖业可持续发展受到严重影响，因此，对水产养殖环境的感知与监控，保障水产养殖环境良好，是对水产养殖行业可持续发展的保障。

影响水产养殖环境的关键因子有水温、光照、溶氧、氨氮、硫化物、亚硝酸盐、pH等，但这些关键因子无法通过人肉眼或者触摸准确把握，常规养殖是通过人工经验进行指导，产量与品质都很难控制。只有通过利用物联网技术，准确掌握可靠的养殖数据，科学管理，才可提高产量与品质，然后长期不间断实时采集数据，并将数据实时传输给监控中心。

水产养殖信息传输既可有线也可无线。无线传感器网络主要包括无线传感器节点、汇节点、路由器节点、中心基站、网络数据服务器和远程访问节点等。为网络管理和维护方便，将无线系统分成若干个无线传感簇团，每个传感簇团构成一个无线传感子网，由多个传感节点和一个汇聚节点组成。传感节点负责采集、存储其所在地点的各种信息、数据。传感节点通过多种通信方式将数据传输给汇聚节点。汇聚节点负责无线传感簇团内数据的采集、滤波和存储，并适时将数据转发给管理基站。管理基站可连接网络，并定时向网络服务器发出数据转存请求和一系列数据操作。在一定访问权限许可下，网络服务器可以向远程客户提供数据检索服务。

水产养殖增氧系统智能控制过程为：当检测设备检测到塘内溶解氧信息时，通过与设定值相比较，分析判断有无缺氧，若有缺，则自动开启增氧系统，并将开启信息和检测信息一同发往监控中心，监控中心既能监测到塘内信息变化，也可以执行控制动作与预警动作。

在设施化水产养殖基地，可在养殖塘内空气中及水中不同深度（一般为深水、浅水及水面三个区域）配置多个传感器。当检测设备检测到空气温度和不同水面温度时，通过与设定值相比较，分析判断水温与空气温度是否达到或超过设定区间，然后智能控制加温或降温系统，使养殖塘内温度保持在适宜温度指标以内。

当前，我国水产养殖业发展正处于一个新的历史阶段，特别是深化水产养殖业结构调整，稳定增加农民收入，提高水产品市场竞争力，对推进水产养殖业信息化的要求比以往任何时候都显得更为紧迫。大力推进水产养殖信息化，以信息化带动我国水产养殖业现代化，对于促进农业和水产养殖业的发展，提高渔民生活质量具有重要意义。充分认识信息化对我国水产养殖业发展的重要作用，利用信息技术，加快养殖科技成果和先进技术转化为现实生产力，促进水产养殖业科技进步，建立水产养殖业检测、预警、安全和标准体系。加快传统水产养殖业改进与升级，实现水产养殖自动化、信息化、高效益化，已经是提高我国水产养殖业生产率、降低生产成本，规范生产管理，实现渔业经济可持续发展的必然。

从这几年的发展来看，倡导的工厂化、设施化、高效化养殖除繁衍技术本身以外的其他技术集成度尚显不够，还有待进一步提升发展。目前，随着技术的不断发展，农业精准作业技术与装备成为了"十二五"国家863计划现代农业技术领域的主题，精准技术可以成为贯穿工厂化、设施化、高效化的核心技术，有利于将工厂化、设施化、高效化过程中成功经验集成，推进水产养殖现代化，使水产养殖朝着养殖工业化方向发展。而精准技术体系中最为重要的就是引入了物联网等信息技术，以此实现规模化数字化管理与精准决策，极大地提升了人员效率。

目前，在水产养殖中应用物联网技术还没有成熟，尚处于摸索和尝试阶段。问题主要来自两个方面。一是物联网技术本身还需发展，如统一物联网的技术标准，提升传感器的研发水平等；二是水产养殖的特点给应用物联网提出了更高的要求。如实施地点相对分散，基础条件不同，有些现场的网络通信条件和电力供应条件比较差，对系统的稳定性造成影响；水产养殖一般要求低成本、高实用性、高通用性等集为一体，但由于物联网是新兴技术，低成本和高通用性暂时还不能得到满足。此外，水产养殖包括了人工育苗、苗种培育、成体养成等阶段及换水、投饵等多种操作过程，目前国内数字智能化方面的研究较少，大多集中在某一环节如水质检测、自动投饵等，覆盖面还很窄，从另一个角度而言，研究开发的空间很大。未来，可以在水产养殖的工厂化信息管理系统、精细养殖、设施养殖、水产品物流与市场信息、水产品安全可以追溯系统等领域取得进展。

鉴于以上分析，在水产养殖领域引入物联网技术等新兴的信息化技术手段，发展渔业智能化，不光是水产科技工作者或是信息技术人员的事情，而且是在各自领域技术积累以后走向融合协作的事情。未来的渔业智能化中，水产科技工作者少了信息技术人员的信息化技术支撑，水产养殖仍是传统粗放型，现代化将是空谈；而信息技术人员少了水产科技工作者的支持，在水产养殖领域，新兴的信息技术将无所依托，研究不出适合水产的技术装备，先进的信息理论创新只是一张废纸，转化不成现实生产力。

第四节　遥感技术及其应用

遥感是指非接触的，远距离的探测技术。一般指运用传感器/遥感器对物体的电磁波的辐射、反射特性的探测，并且根据其特性对物体的性质、特征和状态进行分析的理论、方法和应用的科学技术。

一、遥感技术分类

遥感技术广泛用于军事侦察、导弹预警、军事测绘、海洋监视、气象观测和毒剂侦检等。在民用方面，遥感技术广泛用于地球资源普查、植被分类、土地利用规划、农作物病虫害和作物产量调查、环境污染监测、海洋研制、地震监测等方面。遥感技术术总的发展趋势是：提高遥感器的分辨率和综合利用信息的能力，研制先进遥感器、信息传输和处理设备以实现遥感系统全天候工作和实时获取信息，以及增强遥感系统的抗干扰能力。遥感按常用的电磁谱段不同分为可见光遥感、红外遥感、多谱段遥感、紫外遥感和微波遥感。

（一）可见光遥感

应用比较广泛的一种遥感方式。对波长为 $0.4 \sim 0.7 \mu m$ 的可见光的遥感一般采用感光胶片（图像遥感）或者光电探测器作为感测元件。可见光摄影遥感具有较高的地面分辨率，但只能在晴朗的白昼使用。

（二）红外遥感

又分为近红外或摄影红外遥感，波长为 $0.7 \sim 1.5 \mu m$，用感光胶片直接感测；中红外遥感，波长为 $1.5 \sim 5.5 \mu m$；远红外遥感，波长为 $5.5 \sim 1000 \mu m$。中、远红外遥感通常用于遥感物体的辐射，具有昼夜工作的能力。常用的红外遥感器是光学机械扫描仪。

（三）多谱段遥感

利用几个不同的谱段同时对同一地物（或地区）进行遥感，从而获得与各谱段相对应的各种信息。将不同谱段的遥感信息加以组合，可以获取更多的有关物体的信息，有利于判断和识别。常用的多谱段遥感器有多谱段相机与多光谱扫描仪。

（四）紫外遥感

对波长 $0.3 \sim 0.4 \mu m$ 的紫外光的主要遥感方法是紫外摄影。

（五）微波遥感

对波长 $1 \sim 1000mm$ 的电磁波（即微波）的遥感。微波遥感具有昼夜工作能力，但空间分辨率低。雷达是典型的主动微波系统，常采用合成孔径雷达作为微波遥感器。

现代遥感技术的发展趋势是由紫外谱段逐渐向 X 射线和 γ 射线扩展。从单一的电磁波扩展到声波、引力波、地震波等多种波的综合。

二、系统组成

遥感是一门对地观测综合性技术，它的实现既需要一整套的技术装备，又需要多种学科的参与和配合，所以实施遥感是一项复杂的系统工程。根据遥感的定义，遥感系统主要由以下四大部分组成：

（一）信息源

信息源是遥感需要对其进行探测的目标物。任何目标物都具有反射、吸收、透射及辐射电磁波的特性，当目标物与电磁波发生相互作用时会形成目标物的电磁波特性，这就为遥感探测提供了获取信息的依据。

（二）信息获取

信息获取是指运用遥感技术装备接受、记录目标物电磁波特性的探测过程。信息获取所采用的遥感技术装备主要包括遥感平台和传感器。其中遥感平台是用来搭载传感器的运载工具，常用的有气球、飞机和人造卫星等；传感器是用来探测目标物电磁波特性的仪器设备，常用的有照相机、扫描仪与成像雷达等。

（三）信息处理

信息处理是指运用光学仪器和计算机设备对所获取的遥感信息进行校正、分析和解译处理的技术过程。信息处理的作用是通过对遥感信息的校正、分析和解译处理，掌握或清除遥感原始信息的误差，梳理、归纳出被探测目标物的影像特征，然后依据特征从遥感信息中识别并提取所需的有用信息。

（四）信息应用

信息应用是指专业人员按不同的目的将遥感信息应用于各业务领域的使用过程。信息应用的基本方法是将遥感信息作为地理信息系统的数据源，供人们对其进行查询、统计和分析利用。遥感的应用领域非常广泛，最主要的应用有军事、地质矿产勘探、自然资源调查、地图测绘、环境监测以及城市建设和管理等。

三、技术特点

遥感作为一门对地观测综合性技术，它的出现和发展既是人们认识和探索自然界的客观需要，更有其他技术手段与之无法比拟的特点。

（一）大面积观测

遥感探测能在较短的时间内，从空中乃至宇宙空间对大范围地区进行对地观测，并从中获取有价值的遥感数据。这些数据拓展了人们的视觉空间，例如，一张陆地卫星图像，其覆盖面积可达3万多平方公里。这种展示宏观景象的图像，对地球资源和环境分析极为重要。

（二）时效性强

获取信息的速度快，周期短。因为卫星围绕地球运转，从而能及时获取所经地区的各种自然现象的最新资料，以便更新原有资料，或根据新旧资料变化进行动态监测，这是人工实地测量与航空摄影测量无法比拟的。

（三）数据综合性

能动态反映地面事物的变化。遥感探测能周期性、重复地对同一地区进行对地观测，这有助于人们通过所获取的遥感数据，发现并动态地跟踪地球上许多事物的变化。同时，研究自然界的变化规律。尤其是在监视天气状况、自然灾害、环境污染甚至军事目标等方面，遥感的运用就显得格外重要。

获取的数据具有综合性。遥感探测所获取的是同一时段、覆盖大范围地区的遥感数据，这些数据综合地展现了地球上许多自然与人文现象，宏观地反映了地球上各种事物的形态与分布，真实地体现了地质、地貌、土壤、植被、水文、人工构筑物等地物的特征，全面地揭示了地理事物之间的关联性。并且这些数据在时间上具有相同的现势性。

获取信息的手段多，信息量大。根据不同的任务，遥感技术可选用不同波段和遥感仪器来获取信息。比如可采用可见光探测物体，也可采用紫外线，红外线和微波探测物体。利用不同波段对物体不同的穿透性，还可获取地物内部信息。例如，地面深层、水的下层、冰层下的水体和沙漠下面的地物特性等，微波波段还可全天候工作。

（四）经济社会效益

获取信息受条件限制少。在地球上有很多地方，自然条件极为恶劣，人类难以到达，如沙漠、沼泽、高山峻岭等。采用不受地面条件限制的遥感技术，特别是航天遥感可以方便及时地获取各种宝贵资料。

四、地基遥感监测（高光谱分析仪和应用）

（一）简介

Field Spec Pro 型光谱仪是美国分析光谱设备（ASD）公司主要的野外用高光谱测量设备。整台仪器重 7.2kg，可以获取 350～2500nm 波长范围内地物的光谱曲线，探测器包括一个用于 350～1000nm 的 512 像元 NMOS 硅光电二极管阵列以及两个用于 1000～2500nm 的单独的热电制冷的铟－镓－砷光电探测器。

（二）基本参数

线性度：±1%

波长精度：±1nm@700nm

波长重复性：在校准温度的 ±10℃范围内优于 ±0.3nm

光谱分辨率：3nm@700nm，10nm@1400nm/2100nm

采样间隔：在 350～1000nm 范围内为 1.4nm，在 1000～2500nm 范围内为 2nm

扫描时间：固定的扫描时间为 0.1s，光谱平均最多可达 31 800 次

噪声等效辐射（NEdL）：VNIR1.0×10^{-9}W/（cm^2•nm•sr）@700nm

SWIR1：1.4×10^{-9}W/（cm^2•nm•sr）@1400nm

SWIR2：2.2×10^{-9}W/（cm^2•nm•sr）@2100nm

（三）特点

①使用 512 阵元阵列 PDA 探测器和两个独立的 InGaAs 探测器；

②每秒最快可得到 10 个光谱曲线；

③内置光闸，漂移锁定暗电流补与分段二级光谱滤光片等为用户提供无差错的数据；

④实时测量并观察反射、透射、辐射度；

⑤实时显示光谱线；

⑥更高的信噪比，采集速度提升 4 倍；

⑦最新的无线 Wi-Fi 接口，可进行无线数据接收，最远可达到 300m；

⑧加固型光纤，完全避免了光纤的折损；

⑨小型化的运输箱，更小，更轻，更坚固，更加方便运输。

（四）应用

样品可为农作物、叶片、植被、树冠、水体、矿物、岩石、道路、建筑等；光谱仪光纤和白板为易损物件，使用时需非常小心。可用于地质、环境、农业、林业、海洋、大气科学等领域的研究。

五、农业遥感监测

在农业方面，我国的粮食生产量可以满足人民的日常需求，那么大的产量和农田

面积，都是怎样进行生态的动态监测和估产的？中科院遥感所研究表示，我国的农作物遥感估产是根据生物学原理收集各种农作物不同生育期不同光谱特征的基础上，通过平台上的传感器记录地表信息，辨别作物类型，监测作物长势，在作物收获前，预测作物的产量的一系列方法。这一技术可以对农作物生长过程进行动态监测、种植面积测算、单位面积产量估测和总产量估测。

　　另外，遥感技术还可以检测出农业病虫害，农作物在遭受病虫危害早期就可通过遥感技术探测到这一光谱差异，从而解决了农作物病虫害早期发现和早期防治的问题，这一技术也已经应用在森林病虫害监测与防治方面。

第四章 智慧农业中的大数据分析和模型模拟

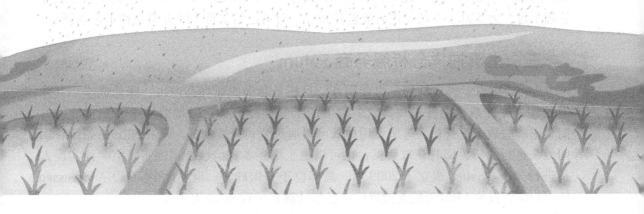

第一节 基于大数据的气候变化和产量的预测预报

一、天气意外保险公司（The Climate Corporation）

天气意外保险公司可提供的服务有：①提供种植区域内天气、土壤及作物的数据信息；②更有效的在线跟踪和侦查工具；③提高生产效率；④随时更新牧场与天气信息；⑤支持多种移动设备查询。

现在 The Climate Corporation 面临的问题不是资金不够，也不是数据不足，而是客户数量需要大力发展。据媒体报道，The Climate Corporation 官方发布的数据说，过去几年，投保天气意外保险的农民刚刚起步，不到一万名。但是，The Climate Corporation 在获得本次投资后，总融资额已经达到了 1.1 亿美元。将用这批新的资金来招募更多人才来开发最新技术，扩大市场规模，快速增加用户规模。

二、农场云端管理服务商 Farmeron

Farmeron 旨在为全世界的农民提供类似于 Google Analytics 的数据跟踪和分析服务。农民可在其网站上利用这款软件，记录和跟踪自己饲养畜牧的情况（饲料库存、消耗和花费，畜牧的出生、死亡、产奶等信息，还有农场的收支信息）。其可贵之处在于：Farmeron 帮着农场主将支离破碎的农业生产记录整理到一起，用先进的分析工具和报告有针对性地监测分析农场及生产状况，有利于农场主科学地制定农业生产计划。Farmeron 创建于克罗地亚，2011 年 11 月成立，Farmeron 已在 14 个国家建立农业管理平台，为 450 个农场提供商业监控服务。公司已经获得 140 万美元种子轮融资。

三、土壤抽样分析服务商 Solum

Solum 致力于提供精细化农业服务，目标是帮助农民提高产出、降低成本。其开发的软、硬件系统能够实现高效、精准的土壤抽样分析，以帮助种植者在正确的时间、正确的地点进行精确施肥。用户既可以通过公司开发的 N。Wait Nitrate 系统在田间地头进行分析，即时获取数据；也可以把土壤样本寄给该公司的实验室，让实验人员进行分析。Solum 成立于 2009 年，总部位于美国硅谷。继 2012 年获得 Andreessen Horowitz 领投的 1700 万美元投资后，已累计融资了近 2000 万美元。

四、社区生鲜超市 M6 的数据化管理

连锁型的社区生鲜超市 M6 于 8 年前就开始了数据化管理，物品一经收银员扫描，总部的服务器马上就能知道哪个门店，哪些消费者买了什么。M6 免费为顾客办理实名制会员卡，用户持卡结账可以享受优惠，但 M6 不找零，这样一来，既可以提高收银效率，又为数据分析提供基础。在一些细节上，M6 的收银模块甚至比一些大商超更细致，比如，信息被扫描进系统后，顾客突然要求退掉其中一件或者几件，或者整单退掉，为什么要退掉，这些信息全都被写入了后台数据库。2012 年，M6 的服务器开始从互联网上采集天气数据，然后，从中国农历正月初一开始推算，分析不同节气和温度下，顾客的生鲜购买习惯会发生哪些变化。

2013 年，M6 陆续推出"四部曲"。第一步是 O2O，即在用户的小区门口设立植入物联网芯片的智能电子保温柜，用户在线上购买生鲜后，由 M6 送到购物柜里，消费者可在自己方便的时间持卡取物。

接下来会是"优品预定"，这个服务主要是向顾客提供 M6 门店里没有的产品，满足高端需求，例如，全生态的玉米，等玉米自然生长到一定月份开始为顾客配送，这也是一种 C2B 的概念，在玉米种植的时候，订单已经安排好了，因此产品数量有限，定完即止。

第 3 步叫作"优品分享"，消费者可以购买 M6 某类产品的电子码作为礼物，发送给他希望接收的人，对方就可以持电子码到 M6 的任何门店就近提货或预约提货。

最后一步是 F2F（faim to family），即"农场之选"，M6 近 20 万持卡用户可以自由选择农场，由农场送货至 M6 的配送仓，再由 M6 通过一天 4 次的物流车送达就近的门店，顾客可以选择到就近的门店自提或者由门店安排即时送货。

五、日本"都城"市利用云和大数据进行农业生产

日本宫崎县西南部的"都城"市已经开始利用云和大数据进行农业生产。通过传感器、摄像头等各种终端和应用收集和采集农产品的各项指标，并将数据汇聚到云端进行实时监测、分析和管理。富士通和新福青果合作进行卷心菜的生产改革。两家公司在农田里安装了内置摄像头的传感器。把每天的气温、湿度、雨量、农田的图像储存到云端。还向农民发放了智能手机和平板电脑，让大家随时记录工作成果和现场注意到的问题，也都保存到云端。卷心菜增产 3 成，光合作用也实现了 IT 管理。

六、利用大数据保证牛奶的质量

在美国，来自明尼苏达州 Astronaut A4 挤奶机，不仅可以代替农场主喂牛，还会使用无线电或红外线来扫描牛的项圈，辨识牛的身份，在挤奶时对牛的几项数据进行跟踪：牛的重量和产奶量，以及挤奶所需的时间、需要喂多少饲料，甚至牛反刍需要多长时间。机器也会从牛产的奶中收集数据。每一个乳头里挤出的奶都需要查验颜色、脂肪和蛋白质含量、温度、传导率（用于判断是否存在感染的指标）以及体细胞读数。每头牛身上收集到的数据汇总后得出一份报告，一旦 A4 检测到问题，奶农的手机上会得到通知。

在英国，自动挤奶设备普及率达 90% 以上，机器人的作用不仅是挤奶，还要在挤奶过程中对奶质进行检测，采集大量数据。检测内容包括蛋白质、脂肪、含糖量、温度、颜色、电解质等，对不符合质量要求的牛奶，自动传输到废奶存储器；对合格的牛奶，机器人也要把每次最初挤出的一小部分奶弃掉，以确保品质和卫生。目前，英国利用大数据分析技术，对大多数养牛和养猪、养鱼场都实现了从饲料配制、分发、饲喂到粪便清理、圈舍等不同程度的智能化、自动化管理。

七、基于大数据的病虫害预警预报

农业病虫害的预警预报是防止农业病虫害的重要组成部分。为有效地防止病虫害，准确地对病虫害进行预警预报，需要根据历史数据和现有数据建立病虫害预警预报模型，对未来发生的病虫害进行准确的预测预报。农民可以根据模拟结果进行合理的防治措施，选择适当的防止时期。监测技术方面，进一步完善无线传感器的准确度、精确度等，保证其性能的稳定性，完善传感器的种类，使其朝着低成本、自适应、高可靠、低能耗的方向发展。预测方面，将重点放在提高蔬菜病害发生发展的预测预报模型准确性的研究方面，使预测模型达到实时、准确、自动和智能化的要求。集成传感器技术、

无线通信技术、计算机技术和智能信息处理技术于一体，具有易于布置、方便控制、低功耗、低成本等特点的蔬菜病害监测信息平台，准确作出病害的预警预报，为指导田间病害防治提供科学依据，是今后有机蔬菜病害预测研究的核心需求和工作的重点。

大数据在农业生产中的应用和案例还不远如此。伴随着大数据与农业的深度融合发展，以前依靠传统方法不能解决的诸多问题也会迎刃而解。当大数据在 IT 行业风生水起之时，传统行业的应用也许才是大数据的落地所在。

第二节　智慧农业中的模型模拟

农业预测预警是在利用传感器等信息采集设备获取农业现场数据的基础上，采用数学和信息学模型，对研究对象的未来发展的可能性进行推测和估计，并且对不正确的状态进行预报和提出预防措施。

农业预测是以土壤、环境、气象资料、作物或动物生长、农业生产条件、化肥农药、饲料等实际农业资料为依据，以经济理论为基础，以数学模型为手段，对研究对象未来发展的可能性进行推测和估计，是精确施肥、灌溉、播种、除草、灭虫等农事操作及农业生产计划编制、监督执行情况的科学决策的重要依据，也是改善农业经营管理的有效手段。

农业预警是对农业的未来状态进行测度，预报不正确状态的时空范围与危害程度以及提出防范措施，最大程度上避免或减少农业生产活动中所受到的损失，从而在提升农业活动收益的同时降低农业活动的风险。

一、作物生长模型模拟

20 世纪 60 年代起，随着对作物生理生态机理认识的不断加深与计算机技术的迅猛发展，作物生长模型的研究得到了飞速发展，目前已经迈向了实用化阶段。基于生理生态机理的，考虑作物生长与大气、土壤、生物乃至人文等环境因素的相互作用的作物生长动态模拟模型已成为农业研究最有力的工具之一。作物生长模型在集成已有科学研究成果、作物种植管理科学化以及在决策制定中所起的作用已逐渐为大家所认识，其应用的领域也在不断扩大。

作物生长模型研究是随着对作物生理生态过程机理认识的不断深入和计算机技术的迅猛发展而兴起的。20 世纪 60 年代，由于已经能对植物生理过程（如冠层光能截获及光合作用）进行很好的数学描述，作物生长动态模拟模型的研究开始起步。同期，大型计算机的出现，推动了模型研究的迅速发展。联合国教科文组织（UNESCO）的国际生物学计划（IBP，1964—1974 年）的实施，也极大地促进了作物模型研究工作的开展。30 多年来，世界上许多国家都进行了作物生长模型研究，由于目的不同，开发了多种类型的作物模型。在诸多国家中，最有成效的国家包括荷兰、美国、澳大利亚、英国、俄罗斯和日本等。

二、病虫害预测预报模型模拟

病虫害预测预报系统，是一种汇集作物病虫害的相关知识、模型和专家经验，采用适用的知识表示技术和推理策略，以多媒体技术和信息网络为载体，为农业生产提供咨询决策，指导农业科学种田。作物病虫害预测预报的理论基础是对其流行规律的研究。总的思路是，首先找出当时当地影响病虫害发生、发展和流行的主导因子，再找出与其他因子共同影响的定量关系，确定指标或者建立数学模式，再据此进行预测预报。

作物病虫害预测预报按照时效可分为长期、中期和短期预报。长期预测预报通常是指一年或一个生长季节的预测，中期预报一般是指一个或数个月的预报，短期预报则多为几天或几旬的预报。时效不同所预报的精确度也不同。预测预报的内容通常包括作物病虫害的发生或流行的时间与时段；作物病虫害发生或流行的分布区域；作物病虫害发生或流行的密度、速度、严重性、危害程度、可能损失等。

对于作物病虫害发生流行趋势的长期气象预测，一般通过作物病虫害与大气环流形势、副热带高压、厄尔尼诺、海温、冬季温度等大尺度因子的相关分析及耦合机制研究，进行其发生流行前期的气候背景分析。根据其前兆性气候背景指标，构建包容气候背景指标的作物病虫害发生流行趋势的气象预测预报模式，进行长期的趋势预测。

作物病虫害发生流行的中期气象预测，多采用数理统计模式，进行作物病虫害发生流行面积、发生流行程度的预测。比如最大熵谱、灰色拓扑、海温、环流指数等预测模式，还有物候指示法、积温统计法、形态指标法、相关分析法等，均可以进行作物病虫害发生流行的中期气象预测。

作物病虫害发生流行的短期气象预报，通常通过作物病虫害发生流行与气象条件的相关研究，筛选影响作物病虫害发生流行的关键期、关键气象因子及其指标，建立作物病虫害发生流行的预报模型，通过模型进行作物病虫害发生流行的短期气象预报。其中一些方法与中期预测相同，但预报因子的时效更近、更确切。近年来，电子自动测报、计算机模拟和遥感测报方法在作物病虫害发生流行的短期气象预报中也开始得到应用。

物联网技术快速发展普及，无线传感器的低成本、低能耗、多功能、高频率数据传输的特点，已经被成功应用于农业环境监测中，并取得了相应成果。将物联网技术的观测数据和系统动力学原理相结合，对于有机蔬菜病虫害发生规律和碳收支过程的长期、连续、实时、远程和自动监测，有重要意义。

三、系统动力学仿真模型

系统动力学创立于1956年的一门新学科。创立初衷是应用于工业管理、军事、经济、科研等领域，是一门综合分析研究信息反馈系统和认识系统问题、解决系统问题交叉的综合性学科，是系统科学和管理科学的一个分支，也是沟通自然科学和社会科学的横向学科。系统动力学认为系统是由单元、单元的运动和信息组成，其突出特点是"结构—功能"模拟，从系统的微观结构构造系统的基本结构，进而模拟与分析系统的动态行为，定性与定量地分析研究系统。在系统动力学模型中，通过信息的传输与回馈，系统的单元间形成结构，而单元的运动才形成统一的行为和功能，构成反馈机制。在模型中，由一系列的因果与相互作用链组成的闭合回路或者说是由信息与动作构成的闭合路径，形成闭合的回路（环），即是反馈回路。反馈系统分为正反馈系统和负反馈系统，正反馈系统的特点是发生于其回路中任何一处的初始偏离与动作循回路一周将获得增大与加强，反之，负反馈系统则是力图缩小系统状态相对于目标状态的偏离。系统动力学仿真模型本质上是以微分方程组或差分方程组的形式描述整个系统在任意时刻的状态。

由于系统动力学擅长梳理高阶次、非线性、多重反馈的复杂时变系统的特点，在研究、处理自然与人类交互频繁的生态系统问题有很大的优势。并且随着系统科学的不断发展和计算机技术的不断大众化，系统动力学被成功应用于生态学领域。20世纪70年代后，在生态、环境科学、人口、资源等领域，被广泛地应用，并取得良好的效果。①有学者针对长城沿线农牧交错带生态环境恢复重建问题构建了系统动力学模型，并结合区域相关政策进行了仿真研究，得到交错带生态环境治理的最佳模式。②一些学者建立了系统动力学为基础的种群离散增长模型、臭氧损耗模型和大熊猫种群动态模型。③一些学者在分析了生活垃圾产生量影响因素及因素间互动关系的基础上，建立深圳市城市生活垃圾产生系统模型，结果表明系统动力学方法在城市生活垃圾产生量预测方面有较好效果。④一些学者通过对吉林市丰满区社会经济与生态环境系统动态仿真模型的建立与分析，说明了 SD 模型在环境评价中的研究价值。⑤一些学者将 SD 模型应用于研究水资源、环境流量以及社会经济系统之间的关系，结果得出不同水平的环境流量对中国渭河流域社会经济的影响。⑥学者建立海洋生态系统动力学模型，研究海洋生态各因子的时空分布变化特征。⑦有学者把系统动力学应用于自然灾害的预测预警中，并取得了一定的效果。

四、VensimPLE 软件

VensimPLE 软件已应用于环境经济、可持续发展等多个领域。Vensim 是一个可视化的建模工具，用户可通过 Vensim 定义一个动态系统，将之存档，同时建立模型、进行仿真、分析以及最优化。而且使用 Vensim 建模非常简单灵活，用户可以通过因果关系图和流图两种方式创建仿真模型。在 Vensim 中，系统变量之间通过用箭头连接而建立关系，而且是一种因果关系。变量之间的因果关系由方程编辑器进一步精确描述，从而形成一个完整的仿真模型。用户可在创建模型的整个过程中分析或考察引起某个变量变化的原因以及该变量本身如何影响模型，还可以研究包含此变量的回路的行为特性。当用户创建了一个可以仿真的模型，Vensim 可以让用户彻底地探究这个模型的行为。

第三节　有机蔬菜生长模型特点和构建

一、生长模型设计

以 4 种有机蔬菜为研究对象，以系统动力学理论为基础，以 vensimPLE 建模软件为技术平台，建立有机蔬菜生长及碳收支估算模型。选取生菜（叶菜类）、黄瓜（瓜类）、番茄（茄果类）及长 51 豆（豆类）4 种有机蔬菜作为研究对象，对蔬菜田地表温湿度、土壤温湿度、光强及 CO_2 浓度等环境因子进行实时监测，获得各类环境因子的日变化特征，并结合相关研究，对试验蔬菜田的固碳能力进行估算，并利用田间观测数据及田间档案记录的数据对模型进行一定的验证。

为了进行可行性分析，首先要对多利农庄有机蔬菜生长（生长指标）进行分析。要确定该系统的综合要求，并提出这些需求的实现条件以及需求应达到的标准，也就是解决需求所开发的系统要做什么、做到什么程度问题。

（一）功能需求

多利有机蔬菜生长模型的具体功能需求如下：

1. 环境因子动态变化的可视化

模型可以提供无线传感器检测的种植区域内环境因子数据，并且加以显示。这些基础环境监测数据包括：空气温度、空气湿度、土壤温度、土壤湿度、CO_2 浓度、太阳辐射强度等；以图的形式表示其动态变化以及未来一段时间发展趋势。

2. 蔬菜实时生长的情况可视化

模型能提供该蔬菜的实时模型，建立了作物植株在整个生育周期内逐时的光合碳吸收方程、作物植株逐时的呼吸碳排放方程和作物种植土壤逐时的呼吸碳排放方程。作物植株的光合速率由光合有效辐射、日照时长和环境因素共同决定，作物植株的呼吸速率由大气 CO_2 浓度和气象因素共同决定。单株固碳量由各个生长阶段的固碳累积量共同组成。总固碳量由单株固碳量、单位面积作物植株数与种植面积决定。产量由单株产量、单位面积作物植株数和种植面积决定。

（二）性能需求

1. 数据读写

模型前端输入数据均为无线传感数据经过相应处理后输入模型。数据皆为实时大棚环境监测数据。在模型中以图表的形式体现出来。输出的预测指标结果，应能准确反映大棚或者大田区域内的真实情况。要求于数据输入时准确,模型模拟时快速,耗时较少且结果准确。

2. 界面效果

在模型中,空气温湿度、土壤温湿度、CO_2浓度等环境监测数据以图表形式在模型中体现。界面上能反映出各变量之间逻辑关系。要求界面友好,简明清晰,适当的美观,风格简约,通用性较强。与多利农庄的电子商务网站的界面风格保持一致。

3. 资源与环境需求

系统要求能实时监测蔬菜生长状况及正确反应蔬菜病害发生发展的流行趋势。

二、生长模型构建

(一)生菜(叶菜类)生长模型

1. 模型框架

生菜生长模型以VensimPLE软件为模型技术平台,以园区内露天种植的有机生菜为研究对象,根据生菜生育期的划分,建立了有机生菜的系统动力学模型,用以模拟生菜的生理生态等物理性状,估算该蔬菜的碳收支能力。根据之前所述核算方法结合传感器所获得的数据,构建系统动力学模型,时间步长以天为单位。模型建立了生菜在生育周期内逐时的光合碳吸收方程、生菜逐时的呼吸碳排放方程和生菜种植土壤逐时的呼吸碳排放方程。生菜的光合速率由光合有效辐射、日照时长和环境因素共同决定,生菜的呼吸速率由大气CO_2浓度和环境因素共同决定。单株固碳量由各个生育期的固碳累积量共同组成。总固碳量由单株固碳量、单位面积作物植株数和种植面积决定。产量由单株产量、单位面积作物植株数与种植面积决定。

2. 生育周期划分

生菜的生育期划分为两个阶段,分别为营养生长期和生殖生长期。其中营养生长期包括发芽期、幼苗期、发棵期和产品器官形成期。

(1)发芽期

从播种到真叶初现的这段时期称发芽期。"露心"为其临界形态标志。发芽期一般需8~10天。

(2)幼苗期

从"露心"至第1片真叶完全展平的这段时期称为幼苗期。"团棵"为其临界形态标志。若直播一般需17~27天,育苗移栽一般需要30天。

(3)发棵期

从"团棵"开始包心或者茎开始肥大的这段时间称为发棵期。发棵期叶面积的扩大是结球莴苣和莴苣产品器官生长的基础。发棵期一般需15~30天。

（4）产品器官形成期

从"团棵"以后到叶球成熟的这段时期称为产品器官形成期。这期间生菜在扩展外叶的同时卷抱心叶，待发棵完成心叶已经成球形，然后球叶扩大充实。产品器官形成期一般需 30 天。

（5）生殖生长期

在叶球即将可以采收时花芽开始分化，之后迅速抽薹开花，因此有较短的一段时间营养生长期和生殖生长期是重叠的。

模型考虑到生菜种植的实际情况，将发棵期和产品器官形成期合并为叶片旺盛生长期，生菜的生育周期因此调整为发芽期、幼苗期和叶片旺盛生长期，在模型中体现。

3. 对环境条件的要求

生菜喜冷凉湿润的气候条件，但生菜具有较强的耐寒、耐热和耐旱性，且不易感染病虫害。种子发芽需要较长时间，发芽期最低温度为 4℃，最适温度为 15～20℃，最高温度为 30℃，若超过最高温度，高温会抑制发芽。幼苗期最适温度为 12～20℃，快速生长期的最适温度为 15～18℃。生菜在低温下通过春化，在长日照条件下抽薹开花。生菜需充足的光照，否则心叶会变白，苦味降低影响品质，因此栽种时不宜过密。生菜以嫩叶供食用，叶片含水量高，故在整个生育期均要供应充足且均匀的水分。有研究表明 80% 灌水量是较适宜的灌水量上限，60% 灌水量是较适宜的灌水量下限。

4. 生菜生长模型参数化

（1）观测数据

模型前端输入的数据为 UWS300 系列无线传感器和 Hydra Probe Ⅱ 土壤三参数复合传感器获得的环境监测数据，植物光合速率、植物夜间呼吸速率与土壤呼吸速率利用 Li COR-6400 与 LiCOR-8100 分别测得。此外，各生长期的形态指标数据由田间观测取得或通过田间档案记录获得。

（2）模型参数化

根据上述核算方法结合传感器所获得的数据及田间档案记录的作物生理生态的数据，构建系统动力学模型。

在模型中，生菜发芽期天数、幼苗期天数和旺盛生长期天数取值分别为 15 天、15 天和 20 天，模型中生菜各生育阶段最适气湿设置为 40%～50%，最适土湿分别设置为 60%～80%、60%～75% 和 60%～80%。将无线传感器感知的空气温度、空气湿度、土壤温度、土壤湿度、有效辐射（光照强度数据转换所得）和 CO_2 浓度等环境因素数据输入模型作为辅助变量。利用 SPSS 统计软件，将上述环境因素数据与各类速率数据拟合，拟合结果通过统计学检验后输入模型中作为中间结果。生菜地在生菜种植期间的碳收支量及生菜的产量为模型最终输出结果。

5. 生菜生长模型误差分析

误差检验结果显示，变量误差率保持在 ±15% 以内，符合系统动力学模型的误差要求，证明模型具有一定的可行性。表4-1给出了生菜模型模拟值和真实值的对比分析。

表4-1　生菜模型模拟值与真实值对比分析

发育阶段	株高 /m²			叶片数 / 片		
	模拟值	真实值	RMSE	模拟值	真实值	RMSE
发芽期	0.073 98	0.074	0.45%	5.080 0	5.1	14.16%
幼苗期	0.147 30	0.148	2.65%	12.006 9	12.0	8.30%
旺盛生长期	0.272 26	0.275	5.24%	29.093 6	29.1	8.00%
发芽期						—
幼苗期	0.036 9	0.037	1.00%	8.99	9.0	7.07%
旺盛生长期	0.089 9	0.091	3.32%	10.18	10.2	10.48%
发育阶段	生菜夜间呼吸速率•m⁻²•s⁻¹)			土壤呼吸速率 / (μ mol•m⁻²•s⁻¹)		
	模拟值	真实值	RMSE	模拟值	真实值	RMSE
发芽期	—	—	—			
幼苗期	4.71	4.7	1.00%	6.12	6.1	14.83%
旺盛生长期	7.12	7.1	14.11%	7.33	7.3	11.40%

（二）黄瓜（瓜类）生长模型

1. 模型框架

黄瓜生长模型以 VensimPLE 软件为模型技术平台，以园区内温室种植的有机黄瓜为研究对象，根据黄瓜生育期划分，建立了有机黄瓜的系统动力学模型，用以模拟黄瓜的生理生态等物理性状，估算该蔬菜的碳收支能力。根据之前所述核算方法结合传感器所获得的数据，构建系统动力学模型，时间步长以天为单位。模型建立了黄瓜在生育周期内逐时的光合碳吸收方程、黄瓜逐时的呼吸碳排放方程和黄瓜种植土壤逐时的呼吸碳排放方程。黄瓜的光合速率由光合有效辐射、日照时长和环境因素共同决定，黄瓜的呼吸速率由大气 CO_2 浓度和环境因素共同决定。单株固碳量由各个生育期的固碳累积量共同组成。总固碳量由单株固碳量、单位面积作物植株数和种植面积决定。产量由单株产量、单位面积作物植株数和种植面积决定。

2. 生育周期划分

黄瓜的生育期划分为4个阶段，分别是发芽期、幼苗期、抽蔓期和结果期。

（1）发芽期

从种子萌芽至两片子叶充分展平的这段时期称为发芽期。此段时期主要是种子内部胚器官的轴向生长，是胚根、胚轴的伸长和子叶长大的过程。发芽期一般需要5天。

（2）幼苗期

从子叶展平至第4片真叶充分展开的这段时间称为幼苗期。此期间，幼苗生长量较小，同时主根和侧根在陆续生长和伸长。下胚轴的生长速度随真叶的展开生长而明显减慢，茎端也随着叶片的生长不断分化叶原基，叶腋也开始分化花芽。幼苗期一般需要20～40天。

（3）抽蔓期

从第4片真叶展开至第1雌花坐果的这段时期称为抽蔓期。此期间，根系和茎叶快速生长，节间伸长，抽出卷须，从之前的直立生长变成攀援生长。与此同时，花芽不断分化发育，性别开始分化，侧蔓也开始发生。抽蔓期是黄瓜植株由营养生长为主向营养生长和生殖生长并重的过渡时期，生长量显著加大。抽蔓期一般需15天。

（4）结果期

从第1雌花坐果至植株生长结束的这段时间称为结果期。此期间，根系、茎叶、花和果实均迅速生长发育，生长速率达到最高值，之后生长速度减缓至衰老。黄瓜的产量与开花结果期的长短密切相关，结果期时间越长，产量相应也会有所提高。若春季露地栽培，开花坐果期一般需60天，若夏秋栽培一般需30～40；若温室栽培，开花坐果期可长达7～8个月。

由于幼苗期生长量微小，故考虑模型的操作性，将黄瓜发芽期和幼苗期合并为苗期，在模型中体现。

3. 对环境条件的要求

（1）温度

黄瓜是喜温植物。种子发芽期的适宜温度为28～32℃，超过35℃或者低于12℃发芽率显著受到抑制。开花结果期，黄瓜最适昼温25～29℃，最适夜温18～22℃。当昼温超过30℃时，果实生长较快，但是植株长势受到影响。当温度超过35℃，高温破坏了植株本身的光合和呼吸的平衡。为了防止植株提前衰老，采收盛期后温度应稍低。黄瓜植株不耐寒，气温低于10℃时即停止生长。黄瓜根系生长的最适土温为20～30℃，当土温低于20℃时根系生理活动明显减弱，土温低于10℃时停止生长。但当土温高于25℃时，不但营养物质消耗量增加，还会引起根系衰弱甚至死亡。

（2）水分

黄瓜是喜湿润植物，不同生育期对水分要求也不相同。黄瓜植株根系较浅，吸收能力弱，故其对空气湿度和土壤水分要求较高。黄瓜生长适宜的土壤湿度为最大田间持水量的80％～90％，苗期的土壤湿度以60％～70％为宜。苗期若水分过高，幼苗易徒长，且雌花出现得晚而且数量少；水分过低，则又易出现老化苗。

（3）光照

黄瓜的发育对光周期的长短和光照强度较敏感。黄瓜虽然需要强光照，但也能适应较弱的光照。在光照较强，温度较高且CO_2充足的情况下，能显著提高光合效能；在光照较弱，温度和CO_2较高的情况下，光合效率的提高是有限的。

4. 黄瓜生长模型参数化

（1）观测数据

模型前端输入的数据为 UWS300 系列无线传感器和 Hydra Probe Ⅱ 土壤三参数复合传感器获得的环境监测数据，植物光合速率、植物夜间呼吸速率与土壤呼吸速率利用 Li COR-6400 与 Li COR-8100 分别测得。此外，各生长期的形态指标数据由田间观测取得或通过田间档案记录获得。

（2）模型参数化

根据上述核算方法结合传感器所获得的数据及田间档案记录的作物生理生态的数据，构建系统动力学模型。

在模型中，黄瓜发芽幼苗期天数、抽蔓期天数和开花结果期天数取值分别是 32 天、15 天和 60 天，模型中黄瓜各生育阶段所需温度和日长参数如表 4-2 所示。模型中黄瓜各生育阶段最适气湿设置为 40% ～ 50%，最适土湿分别设置为 60% ～ 70%、80% ～ 90% 和 80% ～ 90%。将无线传感器感知的空气温度、空气湿度、土壤温度、土壤湿度、有效辐射（光照强度数据转换所得）与 CO_2 浓度等环境因素数据输入模型作为辅助变量。利用 SPSS 统计软件，把上述环境因素数据与各类速率数据拟合，拟合结果通过统计学检验后输入模型中作为中间结果。黄瓜地在黄瓜种植期间的碳收支量及黄瓜的产量为模型最终输出结果（见表 4-3）。

表 4-2　黄瓜发育阶段所需温度、日长界限值

发育阶段	温度界限			日长界限	
	$T_b/$（℃）	$T_o/$（℃）	$T_m/$（℃）	D_b/h	D_o/h
苗期	12	29	35	5	15
抽蔓期	15	25	35	5	15
开花结果期	15	25	35	5	15

表 4-3　黄瓜模型模拟值与真实值对比分析

发育阶段	株高 /m			叶片数 / 片		
	模拟值	真实值	RMSE	模拟值	真实值	RMSE
苗期	0.149 276	0.151	4.15%	4.010 4	4.0	10.19%
抽蔓期	1.504 16	1.510	7.64%	16.020 8	16.0	14.42%
开花坐果期	2.070 56	2.079	9.18%	32.580 8	32.6	13.86%
发育阶段	单叶面积 /m²			光合速率 μ mol•m⁻²•s⁻¹		
	模拟值	真实值	RMSE	模拟值	真实值	RMSE

苗期	0.005 6	0.006	2.00%	10.6	10.6	0.00%
抽蔓期	0.013 9	0.014	1.00%	11.9	11.8	13.42%
开花坐果期	0.016 9	0.017	1.00%	11.7	11.7	4.47%
发育阶段	黄瓜夜间呼吸速率 / (μ mol·m^{-2}·s^{-1})			土壤呼吸速率 / (μ mol·m^{-2}·s^{-1})		
	模拟值	真实值	RMSE	模拟值	真实值	RMSE
苗期	4.12	4.1	14.14%	5.17	5.2	10.04%
抽蔓期	6.21	6.2	10.00%	7.02	7.0	13.42%
开花坐果期	6.40	6.4	0.00%	7.11	7.1	7.75%

（三）番茄（茄果类）生长模型

1. 模型框架

番茄生长模型以 VensimPLE 软件为模型技术平台，以园区内温室种植的有机番茄为研究对象，根据番茄生育期划分，建立了有机番茄的系统动力学模型，用以模拟番茄的生理生态等物理性状，估算该蔬菜的碳收支能力。根据之前所述核算方法结合传感器所获得的数据，构建系统动力学模型，时间步长以天为单位。模型建立了番茄在生育周期内逐时的光合碳吸收方程、番茄逐时的呼吸碳排放方程和番茄种植土壤逐时的呼吸碳排放方程。番茄的光合速率由光合有效辐射、日照时长和环境因素共同决定，番茄的呼吸速率由大气 CO_2 浓度和环境因素共同决定。单株固碳量由各个生育期的固碳累积量共同组成。总固碳量由单株固碳量、单位面积作物植株数和种植面积决定。产量由单株产量、单位面积作物植株数和种植面积决定。

2. 生育周期划分

番茄的生育期划分为 4 个阶段，分别是发芽期、幼苗期、开花坐果期和结果期。

（1）发芽期

从种子萌发到子叶充分展开的这段时期称为发芽期。在充足的水分、适宜的温度和氧气条件下，种子先后经历水分，吸收、发根、发芽和子叶展平等过程，依靠自身贮藏的养分的转化，提供发芽期生长所需的营养。发芽期一般需 3～5 天。

（2）幼苗期

从第 1 片真叶展开到第一个花穗现蕾的这段时期称为幼苗期。当 2～3 片叶片充分展开，且幼苗分化出 5～8 片真叶，在茎、叶的生长点开始出现花芽原基的分化，在此期间，番茄幼苗基本处于营养生长阶段。幼苗期一般需要 40～50 天。

（3）开花坐果期

从第 1 花穗开花到第 1 花穗果实膨大前期的这段时期称为开花坐果期。开花坐果期以营养生长为主，但在此期间，是番茄从营养生长为主向营养生长和生殖生长共同发展的过渡阶段。在开花坐果期，在栽培管理上应该注意定植后不能过于"蹲苗"，且同时恰当应用水肥、整枝等田间管理措施调节好幼苗和果实的关系，若管理不善，营养生长弱会引起花穗小，严重的则会造成花朵不能正常开放，造成落花落果。开花坐果期一般需 20～30 天。

（4）结果期

从第 1 穗果实膨大到番茄采收完成的这段时期称为结果期。在此期间，番茄植株的茎、叶、花和果实均在生长，但以生殖生长为主。这段时期要着重调控好结果的数目和果实膨大发育之间的关系。番茄生长阶段长多少叶、坐多少果实因番茄品种、环境条件和管理栽培措施的不同而各有差异。

模型考虑到可操作性，将番茄发芽期和幼苗期合并为发芽幼苗期，在模型中体现。

3. 对环境条件的要求

（1）温度

番茄是一种喜温植物，各个生育期对温度有不同的要求。种子萌发最适气温为 20～30℃，最适地温为 25℃，种子在 12℃以下的气温下容易烂籽，在超过 35℃的气温下发芽会受到抑制。番茄幼苗生长发育最适气温是 20～25℃，当气温低于 10℃时生长停止，5℃为番茄幼苗出现冷害现象的临界温度，当气温低于零下时即可冻死，高于 35℃时番茄幼苗无法正常生长，当气温达到 45℃以上时，则引起幼苗生理干旱致死。

温度影响番茄幼苗的花芽分化和开花的数量及质量，从而影响果实的产量及质量。同时，温度与番茄授粉受精和果实发育关系也十分密切。番茄花粉发芽的最低气温为 15℃，最高气温为 35 开花坐果期最适气温为 15～20 最低气温为 15℃，最高气温为 35℃。过低或者过高的气温均会影响花器和果实的发育，导致畸形花与畸形果的出现。

（2）水分

番茄是半耐旱蔬菜，根系比较发达，吸水力较强，不同的生长发育时期对水分的要求不完全相同。种子萌发期间，土壤湿度应当保持在最大持水量的 80%，土壤含水量在 11%～18%，当番茄出苗后，土壤湿度可适当降低，在 60%～70% 即可。在营养生长期，空气相对湿度保持在 45%～50%，土壤湿度在 50%～55% 较适宜。在生殖生长期，番茄需水量增加，开花坐果期到结果期这段时间，每株每天要吸收 1L 以上的水分，若土壤水分不足或者是含钙量不足，番茄容易发生脐腐病。结果期后期，如果土壤干湿不均或者雨水过多，容易出现裂果的现象。

（3）光照

番茄的发育对光周期的长短不敏感，但是番茄的生长发育对光照强度很敏感。若要早期产量较高，那么在第 1 花穗分化前，阳光要充足，保证植株光合作用旺盛，使得第 1 花穗着生位置较低，从而不易落花。在营养生长期，最适宜的日长一般为 16h，但因品种而异。若日长超过 16h，幼苗的生长发育反而受到抑制，花芽分化延迟，花芽数也会一定程度上减少。

4. 番茄生长模型参数化

（1）观测数据

模型前端输入的数据为 UWS300 系列无线传感器和 Hydra Probe U 土壤三参数复

合传感器获得的环境监测数据，植物光合速率、植物夜间呼吸速率与土壤呼吸速率利用 Li COR-6400 与 Li COR-8100 分别测得。另外，各生长期的形态指标数据由田间观测取得或通过田间档案记录获得。

（2）模型参数化

据上述核算方法结合传感器所获得的数据及田间档案记录的作物生理生态的数据，构建系统动力学模型。

在模型中，番茄幼苗期天数、开花坐果期天数与结果期天数取值分别为 34 天、25 天和 65 天，模型中番茄各生育阶段所需温度和日长参数如表 4-4 所示。模型中番茄各生育阶段最适气湿设置为 45% ～ 50%，最适土湿分别设置为 60% ～ 70%、50% ～ 55% 和 60% ～ 70%。将无线传感器感知的空气温度、空气湿度、土壤温度、土壤湿度、有效辐射（光照强度数据转换所得）和 CO_2 浓度等环境因素数据输入模型作为辅助变量。利用 SPSS 统计软件，把上述环境因素数据与各类速率数据拟合，拟合结果通过统计学检验后输入模型中作为中间结果。番茄地在番茄种植期间的碳收支量及番茄的产量为模型最终输出结果（见表 4-5）。

表 4-4 番茄发育阶段所需温度、日长界限值

发育阶段	温度界限			日长界限	
	T_b/（℃）	T_o/（℃）	T_m/（℃）	D_b/h	D_o/h
发芽幼苗期	10	27	33	4	16
开花坐果期	15	25	35	4	16
结果期	15	25	35	4	16

表 4-5 番茄模型模拟值与真实值对比分析

发育阶段	株高 /m			叶片数 / 片		
	模拟值	真实值	RMSE	模拟值	真实值	RMSE
发芽幼苗期	0.645 09	0.651	7.69%	25.919 6	25.9	14.00%
开花坐果期	1.339 19	1.335	6.47%	40.195	40.2	7.07%
结果期	1.791 41	1.787	6.64%	68.518 6	68.5	13.64%
发育阶段	单叶面积 /m²			光合速率 /（$\mu mol \cdot m^{-2} \cdot s^{-1}$）		
	模拟值	真实值	RMSE	模拟值	真实值	RMSE
发芽幼苗期	0.005 2	0.005	1.41%	10.9	10.9	0.04%
开花坐果期	0.008 4	0.008	2.01%	11.3	11.3	0.00%
结果期	0.008 9	0.009	1.01%	11.2	11.2	3.16%

发育阶段	番茄夜间呼吸速率 / ($\mu mol \cdot m^{-2} \cdot s^{-1}$)			土壤呼吸速率 / ($\mu mol \cdot m^{-2} \cdot s^{-1}$)		
	模拟值	真实值	RMSE	模拟值	真实值	RMSE
发芽幼苗期	4.52	4.5	13.91%	5.32	5.3	10.34%
开花坐果期	6.58	6.6	10.90%	7.73	7.7	8.94%
结果期	6.71	6.7	10.03%	8.09	8.1	10.00%

（四）长豇豆（豆类）生长模型

1. 模型框架

长豇豆生长模型以 VensimPLE 软件为模型技术平台，以园区内温室种植的有机长豇豆为研究对象，根据长豇豆生育期的划分，建立有机长豆豆的系统动力学模型，用以模拟长豇豆的生理生态等物理性状，估算该蔬菜的碳收支能力。根据之前所述核算方法结合传感器所获得的数据，构建系统动力学模型，时间步长以天为单位。模型建立了长豇豆在生育周期内逐时的光合碳吸收方程、长豇豆逐时的呼吸碳排放方程和长豇豆种植土壤逐时的呼吸碳排放方程。长豆的光合速率由光合有效辐射、日照时长和环境因素共同决定，长豇豆的呼吸速率由大气 CO_2 浓度和环境因素共同决定。单株固碳量由各个生育期的固碳累积量共同组成。总固碳量由单株固碳量、单位面积作物植株数和种植面积决定。产量由单株产量、单位面积作物植株数和种植面积决定。

2. 生育周期划分

长可豆的生育期划分为 4 个阶段，分别为发芽期、幼苗期、抽蔓期和开花结荚期。

（1）发芽期

从播种至对生真叶展开的这段时期称为发芽期。在此期间，生长所需要的营养主要靠子叶自身贮藏的营养提供。植株在发芽期对不良环境的忍耐力最弱，故要保持适宜的土壤温度和湿度。发芽期一般需要 5～10 天。

（2）幼苗期

从对生真叶展开至第 4～5 片复叶展开、主蔓开始抽伸的这段时期称为幼苗期。幼苗期是花芽分化的关键时期，又因花芽分化及茎蔓形成的早迟和多少对熟性的影响很大，故要适时补充少量速效性肥料，防止其遭受霜冻危害。幼苗期一般需 15～30 天。

（3）抽蔓期

从第 4～5 片复叶展开，主蔓抽伸至开始开花的这段时期称为抽蔓期。在这期间，根、茎、叶快速生长，是营养生长的关键时期，同时花蕾或叶芽也在不断发育中。在栽培过程中应注意防止蔓过度生长进而影响花芽发育和花絮的正常抽伸，以免造成落花、落蕾。同时，控制土壤湿度和肥料的施用也很重要。抽蔓期一般需 15～20 天。

（4）开花结荚期

从第 1 花穗开花至拉秧的这段时期称为开花结荚期。在这段时期，茎蔓仍然在生长，但营养主要供开花和果荚发育，若此时营养供应不足，易出现早衰或者落花落荚。

进入始花期后，应保持土壤湿润，适当追施速效肥，以促进植株旺盛生长。

由于幼苗期生长量微小，故考虑模型的操作性，将长豇豆的发芽期与幼苗期合并为苗期，在模型中体现。

3. 对环境条件的要求

（1）温度

常见的都是一种喜温耐热的作物，对低温较敏感，不耐霜冻。种子萌发的最适温度为 25～28℃，最低气温为 10～12℃，温度过低会引起下胚轴变红甚至造成植株死亡。植株营养生长期最适温度为 20～30℃，果荚发育的最适温度为 25℃，最低温度为 20℃，超过 35℃的高温会导致受精不良，易出现落花落荚或少籽豆荚。

（2）水分

长豇豆是比较耐旱的作物，因为其根系较发达，叶面蒸腾量小。但在开花结荚期，其需水量较大，土壤水分含量不足，会造成果荚发育不良，植株早衰。要保证豇豆高产，土壤相对含水量要保持在 60%～85%。

（3）光照

豇豆是短日照作物。缩短日照会降低花序着生结位，开花会提前。长豇豆喜光，在其开花结荚期给予充足的光照，有利于结荚率的提高和条荚的发育（环境因子）。

4. 长豇豆生长模型参数化

（1）观测数据

模型前端输入的数据为 UWS300 系列无线传感器和 Hydra Probe H 土壤三参数复合传感器获得的环境监测数据，植物光合速率、植物夜间呼吸速率与土壤呼吸速率利用 Li COR-6400 与 Li COR-8100 分别测得。此外，各生长期的形态指标数据由田间观测取得或通过田间档案记录获得。

（2）模型参数化

根据上述核算方法结合传感器所获得的数据及田间档案记录的作物生理生态的数据，构建系统动力学模型。

在模型中，长豇豆发芽幼苗期天数、抽蔓期天数和开花结荚期天数取值分别为 31 天、18 天和 45 天，模型中长豇豆各生育阶段所需温度和日长参数如表 4-6 所示。模型中长豇豆各生育阶段最适气湿设置为 40%～50%，最适土湿都设置为 60%～85%。将无线传感器感知的空气温度、空气湿度、土壤温度、土壤湿度、有效辐射（光照强度数据转换所得）和 CO_2 浓度等环境因素数据输入模型作为辅助变量。利用 SPSS 统计软件，将上述环境因素数据与各类速率数据拟合，拟合结果通过统计学检验后输入模型中作为中间结果，长豆地在长豆种植期间的碳收支量及长豇豆的产量为模型最终输出结果（见表 4-7）。

表 4-6 长豇豆发育阶段所需温度、日长界限值

发育阶段	温度界限			日长界限	
	T_b/ (℃)	T_o/ (℃)	T_m/ (℃)	D_b/h	D_o/h
苗期	11	27	35	4	12
抽蔓期	15	25	35	4	12
开花结荚期	20	25	35	4	12

表 4-7 长豇豆模型模拟值与真实值对比分析

发育阶段	株高 /m			叶片数 / 片		
	模拟值	真实值	RMSE	模拟值	真实值	RMSE
苗期	0.156 71	0.161	6.55%	5.010 0	5.0	1.00%
抽蔓期	1.616 71	1.617	1.70%	20.087 2	20.1	11.31%
开花结荚期	2.256 43	2.257	2.39%	44.998 6	45.0	3.74%
苗期	0.004 7	0.005	1.73%	10.1	10.1	5.48%
抽蔓期	0.009 4	0.009	2.02%	11.9	12.0	10.95%
开花结荚期	0.010 3	0.010	1.75%	11.5	11.5	6.63%
发育阶段	夜间呼吸速率 / ($\mu mol \cdot m^{-2} \cdot s^{-1}$)			土壤呼吸速率 -/ ($\mu mol \cdot m^{-2} \cdot s^{-1}$)		
	模拟值	真实值	RMSE	模拟值	真实值	RMSE
苗期	4.22	4.2	13.31%	6.19	6.2	1.73%
抽蔓期	6.13	6.1	12.24%	7.44	7.4	5.47%
开花结荚期	6.18	6.2	13.78%	7.98	8.0	11.83%

三、有机蔬菜生长模型模拟结果的应用

（一）固碳能力比较

生菜、黄瓜，番茄以及长豇豆在生长期光合固碳量分别是 994.283 kg $CO_2 \cdot hm^{-2}$，2897.1kg $CO_2 \cdot hm^{-2}$，3436.11kg $CO_2 \cdot hm^{-2}$ 和 3122.83kg $CO_2 \cdot hm^{-2}$。从固碳的总量上来看，番茄最多，长豇豆次之，生菜最少。番茄固碳总量虽然多，土壤呼吸碳排放量也多。土壤呼吸碳排放量与固碳量的走势相似，4 种蔬菜田土壤呼吸碳排放量从多到少依次是番茄（1902.05kg $CO_2 \cdot hm^{-2}$），长豇豆（1475.4kg $CO_2 \cdot hm^{-2}$），黄瓜（1228.237kg $CO_2 \cdot hm^{-2}$）、生菜（667.286kg $CO_2 \cdot hm^{-2}$）。从蔬菜农田生态系统的碳收支量来看，黄瓜农田生态系统最后的固碳量最多，碳收支量为 1668.87kg $CO_2 \cdot hm^{-2}$；豇豆次之，碳收支量为 1647.43kg $CO_2 \cdot hm^{-2}$；其次为番茄，碳收支量为 1534.06kg $CO_2 \cdot hm^{-2}$；生菜固碳量最少，碳收支量仅仅为 326.97kg $CO_2 \cdot hm^{-2}$。

因为 4 种蔬菜生长期长短不一，统计农田生态系统的碳收支量不能完全说明该

蔬菜的固碳能力。计算单位面积蔬菜日均固碳量为，生菜 $9.80g\ CO_2 \cdot m^{-2} \cdot d^{-1}$，黄瓜 $23.39g\ CO_2 \cdot m^{-2} \cdot d^{-1}$，番茄 $18.56gCO \cdot m^{-2} \cdot d^{-1}$ 及豇豆 $26.86\ g\ CO_2 \cdot m^{-2} \cdot d^{-1}$。结果表明，豇豆的固碳能力最强，黄瓜次之，生菜最差。豇豆、黄瓜与番茄的固碳能力均高于高山草地的固碳能力，高山草地24h CO 固定量为 $11.52g\ CO^2 \cdot m^{-2}$。根据田间试验数据和地面调查数据，研究发现绿洲玉米农田生态系统对 CO_2 的固碳量可达 $38.47gCO_2 \cdot m^{-2} \cdot d^{-1}$，核算成年固碳量可达 $141.66tCO_2 \cdot hm^{-2} \cdot a^{-1}$。玉米为 C4 植物，固碳能力高于 C3 植物，本研究的 4 种蔬菜固碳能力均低于玉米，从某种程度上也说明了计算结果具有一定的可信度。

（二）叶面积与蔬菜固碳量的关系

单叶面积从大到小依次为生菜、黄瓜、长豇豆、番茄，分别为 0.025 6，0.016 9，0.011 3，0.008 9m²。单叶面积与固碳量相关性不显著，单叶面积最大的生菜，固碳量却是最小的。番茄的总叶面积最大，为 6098.16cm，其次是黄瓜 5506.16cm²，生菜的单叶面积最大但总叶面积最小为 3998.63cm²。总体来看，总叶面积与固碳量呈现一定的相关性，总叶面积较大的蔬菜，固碳量较总叶面积小的蔬菜的固碳量大。

（三）光合速率、呼吸速率与固碳量的关系

蔬菜的光合速率与固碳量呈正相关关系，光合速率最强的黄瓜，固碳量最高，长豇豆次之；生菜光合速率最弱，固碳量最低。难发现，4 种蔬菜的夜间呼吸速率与相应的土壤呼吸速率呈相似的走势，但与固碳量的走势无显著相关性。黄瓜农田生态系统之所以固碳量高，一方面是由于黄瓜的光合速率最强，而同时黄瓜的夜间呼吸速率最弱；另一方面，黄瓜田的土壤呼吸速率是 4 种蔬菜田的土壤呼吸速率中最低的。

第四节　有机蔬菜病害预警预报模型构建

基于园区内的温湿度、光照等无线传感器感知和采集的基础数据和人为观测的病虫害发生程度数据的归回拟合得到有机蔬菜病虫害的发生规律和特点，为有机蔬菜的种植和病虫害的防治提供基础数据和科学的理论指导技术。通过有机蔬菜病虫害预测模型与物联网传感信息结合，实现精确反应园区内有机蔬菜病虫害发生规律和碳收支过程的长期、连续、实时、远程和自动监测。

一、逻辑结构设计

一个好的预测模型应该找出影响病害发生的主要环境因子，环境因子模块即为该寄主植物生长和病原物萌发、流行的必要因子条件；病原物为病害发生的病因，一般病原物只要在适宜的条件下才会萌发、侵染并流行，在不适宜条件是以孢子的形式在

土壤或者病株上越冬或休眠。同时寄主自身的生长发育不仅影响着病害预测模型的稳定，还影响着自身叶面积的扩展和单位叶面积上固碳能力的大小。本节以 Vensim 软件为模型技术平台，分别以黄瓜细菌性角斑病、番茄病毒病、豇豆立枯病为研究对象，建立系统动力学仿真模型，用以预测病害的危害趋势。同时研究植株生长过程中单株叶面积的增长，建立蔬菜生长周期内固碳量估算模型。模型跨度为各种蔬菜的生长周期，以 1 周为时间步长。根据不同的研究对象，模型结构有所不同。模型主要分成两个子系统：病害预测子系统和生长周期固碳量估算子系统。

考虑到病原物侵染以及寄主生长的阶段性，不可由单一的公式来描述系统的动态变化以及内部联系。模型以蔬菜自定植于温室大棚之日起至清理大棚为止，以病害观测的真实数据以及传感器观测的数据为基础，研究其与因变量之间的关系，利用 SPSS 统计软件，针对不同生长阶段，进行针对性回归分析。选取的回归方程必须满足的条件为：第一，与真实数据反映的发展趋势相符；第二，具有较高拟合系数（R2）。具体回归方程如下：

$$Y = f(x_1, x_2, x_3, \cdots, x_n)$$

式中，$X = (x_1, x_2, x_3, \cdots, x_n)$ 为自变量，Y 为因变量。

据研究对象的不同，Y 所表示的意义不同。在黄瓜细菌性角斑病预测模型中，Y 表示病害的病情指数；在番茄病毒病预测模型中，Y 表示植株的发病率；在豇豆立枯病预测模型中，Y 表示植株的死亡率。X 是影响 Y 的各环境因子，其环境因子用 SD 模型中 look up 函数进行输入。

（一）番茄病毒病预测模型

番茄病毒病在塑料大棚、日光温室、大型现代化温室栽培中常见发生，并且病害一旦发生，很难有效控制，传播速度快，染病植株几乎绝产。其病原物种类较多，侵染、传播过程受到多种环境因素、人为因素（农事操作）、轮作换茬等的影响。在影响番茄病毒病发生的所有因素中，空气温湿度是重要的因素之一。人为因素不确定性太大，不适合用于模型参数化。因此本文将温湿度基础数据以 look up 函数，代入 SD 模型，对番茄病毒病发病率进行预测。但只用空气温湿度的原始数据进行建模，模型的稳定性很低。因此建模前先将原始的温湿度数据进行标准化，以 30℃（适宜病害发生流行的最高温度）为标准，空气相对湿度 100% 作为湿度标准，再由换算后的标准温度和标准湿度计算累积温湿度。利用数据统计分析工具，对发病率（Sick Rate）、环境因子进行分析，以发病率为因变量，病害发生流行的环境因子为自变量，进行相关分析、逐步回归分析。

（二）黄瓜细菌性搅拌病预测模型

细菌性角斑病的发生流行的主要影响因子为空气温度和空气湿度，已经有研究表明黄瓜细菌性角斑病发展流行的适宜温度范围为 20 ~ 28℃，空气相对湿度超过 70%

时快速发展流行。人为因素不确定性太大，不适合用于模型参数化。所以本文将温湿度基础数据以 look up 函数，代入 SD 模型，对黄瓜细菌性角斑病病情指数进行预测。但只用空气温湿度的原始数据进行建模，模型的稳定性很低。因此建模前先将原始的温湿度数据进行标准化。在幼苗期，植株幼苗对环境因子变化的抵抗力较差，故以 20℃（病害发生的适宜温度底限）为标准，以 70% 的相对空气湿度为湿度标准。以 24℃（适宜病害发生流行的温度也是黄瓜生长的最适温度）为标准，空气相对湿度 80% 作为湿度标准，再由换算后的标准温度和标准湿度计算累积温湿度。当病害严重时，喷洒药物对病情指数有一定的防效作用，计算平均防效为 43.85%。其他变量是辅助变量。

（三）豇豆立枯病预测模型

豇豆立枯病是典型的土传真菌病害，在高温高湿条件下利于发病，温湿度忽高忽低会加重病情。温室大棚内是智能滴灌大棚，土壤水分饱和度一直保持在 40% 左右，本研究中土壤含水量对病害影响不大，主要影响因子为空气温度和土壤温度。由于试验度和温度相关，因此本书将空气温度和土壤温度基础数据以 look up 函数，代入 SD 模型，对豆立枯病死苗率进行预测。但只用空气温度和土壤温度的原始数据进行建模，模型的稳定性很低。因此建模前先将原始的温度数据进行标准化，空气温度以 24℃（适宜病害发生流行的最宜温度）为标准，土壤温度以 15℃为基准，再由换算后的标准土温和气温计算累积土气温。利用数据统计分析工具，对死苗率（Dead Rate）、环境因子进行分析，以死苗率为因变量，病害发生流行的环境因子为自变量，进行相关分析、逐步回归分析。

二、模型参数化设计阶段

模型前端输入的数据为 UWS300 系列无线传感器和 Hydra Probe H 土壤三参数复合传感器获得的环境监测数据，植物光合速率利用 Li COR-6400 测得。另外，各生长期的形态指标数据由田间观测取得或通过田间档案记录获得。

（一）番茄病毒病模型参数化（见表 4-8）

表 4-8　番茄病毒病预测模块参数化一览表

内容	缩写	单位	公式（函数）
空气温度	Air Tem	℃	Look up 函数
空气相对湿度	Air Hum	%	Look up 函数
标准温度	Sta Tem		Air Tem/30
标准湿度	Sta Hum		Air Hum/100
累积标温	Sum Sta Tem		Level：INTEG（Sta Tem）

累积标湿	Sum Sta Hum		Level：INTEG（Sta Hum）
标准温湿积	Sta TH		Sta Hum Sta Tem
累积标准温湿积	Sum Sta TH		Level：INTEG（Sta TH）
显症发病率	DRate	%	（−1.598•Sta Hum−0.301•Sum Sta Hum−1.946•Sta Tem+0.742•Sum Sta Tem+1.33•Sta TH−0.54•Sum Sta TH+2.278）•100 R=0.985 R²=0.97
发病率	Sick Rate	%	IF THEN ELSE（Sum Sta TH ≥ 3，DRate，0）

（二）黄瓜细菌性角斑病模型参数化（见表 4-9）

表 4-9　黄瓜细菌性角斑病预测模型模块参数化一览表

内容	缩写	单位	公式
平均空气温度	A−Tem c	℃	（1，Value）
平均空气相对湿度	A−RH c	%	（1，Value）
苗期标准温度	Sta A−Tem	—	（A−Tem c）/20
苗期标准湿度	Sta A−RH	—	（A−RH c）/70
苗期标准温湿积	S−RT	—	（Sta A−Tem）（Sta A−RH）
苗期标准累积温湿	Sum RT	—	INTEG〔（Sta A−Tem）（Sta A−RH）〕
标准温度	Sta−Tem c	—	（A ～ Tem c）/24
标准湿度	Sta−RH c	—	（A−RH c）/80
标准温湿	Sta−RT c	—	（Sta−Temc）（Sta−RIIc）
标准累积温湿	Sum RTc	—	INTEG（（Sta A−Tem）（Sta A−RH））
开花期病情指数	Die	%	63.7（Sta−RTc）−0.589（A−Tem c）Tc
结果期病情指数	DI		Died−Pesiticide）
常数	Ic		41.604
防治效果	Pesticide		0.44

（三）豇豆立枯病模型参数化（见表 4-10）

表 4-10　豇豆立枯病预测模块参数化一览表

内容	缩写	单位	公式（函数）
周平均空气温度	Air Tem	℃	Look up 函数
周平均土壤温度	Soil Tem		Look up 函数
标准气温	Sta Air Tem		Air Tem/24
标准土温	Sta Soil Tem		Soil Tem/15
累积标准气温	Sum SA Tem		INTEG（Sta Air Tem）
累积标准土温	Sum SS Tem		INTEG（Sta Soil Tem）
植株死亡率	Dead Rate		−35.4+0.966Air Tem−11.037Sta Air Tem−1.023Sum SA Tem+11.158Soil Tem−137.775Sta Soil Tem+1.548Sum SS Tem Rz=0.995

第五节　有机蔬菜病害模型的检验与应用

一、病害预测模型误差分析

运用其他区域内温室大棚内病害发生情况数据对病害预测模型的误差检验。误差的（代）检验计算公式如下：

$$\mu_i = \left| (Y_i - A_i) / A_i \right|$$

式中 μ_i 是误差率，Y_i 是模拟仿真值，A_i 是真实值。系统动力学模型允许误差范围是 15%。本研究的各项误差检验结果显示，变量误差率保持在 ±15% 以下，符合 SD 模型的误差要求，说明本研究中的模型具有一定额度可行性。

番茄病毒病的发病率的模拟值与真实值间的误差值都在 15% 以下，最大误差值为 14.9%，最小误差仅有 0.17%，说明基于系统动力学的番茄病毒病预测模型具有较好的预测预警效果。黄瓜细菌性角斑病病情指数的预测结果的误差值也在误差允许范围之内，并且对于病害出现的潜伏时间有了较直观的显示。豇豆立枯病的平均误差最小，且对于幼苗期的预测结果更加准确。

二、病害预测模型结果应用

（一）番茄病毒病

1. 病害预测结果

该病适合的发病条件为高温（20～30℃）、干旱（RH% 为 50% 左右）。在生长周期过程中空气温度一直保持在 20C 以上，有两个较为明显高峰期（30℃左右），分别出现在 8 月中旬和 9 月中上旬，低谷在 8 月 25 日，温度条件有利于病害发生。相应地空气相对湿度在 8 月 25 日出现峰值，在 9 月中旬出现低谷。番茄病毒病的发病率在 8 月 20 日出现第一次峰值（39.02%），在 9 月初出现低谷。随后发病率逐渐升高，在 9 月 20 日出现第二次峰值（84.4%）。病害的发展趋势与温湿度变化趋势基本一致，空气温湿度是影响病害发生的主要因子，说明模型的预测结果符合实际规律。虽然随后发病率略有降低，但由于病害已经很严重，病原物较多，植株百分百发病。

2. 番茄病毒病发病率预警

根据试验及实际观测结果，番茄病毒病发病率的变化范围为 0～100%。所以设定预警阈值。

（二）黄瓜细菌性角斑病

表 4-11　番茄病毒病预警阈值表

状态	发病率 /（%）	措施	预警
良好	0～20	无须采取措施	无预警（或绿色）
轻度为害	20～40	应提高重视，及时采取相应防治措施	橙色预警
严重为害	40～100	必须采取相应防治措施	红色预警

1. 预测结果

根据预测数据，黄瓜细菌性角斑病在苗期和抽蔓期未见发生，在初花期开始出现病症，并随着时间变化，病情指数逐渐升高。自 3 月 30 号起，伴随着时间的推移，空气温度逐渐升高，波动不大，但空气相对湿度波动较大。在 6 月至 7 月上旬出现明显的降温增湿现象，原因是这段时间连续降雨较多致温度较低，空气湿度加大。随后随着温度的升高，空气湿度降低。黄瓜细菌性角斑病发展流行的适宜温度范围为 20～28℃，空气相对湿度超过 70% 时快速发展流行，此段时间温湿度达到病害的适宜条件，病害病症出现，病情指数呈现波动上升趋势。6 月 15 日之后空气温度维持在 20℃以上，空气湿度逐渐上升至 90% 左右，非常利于病情的发展，病情指数快速上升。在 7 月 15 日空气湿度迅速下降到 70% 以下，此时条件不利于病情的发展，病指出现下降，但随着空气湿度的增加，温度的保持，病指又快速上升到最大值（37.9%）。

2. 黄瓜细菌性角斑病病情指数预警

根据试验及实际观测结果，黄瓜细菌性角斑病病情指数的变化范围为 0～100%。所以设定预警阈值，如表 4-12 所示。

表 4-12　黄瓜细菌性角斑病预警阈值表

状态	病情指数 /（%）	措施	预警
良好	0～20	无须采取措施	无预警（或绿色）
轻度为害	20～50	应提高重视，及时采取相应防治措施	橙色预警
严重为害	50～100	必须采取相应防治措施	红色预警

（三）豇豆立枯病

1. 预测结果

立枯病是典型的土传真菌病害，主要危害作物幼苗，造成幼苗倒伏、枯死。病原物适温 17～28℃，在 12℃以下或 30℃以上受限制。在豇豆的生长周期中，空气温度较高，维持在 24℃以上，并缓慢上升，较高的空气温度使得土温得以保持。土壤温度一直维持在 15℃以上，并呈现缓慢上升的趋势，但是没超过 30℃，因此土温条件非常有利于病害的发生。死苗率在此温度条件下，一直呈现出稳定上升趋势。当植株成株后，对于立枯病的抵抗力较强，死苗率不再增加。

2. 豇豆立枯病死苗率预警

根据试验和实际观测结果，豇豆立枯病死苗率的变化范围为 0～50%。因此设定预警阈值，如表 4-13 所示。

表 4-13　豇豆立枯病预警阈值表

状态	死苗率 /（%）	措施	预警
良好	0～10	幼苗移栽 / 填补	无预警（或绿色）
轻度为害	10～20	应提高重视，及时采取相应防治措施	橙色预警
严重为害	20～50	必须采取相应防治措施	红色预警

第五章 智慧农业中的物联网技术

第一节 农业物联网技术基础

一、概述

　　继计算机、互联网后，物联网被称之为世界信息产业的第三次革命浪潮，正在深远地影响社会生产生活的各个方面。物联网是一个基于互联网、传统电信网和传感网等信息承载体，让所有物理对象能够通过信息传感设备与互联网连接起来，进行计算、处理和知识挖掘，实现智能化识别、控制、管理和决策的智能化网络。物联网本质上是通信网、互联网、传感技术和移动互联网等新一代信息技术的交叉融合与综合应用。近几年来，以物联网为代表的信息通信技术正加快转化为现实生产力，从浅层次的工具和产品深化为重塑生产组织方式的基础设施和关键要素，深刻改变着传统产业形态和人们的生活方式，催生了大量新技术、新产品、新模式，引发了全球数字经济浪潮。美国《福布斯》杂志评论未来的物联网市场前景将远远超过计算机、互联网及移动通信等市场。

物联网技术的创新促进了农业物联网的快速发展。农业物联网是物联网技术在农业领域的应用，是通过应用各类传感器设备与感知技术，采集农业生产、农产品流通以及农作物本体的相关信息，通过无线传感器网络、移动通信无线网和互联网进行信息传输，将获取的海量农业信息进行数据清洗、加工、融合、处理，最后通过智能化操作终端，实现农业产前、产中、产后的过程监控、科学决策和实时服务。农业物联网是新一代信息技术渗透进入农业领域的必然结果，将会对我国农业现代化产生重大而深远的影响。

二、理论基础

我国农业信息化和农业现代化建设进入新的发展阶段，在这一历史进程中，农业物联网是未来农业发展的新生动力，也是改变农业、农民、农村的新力量，在全新的农业技术变革中，必将发挥巨大作用。农业物联网在其发展过程中有着自己的属性、特征和规律，并逐步形成理论体系。

（一）"万物"互联是农业物联网的基本属性

物联网具有全面感知、可靠传输、智能处理的特征，可有效连接物理世界，建立人的脑力世界与物理世界的桥梁，使人类可以用更加精细和动态的方式管理生产和生活，提升人对物理世界实时控制和精确管理能力，从而实现资源优化配置和科学智能决策。物的属性决定了物联网的特性。农业物联网是联系自然界和人类社会的复杂网络，普遍存在小世界性、自适应性、健壮性、安全性、动态随机性、统计分布性和进化稳定性。

农业物联网实现万物互联通过多层架构来实现：信息感知层、网络传输层和智能应用层等。感知层是农业物联网的基础和关键，也是决定物联网"万物"互联高度的基石。农业物联网实现装备化、现代化必须要有农业领域专用传感技术和设备支撑。网络传输层是物联网整体信息运转的中间媒介，其主要作用是把感知层识别的数据接入互联网，供应用层服务使用。应用层对感知层获取的各种数据进行处理、存储、分析和计算，根据各个具体的领域，比如大田种植、设施园艺、畜牧养殖、水产养殖、农产品市场监测等，有针对性地实现智能控制和管理。

农业系统是一个包含自然、社会、经济和人类活动的复杂巨系统。农业部根据农业物联网的发展规律，总结出全要素、全过程和全系统的"三全"化发展理念。"全要素"是指包含农业生产资料、劳动力、农业技术和管理等全部要素，如水、种、肥、药、光、温、湿等环境与本体要素；劳动力、生产工具、能源动力、运输等要素；农业销售、农产品物流、成本控制等要素。"全过程"是指覆盖农业产前、产中、产后的全部过程，如农业生产、加工、仓储、物流、交易、消费产业链条的各环节及监管、政策制定与执行、治理与激励等多流程。"全系统"是指农业大系统正常运转所涉及的自然、社会、生产、人力资源等全部系统，比如生产、经营、管理、贸易等环节的系统。发展农业物联网，要充分体现"三全"的系统论观点，从全生育期、全产业链、全关联因素考虑。

感知控制的要素越多、系统性越强，物联网系统处理的信息就越全面，作用效果也就越精确、越有效。

（二）生命体数字化是农业物联网的鲜明特征

农业不同于工业，对象都是生命体，生产周期长、影响因素多、控制难度大、产品价值低，难以实现标准化和周年均衡供应，同时需求有刚性，产品种类多，地域特色明显。只有从农业对象的生命机理角度出发，花大力气去研究、模拟农业生命体诸因素之间的关系，解释其生长、发育和变化规律，并作出相应的决策、实施控制，才能实现物联网对传统农业的改造升级，才能极大地提升农业生产水平。

农业物联网的作用对象大多是生命体，需要感知和监测的生命体信息从作物生长信息如水分含量、苗情长势，到动物的生命信息如生理参数、营养状态等，这些信息都与周围环境相互作用，随时随地发生着改变。如果要将这些实时变化的数据记录下来，其数据量将是海量的。要掌握农业生命体生长、发育、活动的规律，并且在此基础上实现其各类环境的智能控制，必须在采集到的大量实时数据的基础上，构建复杂的数学模型或组织模型，进行动态分析与模拟，揭示生命体与周围环境因素之间的相互作用机理，并将之用于农业环境的控制和改善，提高农业生产效率。

因此，农业物联网面对的是纷繁复杂、变化万千的生命世界，它与作用对象所在的环境紧密关联，因而决定了农业物联网的大规模和复杂性。同时农业物联网应用体系的混杂性、环境变化的多样性以及控制任务的不确定性，也决定了农业物联网不能照抄照搬发展工业物联网的做法，而是要把握农业农村的实际与特点。

（三）发展农业物联网是实现农业现代化的必然选择

在农业现代化的进程当中，农业日益用现代工业、现代科学技术和现代经济管理方法武装起来，运用现代化发展理念，使农业的发展由落后的传统农业日益转化为具备当代世界先进生产力水平的生态农业。物联网和农业结合所形成的农业物联网将使低效率的传统生产模式转向以信息和软件为中心的智能化生产模式，将有力地推动农业生产力的发展。农业物联网技术的推广和普及，将加速传统农业的改造升级，同时为种植者带来巨大的经济效益。

农业物联网有利于提升农业生产工具的精细化、自动化，助推农业生产方式智能化。在传统农业中，获取农田信息的方式非常有限，农田作业主要以人力下田劳作为主。在现代农业中，借助具有感知和控制功能的物联网智能装备系统，农业物联网可以实现各种生产管理的精准化、智能化，可大大降低人力成本、提升生产效率。当前，自动插秧机、播种机、收割机、变量施肥机、激光平地机、喷药无人机、规模养殖场自动饲喂设备等已经得到了不同程度的应用，在促进我国农业转型升级过程中正在发挥重要作用。

农业物联网有利于大型农业机械装备发挥效能，促进农业生产管理规模化。传统农业生产是相互独立的、分散的、割裂的一家一户模式，小农经济的意识与行为占据主导地位。物联网以其特有的技术优势、经济特征及社会网络属性，引领传统农业在产业布局、措施管理等方面向规模化转变。以农业物联网技术为核心的农业信息技术的出现，为推动农业产业化进程提供了有力的技术支撑。我国的现代化农业之路，必须是标准化、机械化、专业化与规模化。

第二节　物联网技术应用于农业的工作实践

农业物联网正在掀起一场农业科技革命浪潮，新农民开始放弃传统耕作模式，用传感器和物联网系统与农作物进行"交流"，开启智慧农业新时代。近年来，我国高度重视农业物联网建设与应用，农业物联网实践应用已取得初步成效，特别是在大田种植、设施园艺、畜牧养殖、水产养殖等方面已经发挥重要作用。

一、农业物联网技术

农业物联网是农业生产力水平的重要标志，是促进农业发展与进步的重要工具，是推动农业生产经营现代化的重要手段。现代农业对高新技术的强烈需求，加速了农业物联网社会的到来。在现代农业的大田种植、设施园艺、畜牧养殖、水产养殖等各个领域，都离不开物联网技术。放眼未来，谁占据农业物联网的技术优势，谁就拥有了农业发展的主动权。从物联网技术构架体系划分，农业物联网技术包括信息感知技术、网络传输技术和信息处理技术等。

（一）农业信息感知技术

感知是指对客观事物的信息直接获取并进行认知和理解的过程，感知信息的获取需要技术的支撑，人们对于信息获取的需求促使其不断研发新的技术来获取感知信息。农业信息感知技术是农业物联网的基础和关键，也是发展农业物联网的技术瓶颈。从以往精准农业技术的研究和发展来看，农用传感技术是决定农业智能化的主要制约因素，现在这一状况得到了较大改善。

农业传感器主要包括射频识别标签与读写器、农业环境信息传感器和作物本体信息传感器。农业环境信息传感器包括光照、温度、水分、气体、雨量、土壤等传感器已经从实验室走向实际应用，在我国传统农业改造升级中发挥了重要作用。作物本体信息传感器包括叶片、病虫害、径流、茎秆、果实尺寸、糖分、光合、呼吸、蒸腾信息等传感器的研发和应用较多处于实验室研究阶段，离大规模应用于农业生产实践还有一定的距离。我国的农业传感器在近几年取得长足的进步，市场上已经形成大量自主研发生产的传感器产品，并且在实践中大规模应用。

1. 射频识别标签与读写器

射频识别标签即 RFID 标签，又称电子标签，可通过无线电讯号识别特定目标并读写相关数据，而无需识别系统与特定目标之间建立机械或光学接触。RFID 目前主要用于以下领域。

一是应用于农畜产品的安全生产监控，实现农产品全产业链追溯。近几年来，由于食品安全（疯牛病、口蹄疫、禽流感等畜禽疾病以及食物中毒、农产品严重残药等）事件时有发生，严重影响了人们的身体健康。为此，运用基于射频识别标签的物联网溯源系统成为提高食品安全管理水平的重要手段。锡林郭勒盟瀚海科技有限公司位于锡林浩特市，目前含有 5 个实验基地草场总面积约 3.5 万亩（1 亩 =666.7m^2），本地散养羊 3500 多只、牛 220 多头。公司牲畜产品全部采用基于物联网的追溯管理系统（二维码电子耳标）可以对牛羊等进行正向、逆向或不定向追踪的出生、成长、免疫、屠宰、销售等全过程追溯。利用 RFID 无线射频技术对牲畜进行身份登记，包括养殖场日常管理系统、屠宰管理系统，实现对牛羊出生、成长、免疫、屠宰等各阶段的信息数据实时录入，可实现生长阶段相片级别的信息录入，以方便日后详细追溯，通过二维码技术让顾客进行商品信息的追溯。

二是应用于动物识别与跟踪，实现农畜精细生产，科学管理。动物识别与跟踪一般利用特定的标签，以某种技术手段与拟识别的动物相对应，并能随时对动物的相关属性进行跟踪与管理。如若将识别的数据传输到动物管理信息系统，便可实现对动物的跟踪。上海生物电子标识有限公司采用 RFID 技术为奶牛建立个体身份证，养殖场给每头奶牛植入电子标签，该电子标签带有全球唯一的号码，定义为奶牛的电子身份证号。通过电子身份证号关联奶牛牛号，为奶牛建立个体档案。通过个体电子身份证管理，对奶牛配种、出生实行信息化管理，通过用树形方式直观地表达奶牛的系谱，为配种提供参考依据。此外，该公司还建立奶牛疫病网络监管系统，实施奶牛个体追踪，在动物疾病预防和控制中心、兽医诊断实验室、动物卫生监督所、牛场之间建立可靠联系，实时掌握区域内牛只异动情况，为及时有效解决疫病防疫监控过程的安全性问题提供了信息化支撑。

2. 农业环境信息传感器

农业环境信息传感器是用于感知作物生长的空间气象条件和土壤环境条件等信息的设备，是实现农业环境变量信息多方位、网络化远程监测的重要技术手段。近年来，农业环境信息无线传感器及系统得到了快速发展，已经用于大田监测、农业灌溉、农机耕作、水肥一体化管理等各个方面。目前已经成熟应用的环境信息传感器有：空气温湿度传感器、光照传感器、二氧化碳传感器、氧气传感器、风速风向传感器、雨量传感器、土壤温湿度传感器、土壤 pH 传感器、土壤肥力传感器等。

我国相关企业已经研制出大量不同类型的农业环境信息传感器装备，并且在生产实践中发挥重要作用。旗硕科技研发的智能气象传感器可对作物的 7 个关键气象因子，包括：温度空气湿度、土壤本分、太阳辐射、雨量、风速、风向进行在线监测。内置

GPRS 通信功能和定位功能，可将气象站数据及位置信息远程接入专用云服务平台，方便客户随时随地查看基地的种植情况，适用于大范围、大面积的种植地块管理，配合监控平台的地图浏览功能，可大大提高种植管理的直观性。平台采用云服务模式，借助手机 App 或者访问网页即可查看基地的种植情况，并且可接收病虫害及气象灾害预警信息，还可获得强大的数据分析功能。

3. 作物本体信息传感器

作物本体信息快速获取技术是目前农业信息传感技术中难度较大的一环。作物本体信息传感器主要用于感知作物生长过程中营养养分信息、生理生态信息、作物病虫害生物胁迫及农药等非生物胁迫信息等。

在植物养分信息检测方面，检测手段有化学诊断、叶绿素诊断和光谱诊断等。氮素是影响作物生长与产量的主要因素之一。因为叶片含氮量和叶绿素含量之间的变化趋势相似，所以目前通用做法是通过测定叶绿素含量来监测植株氮素营养。

在植物生理信息检测方面，主要技术为光谱技术，包括多光谱成像和高光谱成像技术等。比如，应用近红外光谱技术结合连续投影算法，可检测植物生理信息中氨基酸类物质，实现作物在正常生长和除草剂胁迫下叶片氨基酸总量的快速无损检测。

在植物病虫害及农药等胁迫信息检测方面，主要采用图像处理技术、光谱分析技术，以及多光谱和高光谱成像技术等进行作物病害快速检测。当作物受到病害侵染后，外观形态和生理效应均会发生一定的变化，与健康作物相比，某些光谱特征波段值会发生不同程度的变异。

目前在植物本体信息感知方面，高精度传感器的稀缺是制约植物信息感知的最主要因素。研制新型高精度植物信息传感器是目前农业物联网技术发展急需解决的问题。

（二）网络传输技术

网络传输层是物联网整体信息运转的中间媒介，其主要作用是把感知层识别的数据接入互联网，供应用层服务使用。互联网以及下一代互联网（包含 IPv6 等技术）是物联网传输层的核心技术，处在边缘的各种无线网络包括 GPRS/3G/4G、ZigBee、蓝牙、WiMAX、Wi-Fi 等，则提供随时随地的网络接入服务。

无线传感网络是当前国内外备受关注的新兴领域研究热点，具有多学科交叉特点，包含传感器技术、嵌入式计算技术、无线通信技术、信息处理技术等多种技术，能够对各类多种传感器节点协作完成信息感知与采集，传送到用户终端。

1. ZigBee 无线传输技术

基于 ZigBee 的无线传输技术能够适应物联网传感节点的低速率、低通信半径和低功耗等特征，既保证了远程数据采集的便捷性，也保证了数据汇聚的时效性，为农业领域的数据传输提供了较好的技术支撑。

Zigbee 技术在短距离、低速率传输方式的农业物联网无线传感器的网络信息采集方面得到了应用，在大田生产管理、设施农业、规模化养殖等领域广泛应用。

2. Wi-Fi 传输技术

Wi-Fi 网络系统充分利用现有普及的 Wi-Fi 网络资源，有效地提高了无线网络的通信距离和覆盖面积，具有成本低、普及性好、兼容性强、传输带宽宽、传输速度快、标准化等优点，使得 Wi-Fi 物联网在国内外被广泛应用在智能工业、智能家居、精细农业等领域。

3. GPRS/3G/4G 通信技术

GPRS 技术是通用分组无线服务技术的简称，属于第二代移动通信中的数据传输技术。GPRS 广泛应用在手持式仪器设备、农业物联网等领域，无距离限制，但需要通信费用。农业物联网基于 GPRS 无线传输的一个典型应用是农田信息的数据采集系统，系统由 GPRS 网络和集成检测电路构成，通过传感器和 GPRS 通信模块实现数据采集和传输，满足了作物信息实时获取的要求。

4. 蓝牙技术

蓝牙技术是一种短距离无线通信技术，带蓝牙功能的设备之间可以通过蓝牙而连接起来，传输速度可以达到 1 MB/s，而且不容易受到外界干扰源的影响，使用的频谱在各国都不受限制。因此，蓝牙在农业物联网系统中的应用潜力较大。

上述多种作为物联网常用的通信方式各有特点，在不同的应用场景下可以发挥各自优势，扬长避短，也可以将这些多种通信方式进行组合，达到高效、远程传输的目的。

农业物联网的运行处于复杂物理环境中，农业物联网传输层有着不同于一般工业物联网的特殊要求。以农作物生长环境为例，首先，作物生长处于高温、低寒、高湿、干旱、日晒、雨淋等不间断变化的环境中，要求无线传输网络及节点设备具备承受农业复杂自然环境的能力。其次，由于农作物的生长过程不断变化导致植被容易对网络产生阻隔或遮挡，对网络传输形成严重影响。并且，农田生产实际决定节点与节点直接距离较远，要求无线网络具备远距离传输信息的能力。最后，农田环境一般为太阳能供电，要求无线网络传输功耗较低，在有限的供电情况下实现正常工作。所以，针对农业生产实际环境特殊性，解决以上问题将是农业物联网传输层的重要研究方向。

（三）信息处理应用技术

农业物联网信息处理是将模式识别、复杂计算、智能处理等技术应用到农业物联网中，以此实现对各类农业信息的预测预警、智能控制和智能决策等。处理层实现信息技术与行业的深度结合，完成信息的汇总、统计、共享、决策等。应用层的应用服务系统主要包括各类具体的农业生产过程系统，比如大田种植系统、设施园艺系统、水产养殖系统、畜禽养殖系统、农产品物流系统等。

1. 智能控制技术

是通过实时监测农业对象个体信息、环境信息等，根据控制模型与策略，采用智能控制方法和手段，对相关农业设施进行控制。目前，国内外对农业信息智能控制研究较多，如温室温度和湿度智能控制、二氧化碳浓度控制、光源和强度控制、水质控制、农业滴灌控制和动物生长环境智能控制等方面。

2. 预测预警技术

是以所获得的各类农业信息为依据，以数学模型为手段，对所研究的农业对象将来的发展进行推测和估计。预警是在预测的基础上，结合实际，给出判断说明，预报不正确的状态及对农业对象造成的危害，最大程度避免或减少遭受的损失。目前我国研发了大量的农业预测预警模型，开发了大量的系统软件，并且进行了应用。

3. 智能决策技术

是预先把专家的知识和经验整理成计算机表示的知识，组成知识库，通过推理机来模拟专家的推理思维，为农业生产提供智能化的决策支持。目前，国内外对农业智能决策的研究主要表现在精准施肥、合理灌溉、病虫害防治、变量作业、产量预测预警、农产品市场预警等方面。

随着计算机技术、网络技术、微电子技术等持续快速发展，为农业物联网的发展奠定了基础。在此基础之上，农业物联网在信息感知方面将更加智能，在信息传输方面将更加互通互连，在信息处理方面将更加快速可靠，在信息服务方面将更加精准智慧。

随着物联网技术的不断发展，农业物联网正在改变农业生产方式，农业领域正在经历广泛深刻的变革。我国农业物联网实践应用已经取得初步成效，特别是在大田"四情"监测、设施园艺、农产品质量追溯、畜牧养殖、水产养殖和农产品电子商务等方面形成了一批"节水、节肥、节药、节劳力"的农业物联网应用模式，对促进农民增收、农业增效、农村发展发挥了先导示范作用。

我国农业物联网在理论创新、技术创新、产品开发、推广应用等方面取得了一系列成果。国家物联网应用示范工程在农业领域深入实施，先后推动了北京、黑龙江、江苏、内蒙古、新疆5省（自治区、直辖市）国家物联网应用示范工程项目建设。农业物联网区域试验工程扎实推进，天津、上海、安徽3省（直辖市）农业物联网区域试验工程取得重要成果。在农业物联网应用示范工程项目的带动下，许多科研教学单位和相关企业积极投身农业物联网的技术研发和应用示范，研制了一批硬件产品、熟化了一批软件系统，催生了一批产业应用模式，培育了一批市场化解决方案。

二、大田种植实践

目前我国已经发展了多项大田种植类农业物联网应用模式，包括水稻、小麦、玉米、棉花、果树等作物种类，研发形成的一系列应用技术包括农田信息快速获取技术、田间变量施肥技术、精准灌溉技术、精准管理远程诊断技术、作物生长监控与产量预测技术、智能装备技术等，形成的应用模式包括智能灌溉、土壤墒情监测、病虫害防控等单领域物联网系统，也包括涵盖育苗、种植、采收、仓储等全过程的复合物联网系统。通过应用这些物联网模式，对气象、水肥、土壤、作物长势等信息自动监测、分析、预警，实现智能育秧、精量施肥、精准灌溉、精量喷药、病虫害精准防治等精准作业，从而有效降低成本，大幅提高收益。

哈密市国家农业科技园区通过应用灌溉物联网系统，实现了自动化精量节水灌溉。该园区对 10 000 亩大枣和棉花种植基地的灌溉实行有效管控、统一调度、合理分配，全部实现了自动采集田间墒情信息和有关生长要素信息，按作物生长需要"少量多次"自动化精量灌溉，平均每亩节约用水 $60m^3$、节省人力 75 工时，同时自动记录、统计、分析灌溉、施肥、生产等数据，为精细农业与安全追溯提供了数据支持，有效提高了水肥利用效率和作物产量及品质。

浙江托普云农科技股份有限公司通过应用土壤墒情监测系统，实现了对青海省各区域土壤墒情、灾情的监测预警。该公司依托青海省农技推广总站下辖 50 余站点，采用土壤墒情传感器，融合无线传输、智能控制及墒情监控与预警信息平台，实现无人值守的无线站点自动监测采集，并统一传输到省级平台进行储存、计算、汇总，对灾情及时预警、评估、快速提出救灾对策。

河南省佳多农林科技有限公司通过应用农林病虫害自动测控物联网系统，实现了病虫害自动测控。该系统集成了虫情信息自动采集、孢子信息自动捕捉培养、小气候信息采集、生态远程实时监测，实现了频振诱控、天敌防控、微生物喷雾、农业环境因子自动控制，最大程度地发挥了天敌资源和环境资源优势，达到了病虫害测控的低碳化、智能化、集约化。

三、设施园艺实践

设施园艺是一种集约化程度较高的现代农业，由环境设施和技术设施相配套，具有高投入、高技术含量、高品质、高产量、高效益等特点，是高活力的农业新产业。随着物联网在设施园艺中的温室环境监控、作物生理监测、水肥一体化管理、病虫害精确防治、自动控温、自动卷帘、自动通风、工厂化生产等方面的技术水平不断提升，设施园艺类农业物联网应用和推广效益明显。

（一）温室环境智能监控

设施农业的核心特征是对设施内环境能够有效调控，营造适于生物生长发育及农产品储藏保鲜的最佳环境条件，农业物联网在此方面大有可为。农业物联网与设施农业的有机整合，使得设施环境监控系统朝着自动化、网络化和智能化方向发展，推动设施管理水平不断提高。

湖北炎帝农业科技股份有限公司通过应用食用菌工厂化生产环境智能监控系统，实现了食用菌生产环境的智能监测和控制。该系统可实时采集每间菇房的温度、湿度、培养料 pH、氧气浓度、二氧化碳浓度、光照强度以及外围设备的工作状态等参数，并通过 WSN 和 GPRS 网络传输到用户手机或者监控中心的电脑上，结合专家管理系统，根据食用菌的生长规律自动控制风机、加湿器、照明等环境调节设备，保证最佳的生产环境。该公司的对照试验表明：基于物联网技术的智能控制系统性能可靠，实施物联网技术后与之前相比可减少生产人员劳动强度50%，降低食用菌杂菌感染率5%，提高产量10%，产品的质量也符合有机食品标准。

中国农业科学院农业环境与可持续发展研究所研发的"植物工厂智能控制系统"可同时对温度、湿度、光照、二氧化碳浓度以及营养液等环境要素进行全程监控，并通过网络传输系统，实现了任何地点利用手机、笔记本电脑、PDA等终端了解蔬菜长势，在线管理，远程监控。植物工厂通过多个相互关联子系统的精准调控，可以全天候实现环境数据采集与自动控制、营养液自动循环与控制以及计算机管理等生产过程的智能化操作。蔬菜工厂采用五层栽培床立体种植，栽培方式选用DFT（深液流）水耕栽培模式。由于良好的环境与营养保障，所栽培的叶用莴苣从定植到采收仅仅用16 ~ 18天，比常规栽培周期缩短40%，单位面积产量为露地栽培的25倍以上。

（二）水肥一体化管理

水肥精准控制在设施农业中的应用成效显著。通过精准灌溉监测系统、变量施肥系统、精准施药系统，对土壤、环境、作物进行实时监测，定期获取农作物实时信息，并通过对农业生产过程的动态模拟和对生长环境因子的科学调控，实现水肥药的精确施用，达到节水、节肥、节药，显著降低生产成本、改善生态环境，提高农产品产量和品质的效果。

联想佳沃有限公司通过应用蓝莓物联网生产管控系统，实现了节本增效。技术员不需到现场，只要在控制室打开电脑，登录平台，即可以查看田间土壤水分、pH等参数。

四、畜禽养殖实践

畜牧业是我国农业的支柱产业之一。在畜禽养殖领域，随着畜禽养殖业的不断发展，传统养殖观念与养殖技术已经难以适应畜禽养殖业的发展要求。畜禽养殖模式落后、畜牧业信息化程度不高等问题依然存在，已成为我国畜牧业发展的障碍。物联网在RFID精准识别、畜禽舍环境监控、体征监测、科学繁育、精准饲喂、疫病预警、智能除粪等方面有良好应用。畜禽养殖物联网不仅实现了养殖业主对生产管理状态进行网络远程了解、下达生产指令等，政府监管部门也可以在网上实时监管查询养殖场疫病预防、出栏补栏、检疫报检、屠宰流通等环节的情况，实现全程无缝监控和数据监测。

（一）畜禽环境监控和自动饲喂

畜禽环境监控系统主要由上位机管理系统、现场传感器、数据采集系统、自动化控制系统等部分组成，可实现动物养殖场的综合监控，包括室内外的温度、湿度、气体、通风、光照强度、压力等信息，并对温度、湿度、有害气体浓度、光照度进行自动控制，为动物提供舒适的环境，提高养殖行业的经济效益。

广东温氏食品集团股份有限公司应用生猪标准化养殖物联网应用模式，通过网络远程控制养殖栏舍的温度和通风系统，精确调控自动喂料系统按照生产规程投放饲料，实现了对整个养殖生产过程的统一监控，从而提升了畜牧养殖行业精细化、自动化、智能化管理水平，对促进国内畜牧养殖业的产业升级转型具有重大意义。

（二）畜禽体征监测，进行科学管理

畜禽体征信息主要包括发情信息、分娩信息、行为信息、体重信息与健康信息。准确高效地监测动物个体信息有利于分析动物的生理、健康和福利状况，是实现自动化健康养殖的基础。传统畜禽养殖主要依靠人工观测的方式监测动物个体信息，耗时费力且主观性强。畜禽物联网在发情监测、分娩监测、行为监测、体重监测和健康监测等方面发挥着重要作用。保定市春利农牧业奶牛场应用物联网养殖技术，在现存栏800 余头奶牛的养殖场先后采用了奶牛发情监测系统、奶牛生产性能测定与现代化牧场管理信息系统（软件）等技术，取得了良好的效果。奶牛发情监测系统引进以色列的 SCR 公司产品，主要由颈圈、牛号阅读器和控制终端等部分组成。颈圈包括加速传感器、微处理器和存储器，可以记录奶牛活动的各种指数（如行走、奔跑、卧倒、站立、反刍等），通过大量奶牛行为数据可以监测到奶牛发情、生病等情况，为确定最佳授精时间提供参数。通过物联网技术的优化管理，养殖场降低了生产成本，提高了产奶量和鲜奶质量。

（三）全产业链监控，提升品质保障

利用物联网 RFID 溯源技术对生物饲料、生猪养殖、屠宰细分、肉品销售等全产业链各个环节进行监控，实现从源头到餐桌的全程质量控制体系。

武汉膳必鲜生态畜牧产品有限公司致力于安全猪肉产品生产，主要从事食品加工副产物——糟粕的发酵和生物饲料的加工，主导生猪的生态养殖、屠宰冷链、物流配送等全产业链相关标准把控。公司应用畜牧全产业链物联网应用模式，建设了供应链追溯平台：以 RFID 为信息载体，包括猪场视频监控系统、生猪屠宰加工管理系统、生猪识别系统（耳钉、二维码），从源头上解决了肉类食品安全问题，猪肉产品具有了身份标识，其生产、管理、交换、加工、流通和销售等各环节的产品信息实现无缝对接，实现肉品"繁殖—饲养—屠宰—加工—冷冻—配送—零售—餐桌"全流程各个环节可追溯。

（四）打通养殖各环节，形成养殖生态圈

养殖业产业链较长，信息不对称，产业大而交易地域广，市场波动大，互联网解决这些问题大有可为。养殖生态圈是养殖产业发展大势，互联网加快了生态圈的形成。

大北农北京农信互联科技有限公司不断探索、创新农牧行业的格局，连续开发大北农猪管网（1.0 版）和猪联网（2.0 版），实现了帮助养殖户管理猪场的功能，打通了猪场、金融机构、屠宰场、中间商、厂商五个部分，形成闭环，并将目标定为齐聚1 亿头生猪、20 万养殖户、1000 家养猪服务商、5000 家屠宰企业。猪联网作为农信互联推出的智慧养猪战略核心平台，开启了"互联网＋"时代的养猪新模式，养猪人的快乐生态圈正在快速形成。生猪养殖基地应用物联网技术后，经济效益显著提升，劳

动力减少 2/3，人均饲养量提升 3 倍，批次成活率提升了 1.2%，通过物联网技术实现了精细化管理，产品质量提升，价格增加。

五、水产养殖实践

我国是水产养殖大国，水产养殖业在改善民生、增加农民收入方面发挥了重要作用。水产养殖物联网技术目前已经延伸到水产养殖行业各个环节。水产养殖物联网主要应用在水质智能化监测及管理、苗种培育、远程自动投喂以及病疫预警健康管理等方面，对水产养殖业健康、有效和可持续发展起到了重要作用。目前，天津、江苏宜兴等沿海地区建立了水产物联网示范区，通过水产物联网的应用，实现了对水产品养殖的全过程监控与智能化管理，社会经济效益明显。

（一）水质智能化监测及管理

在传统养殖方式中，养殖户要获得精确的养殖场相关信息，必须亲自到池边观察、采集水样，并进行一项项的检测分析，据此采取相应措施。此外，由于在水产养殖过程中缺乏对水质环境的有效监控，导致不合理投喂和用药极大地恶化了水质环境，影响了水产品质量，加剧水产病害的发生。通过应用农业物联网技术，养殖户通过互联网、手机终端登录水产物联网平台，就可以随时随地了解养殖塘内的溶氧量、温度、水质等指标参数。一旦发现某区域溶氧指标预警，只需点击"开启增氧器"，就可实现远程操控。

（二）远程精准投喂

通过水产物联网技术，养殖户用手机登录中心平台，点击发送指令即可操控自动投喂机按预先设定的间隔时长、投喂量为塘区的水产动物投喂饲料。指令发送后，不在现场的养殖户还可以通过网络视频监控系统实时监测塘区水面状况，避免误操作引发的损失。

（三）病疫预警健康管理

监控中心管理人员可根据塘区的历史数据积累，判断可能发生的天气变化，通过平台向养殖户发送天气预警、水产物疾病预警等信息，提醒养殖户采取增氧、移植水草、清塘消毒等相应的防范措施，有效增加了鱼苗成活率。

上海奉贤区水产养殖专业合作社将物联网技术和传统农业信息服务渠道对接，打造了一个水产养殖类科技入户服务系统，开发了水产物联网智能信息服务平台，结合农户的生产电子档案和物联网感知数据，实现农技服务部门对农民生产的主动式生产指导。合作社通过应用水产物联网系统实现对水产养殖环节的酸碱度（pH）、水温、浊度、溶解氧、氨氮、光照、盐度、水位等参数进行实时监测和数据传输。

第三节　物联网技术应用于农业的成效

物联网是"互联网＋"现代农业的重要组成部分，是新一代信息技术的高度集成和综合运用，渗透性强、带动作用大、综合效益好，在农业领域具有广阔的应用前景。发展农业物联网，有利于促进农业生产向精细化、网络化、智能化方向转变，对于提高农业生产经营的信息化水平，提升农业管理和公共服务能力，带动农业科技创新和推广应用，推动农业"调结构、转方式"具有重要意义。

农业物联网围绕农业生产全过程的一体化监测和管控，采用先进的传感器感知技术、通信传输技术、云计算以及自动化控制技术，建立监测预警系统、网络传输系统、智能控制系统和综合管理软件，实现环境检测、育秧、种植、灌溉、土肥、机械调度、仓储、物流等生产活动全过程的统一物联网应用平台，形成适用于混合农业、生态农业、循环农业、立体农业等多种经营模式的综合性农业物联网应用体系，强化了农业生产经营的统一管理能力，提升了农业物联网应用的综合水平，增加了农业生产经营的综合效益。综合起来，农业物联网在精准监测、智能控制和节本增效方面具有巨大潜力。

一、精准监测

（一）环境信息精准监测

通过农业物联网系统，可实现农业现场各种气象与环境数据、图像视频的实时采集与远程传输，用户可以进行远程监控和管理，有效提高农业环境监测水平，提高农业环境监测数据的时效性，便于生产者即时掌握农作物、园艺作物、蔬菜、果树生长动态与灾害情况，并进行快速诊断和预警。

在北京首届农业嘉年华展会精准农业展厅里，可以通过监控屏幕实时看到国家小汤山农业示范基地、北京金六环温室、北京大兴采育温室、山西长治温室、河南三门峡温室这五个不同类型的精准基地的实况视频。远程监控系统通过传感设备，能够实时采集和调取各个温室（大棚）的空气湿度、温度、二氧化碳、光照、土壤水分等环境信息。农户不仅可以通过手机或电脑登录系统，控制温室内的水阀、排风机、卷帘机的开关，也可预先设定好控制程序，系统会根据内外情况变化，自动开启或关闭大棚机电设备，从而实现农业生产管理的现代化、智能化与高效化。

（二）作物长势长相精准监测

农业物联网在长势长相监测方面广泛应用，并且发挥了重要作用。通过农业环境远程监控系统、图像视频系统及升降式摄像系统，对作物生长相关的数据（包括基本气象要素数据、图像数据、人工测量的作物生理数据等等）进行采集、发送、存储管理，并建设基于 WEB 的物联网数据中心管理系统平台、智能终端服务系统等，方便用户对数据的访问、查看、分析，从而指导农业生产。

中国农科院环境与可持续发展研究所开展了作物与灾害监控物联网试验基地、示范基地等辅助监测点的建设工作，通过监测点的示范推广作用。5 年来，累积在河南省示范推广辐射面积达 2300 万亩以上，获得总经济效益 7.4 亿元人民币，农业生产节约成本 2%～5%，节约人力 5%，增产 2%，减少损失 3%。项目已成为所在区域作物生长监测管理与生产服务的重要信息来源之一，为保障我国粮食安全提供了有力的技术支撑。

（三）全产业链周期监测溯源

物联网技术在农产品全产业链周期监测溯源方面，也发挥着重要作用。运用农产品质量溯源系统，实现了对农业生产、流通过程的信息管理和农产品质量的追溯管理、农产品生产档案（产地环境、生产流程、质量检测）管理、条形码标签设计和打印、基于网站和手机短信平台的质量安全溯源等功能，可有效实现农产品质量监管，让农产品市场生态透明化、健康化。

如今，物联网在农产品种植、采收、加工到配送全产业链中都已有了应用。只需用手机扫描蔬菜的二维码，即可对其产地、生产者、生产投入的使用情况、检测情况进行溯源。同时，农产品生长环境的湿度与温度、施肥与病虫害预警信息、采摘及运输信息等也都能通过二维码了解得一清二楚。此外，RFID 和二维码技术通过对农产品生产、流通、销售过程的全程信息监测，可实现农产品生产、流通、消费整个流程的跟踪与溯源，为农产品的质量安全保驾护航。

（四）病虫害信息自动化监测

病虫害监测物联网包括虫情信息自动采集、孢子信息自动捕捉培养、小气候信息采集、生态远程实时监测等，掌握农业生产生物、环境因子信息，实现病虫害测控的低碳化、智能化、集约化，最大程度发挥环境资源优势。

二、智能控制

（一）温室环境智能控制

农业物联网自动控制系统，可以在无人直接参与的情况下使生产过程按特定规律或预定程序进行运作。物联网智能控制功能主要由控制柜、电磁阀、农业设施电机、控制线及灌溉管网联合操作实现。通过生产区域信息采集及生产需要，可将灌溉、生产、施肥、通风、控温控湿等设备的功能集成到物联网系统中，实现大田及温室内相应设备的智能控制。在农业物联网系统中，自动控制模块最终简化了劳动程序，节省了人力成本，并严格按照生产需求进行环境调控，实现生产的智能化、精准化与规模化。

（二）水肥措施精准控制

作物生长最佳的灌溉方式为"少量多次"灌溉，然而由于人工操作田间大量的阀门很难做到高频次的精准灌溉，普通的自动化灌溉系统成本高、维护难度大、不适合在野外大规模推广应用。在水肥管理物联网系统中，各个水肥传感器节点按设定时长采集数据，并通过一种低功耗自组网的短程无线通信技术实现传感器数据的传输，所有数据汇集到中心节点，通过一个无线网关与互联网相连，利用手机或者远程计算机可以实时掌握生产区域的水肥信息，专家系统根据环境参数诊断农作物的生长状况。经过汇总、分析后，在参数超标后，智能控制器会根据以上各类信息的反馈对生产区域进行自动灌溉、自动降温、自动进行液体肥料施肥等操作。

哈密市国家农业科技园区良种繁育场，位于新疆维吾尔自治区哈密市，种植规模 10 000 亩，主要种植哈密优质大枣和棉花，全部实现了滴灌的节水方式。良种场于 2013 年开始实施基于 ZigBee 物联网技术的智能化灌溉系统，实现了灌溉控制的自动化和部分智能化。科技园区农场所建设的物联网智能化灌溉系统由管理中心、首部控制级和田间控制级三级构成，每一级之间的设备由 ZigBee 无线自组织网络连接，进行数据交换。系统自动采集田间墒情信息和有关生长要素信息（气温、光照、降雨、湿度等），并根据田间数据生成灌溉建议，中心管理人员根据建议来决策；田间物联网控制设备根据指令控制电磁阀门和水泵进行自动化轮灌。每亩地平均节省人力 75 工时。并且，进行自动化灌溉可按作物生长需要多次灌溉，平均提高产量 10% 以上。

（三）农业机械作业综合管理

面向农机管理机构、农机服务组织和农民的实际需求，农机作业综合管理物联网集成应用地理信息系统（GIS）、遥感（RS）、移动互联网、传感器等技术，进行农机作业一体化服务和远程化管理，实现对农民、农机服务组织、农机管理机构的农机作业订单管理、农机作业任务调度、作业监管、作业分析、应急管理等全流程管理。

21 世纪空间技术应用股份有限公司在北斗（BDS）定位的基础之上，开发了"基于'3S'的北京市农机作业供需服务及管理平台"，农机平台于 2014 年在北京农业机械试验鉴定站投入应用。提供农机作业订单管理、农机作业任务调度、作业监管、作业分析、应急管理等全流程管理服务。农机平台投入使用后，小麦收获机与玉米收获机作业效率提高 10%。小麦收获机多作业 4.5 万亩/年，带来作业增收 108 万元/年。玉米收获机多作业 14 万亩/年，带来作业增收 392 万元/年。小麦、玉米两项收获作业可实现增收 500 万元/年。

三、节本增效

（一）减少劳动力投入

传统农业需要人工统筹洒水、上肥、打药，农民全凭经历、并靠感受。应用物联网之后，翻土、耕种、上肥、灌溉、杀虫、收割等一系列农场活动，全由机器自动化代替，大大减少劳动力投入。这些围绕农业种植养殖和生产加工过程的物联网技术应用，实现了智能监测、智能控制和智能决策，提升了农业生产经营效率。

（二）减少物化资源投入

农业物联网由于实施精细化、自动化、规模化管理，可以有效节省农业生产物化资源的投入。

湖南省岳阳市屈原管理区惠众粮油专业合作社主要经营稻谷与蔬菜的种植、加工和销售，含有水稻种植面积 2.3 万亩。合作社建设精准化粮食农业生产物联网信息监管服务平台，开展粮食生产全流程精益化管理和精细化生产的应用。在大田种植环节，由于对粮食大田实现了气象、水位和土壤墒情等的自动监测、自动预警和远程监视，以及农药喷洒的标准化管理，不仅提高了粮食作物栽培管理的自动化程度，还减少了水、肥、药等生产资料和生产能源的浪费，提高了粮食生产的环境友好和粮食安全程度。在大田种植期间，单季粮食生产累计可减少农药用量 100t（兑水稀释后用量），减少化肥用量 40t 以上，节约灌溉用电 1.5 万度左右。

（三）提高农业生产率

农业物联网能够极大地提高农业生产效率，促进生产的农产品产值的增长，同时能提升农产品品质，创造新的收入来源，使农民获得更高的利润。

吉林省吉林市东福米业有限责任公司是吉林市一家大型农产品生产企业。公司流转了 3000 hm^2 的水稻种植基地。公司建设应用的水稻产业物联网技术服务系统利用物联网传感技术、网络传输技术，对水稻从育苗到田间种植、生长等进行全过程视频监控、数据采集和分析预警；利用智能控制技术，对相关生产管理设施设备进行自动化管控，促进实现水稻生产节本降耗、增产增效。通过建立完善的溯源系统，东福大米可以有效地提升产品附加值，提高产品销售价格，按年产 1.2t 精品大米，平均每千克增值 10元计算，每年可以增加收入 1.2 亿元。

江苏省泗洪县现代渔业产业园区集团核心养殖基地占地面积 1.75 万亩，养殖面积 1.35 万亩，养殖品种以河蟹为主。集团自 2013 年相继完成了养殖基地的水质在线监测和安全监控安装，河蟹出口基地加工车间、冷库、苗种繁育中心、综合服务中心等基地配套设施建设。2014 年基地引入并完善了水产品质量安全可追溯体系建设，同时进行电子商务产品销售。水质在线监控及可追溯体系保证了养殖产品的质量，提高了养殖产量，保证了电子商务中心出售产品的质量，在线监控可实时反馈养殖基地动态，维持基地治安稳定，保证养殖户利益。两大系统，一个体系及一个中心之间互为关联并优势互补，通过以上物联网的应用，减轻了约 20% 的劳动力，养殖产品产量及养殖户效益也相应提高了 10% ～ 20%，亩均增产 10 kg，增收 600 元。产品合格率 100%，在产品质量优势的保证下，相同产品较同行业价格也可高出 5% ～ 10%。

第四节 物联网技术下的智能温室大棚
（含喷滴管系统）

智能温室大棚系统利用物联网技术，可以实时远程获取温室大棚内部的空气温湿度、土壤水分温度、二氧化碳浓度、光照强度及视频图像，通过模型分析，远程或自动控制湿帘风机、喷淋滴灌、内外遮阳、顶窗侧窗、加温补光等设备，保证温室大棚内环境最适宜作物生长，为作物高产、优质、高效、生态、安全创造条件。该系统还可以通过手机、PDA、计算机等信息终端向农户推送实时监测信息、预警信息、农技知识等，实现温室大棚集约化、网络化远程管理。

近年来，农业温室大棚种植为提高人们的生活水平带来极大的便利，得到了迅速的推广和应用。种植环境中的温度、湿度、光照度、土壤湿度、CO_2 浓度等环境因子对作物的生产有很大的影响。传统的人工控制方式还难以达到科学合理种植的要求，目前国内可以实现上述环境因子自动监控的系统还不多见，而引进国外具有多功能的大型连栋温室控制系统价格昂贵，不适合国情。

针对目前温室大棚发展的趋势，提出了一种大棚远程监控系统的设计。根据大棚监控的特殊性，需要传输大棚现场参数给管理者，并把管理者的命令下发到现场执行设备，同时又要使上级部门可随时通过互联网或者手机信息了解区域大棚的实时状况。基于 490MHz、GPRS 的智能温室大棚系统使这些成为可能。

智能温室大棚系统俗称智能温室，这种温室大棚造价较高，结构先进且复杂，具备很好的农业工厂化和流水线作业设计基础，适合休闲农业、无土栽培、花卉栽培、蔬菜大棚等使用。

一、智能温室大棚系统

"智能温室大棚系统"，是对荷兰文洛式温室及其他增加智能控制系统温室大棚的一种泛称（并非专业名称）。一般指智能温室其主体结构以为荷兰文洛式温室（双坡面、人字脊）为主，覆盖玻璃或者 PC 板保温，配备丰富的比如遮阳系统、降温系统、强制通风系统、自然通风系统、加温系统、补光系统、智控系统、喷灌系统、苗床系统等各种先进设施设备，极大提高了生产管理效率，尤其是物联网智能控制系统的加入，使得智能温室管理效率，降低了温室大棚管理的技术难度和门槛。

需要指出的是，一个"智能温室"如若没有增加物联网智能控制系统，严格来讲其只是一种具备"智能温室"结构的普通温室。

二、智能温室大棚系统适用范围

①农业、园艺、畜牧业等领域。

②食品、电子生产车间、药房、冰箱、冷库、库房、机房、实验室、工业暖通、图书馆、档案室、博物馆、孵房、温室大棚、烟草、粮库、医院等需要环境监测领域。

三、智能温室大棚系统组成要素

智能温室大棚系统与控制系统集传感器、自动化控制、通讯、计算等技术于一体，通过用户自定仪作物生长所需的适宜环境参数，搭建温室智能化软硬件平台，实现对温室中温度、湿度、光照、二氧化碳等因子的自动监测和控制。

智能温室大棚系统可以模拟基本的生态环境因子，如温度、湿度、光照、CO_2浓度等，以适应不同生物生长繁育的需要，它由智能监控单元组成，按照预设参数，精确的测量温室的气候、土壤参数等，并利用手动、自动两种方式启动或关闭不同的执行结构（喷灌、湿帘水泵及风机、通风系统等），程序所需的数据都是通过各类传感器实时采集的。

智能温室大棚系统的使用，可以为植物提供一个理想的生长环境，并能起到减轻人的劳动强度、提高设备利用率、改善温室气候、减少病虫害、增加作物产量等作用。

四、整个系统主要组成

数据管理中心部分、数据传输部分、数据采集部分。

（一）数据管理层（监控中心）

硬件主要包括：工作站电脑、服务器（电信、移动或者联通固定 IP 专线或动态 ip 域名方式）。

软件主要包括：操作系统软件、数据中心软件、数据库软件、温室大棚智能监控系统软件平台（采用 B/S 结构，可以支持在广域网进行浏览查看）、防火墙软件。

（二）数据传输层（数据通信网络）

采用移动公司的 GPRS 网络或者 490MHz 传输数据，系统无需布线构建简单、快捷、稳定；移动 GPRS 无线组网模式具有：数据传输速率高、信号覆盖范围广、实时性强、安全性高、运行成本低、维护成本低等特点。

（三）数据采集层（温室硬件设备）

远程监控设备：远程监控终端；传感器和控制设备：温湿度传感器、二氧化碳传感器、光照传感器、土壤湿度传感器、喷灌电磁阀、风机、遮阳幕等。

五、智能温室大棚系统功能

（一）数据监测功能
①监测各温室温湿度、二氧化碳、光照等参数。
②监测各温室喷灌电磁阀、风机、遮阳幕工作状态。
③监测各温室报警信息。

（二）远程控制功能
①远程控制各温室喷灌电磁阀、风机、遮阳幕的启停工作。
②远程切换各温室喷灌电磁阀、风机、遮阳幕的控制模式。

（三）报警功能
①温室温湿度、二氧化碳、光照超过预设值的告警。
②市电停电、开箱告警。

（四）数据存储
①定时存储各种监测数据。
②记录事件报警信息及当时监测数据。
③记录各种操作信息及当时监测数据。

（五）信息查询
①可以进行所有监测信息查询。
②可以进行所有事件报警信息查询。
③可以进行所有操作信息查询。

（六）数据报表
将监测数据、报警数据生成报表，数据可以导出，支持打印输出。

（七）人机界面
所有温室实时监测数据在同一界面上显示，可以同屏显示多个温室数据，也可切换成单个温室数据显示。

（八）曲线数据
①自动生成各温室的温湿度、二氧化碳、光照的历史曲线，可以查看历史数据库中任意温室、任意时段的历史曲线。
②历史曲线即可分列显示，也可以并列显示，方便比较不同温室环境状态。

（九）权限管理
对不同的操作使用者授予不同的使用权限。

（十）扩展

①可以任意增加、减少所监控的温室。

②可以增加、修改、删除软件功能模块。

③预留与其他系统的通信接口。

六、智能温室大棚系统特点

（一）实用性

温室地理位置分散，因此采用覆盖广泛的 GPRS 网络高信号捕捉，必要为采用高增益天线，可确保网络的正常运行；

（二）实时性

采用最新的通信和软硬件技术，建立了清晰和合理的系统架构，可实现多线程的远程并发通信，在几秒时间内，可以让成百上千台的监控终端实时传送到监控中心进行集中监视和远程调度，实现故障信息的及时报警；

（三）可扩充性

系统预留接口，可以进行系统或软硬件模块的无限扩展，便于长期的升级和维护，延长系统的寿命，通过更新部件，能让系统一直存在下去，而不至于整个系统瘫痪，造成大量的投资损失；

（四）易维护性

系统可对监控终端执行相应的远程操作命令，包括远程参数设置，远程控制、远程数据抄收、监控终端复位、升级等等；

（五）操作简易性

系统软件功能完善，模块化、图形化设计，全过程全中文帮助，操作简单方便；

第六章 智慧农业的无人作业系统

第一节　农机自主导航与智能驾驶系统

　　农机自动导航为未来农业机械化发展的一个重要方向，是智慧农业体系中生产环节的关键部分。伴随着物联网、大数据、人工智能、机器人、5G通信等新一代信息技术与农机农艺的进一步融合，高精度、高效能以及高安全性的农机自主导航与智能驾驶系统将服务于农业生产优质、高效、安全等的可持续发展目标与无人化农场的实现。农机自主导航与智能驾驶系统通过控制农业机械按照优化的作业路径工作来减少或避免作业区的重复和遗漏，从而提高农业机械的田间作业效率和质量、降低驾驶人员的劳动强度，进一步实现生产资料的有效利用以及降低作业能耗，有助于促进绿色农业实现。

一、农机自动导航与智能驾驶技术体系

　　现代农机自动导航系统一般由检测单元、控制单元、执行单元以及监控单元四部分组成，涉及的主要技术包括位置信息获取、环境信息获取、导航及作业路径规划以及导航控制等。

（一）关键共性技术

位置信息的准确、可以靠获取是实现农机作业路径规划和运动控制的首要条件；年辆内外部环境信息的实时、稳定获取是实现安全、优化的路径规划和运动控制的必要条件；同时，快速、精确的导航控制能够支持自动导航农机实现对导航路径的准确跟踪。随着农机作业能力的提升，农机作业范围及作业环境呈现更加多样、复杂的趋势，对自动导航农机系统的安全作业性能及作业效能提出了更高要求：农机自主导航与智能驾驶系统技术体系与关键共性技术框架包括：①环境感知与定位，包括车辆内部与外部环境感知与建模；②路径规划，包括全局路径规划和局部路径规划；③车辆导航控制，包括单机路径跟踪控制与多机协调控制以及机具轨迹控制。

（二）技术研究热点

围绕农机自动导航系统作业安全性能，一方面在现有农机自动导航框架的基础之上，综合利用传感器、机器学习等技术对地头边界特性、障碍物种类和危险程度进行更准确的分类识别，并合理规划作业及避障路线与控制车辆自主行进速度，以保障人机作业安全。另一方面参照国际自动机工程师学会制定的汽车自动驾驶能力分级，合理制定自动导航农机的自动驾驶能力等级体系，对于明确安全责任主体、安全作业规范具有重要意义：2017年3月，日本农林水产省制定农机安全保障指导方针，将自动导航农机划分为L0～L3四个等级。其中，L0为有人驾驶，L1为载人自动驾驶，L2为不要求作业人员随机搭载但需要在场地监控，L3则为完全无人状态下的自动驾驶。目前，日本对标该分级标准制定了农机安全标准、自动驾驶农机发展战略以及农地整备方案。结合我国国情制定合理的农机等级分类标准，将促进我国农机自动导航及智能驾驶系统从技术到法规的进一步发展与完善。

围绕多机协同的作业效能提升，其核心是信息共享、优化调度以及协调控制。多机协同作业任务规划需在多台农机和多个作业地块之间建立一种映射关系，综合考虑任务数量、作业能力、路径代价和时间期限等因素，在满足实际作业约束条件的前提下生成一个最优的任务调度方案，使各个农机有序地为农田地块服务，从而降低整个系统的执行代价、提高作业效率，实现区域农国内的多机协同作业调度管理。按协同的方式可以分为有人驾驶农机与自动导航农机协同、自动导航农机间的协同以及自动导航农机与无人机间的协同等多种协同作业方式。多机协同作业将有效提升作业效率、作业效果以及优化资源配置。

二、环境感知与定位技术

农机自动导航环境感知与定位技术作为农机自动导航控制系统的重要组成部分，主要通过多种类型的传感设备采集农机内部姿态、位置与外界环境信息，使作业车辆与机具获得实时位姿与环境信息并作出正确决策。机具内部姿态信息包括横滚角、俯仰角和偏航角、方向轮的转角以及行进速度等信息，获取技术与传感设备已经相对成熟。

结合内部姿态信息获取更加稳定的绝对与相对位置感知系统以及环境模型构建是当前的主要研究方向。

（一）GNSS 导航定位

作为一种提供机具绝对位置信息的定位手段，基于 GNSS 的农机自动导航研究以及应用开展较早，早在 20 世纪 80 年代，国外学者 Willrodt 就开始了对农用车辆的自动导航研究：华南农业大学罗锡文等较早在国内开展 f RTK-GPS 导航控制研究，实现了较高的控制精度及较好的可靠性。目前，GNSS 卫星导航系统在大田环境下的应用已基本成熟，华南农业大学基于 BTK-GNSS 分别设计了东方红 X-804 型拖拉机以及雷沃 ZP9500 高地隙喷雾机的动导航作业系统，均实现了良好的导航定位效果。中国农业大学设计了基于北斗卫星导航系统的 RTK-BDS 果园施药自动导航控制系统，实现了在 2km/h 行进速度下直线跟踪最大误差小于 0.13m、平均跟踪误差小于 0.03m 的跟踪精度。

当前，复杂环境（信号环境较差，如山区丘陵地块、果园等）的自动导航农机研究成为热点。北京林业大学采用多频三星接收机和多星座接收模块，通过接收 BDS 和 GPS 数据及位置解析建立多星座组合定位系统，可观测得到更多的卫星数量和更稳定的信噪比，并实现了比单一星座更高的定位精度。针对卫星导航失锁问题，华南农业大学设计利用 Kalman 滤波器融合 BDS/INS 信息，极大增强了卫星失锁情况下的车辆稳定定位精度。河南科技大学针对 GNSS 因地形倾斜及土质硬度不均引起的测位误差问题展开研究，构建了 GNSS 与 INS 融合滤波算法，校正后的 GNSS 导航参数使定位更加准确与平滑，进而使拖拉机更好地跟踪目标路径，导航精度达到厘米级。

随着对 GNSS 定位研究的深入和细化，以北斗为主体同时融合多星座 GNSS 定位信息及 INS 惯导信息的导航系统日趋完善。2018 年，北斗导航终端正式纳入我国农机补贴范围，这将进一步促进自动导航农机在我国应用推广。

（二）外界环境感知与建模

外界环境信息的准确获取可以为自动导航农机提供更加全面优化的导航及控制决策支持。自动导航农机所需的外界环境信息包括路面环境信息、农田结构信息、作物信息以及障碍物信息。作为典型的非结构化环境，农机作业环境具有地面不平整、结构复杂、障碍物种类多等特点；同时，农机振动频率高、姿态不稳、雾/尘/光照多变等不利因素增加了外界环境信息获取的难度。目前研究主要围绕克服上述不利因素，实时、高效、准确获取外界导航关键信息开展。激光雷达和机器视觉被广泛地研究用于作物导航信息提取、障碍物识别以及地头边界检测等应用领域，

1. 激光雷达在农机导航中的研究应用

激光雷达因其精度高、距离远以及受光照环境影响小等优点，成为一种获取距离信息的重要手段。

日本筑波大学利用二维激光雷达获取目标信息，并且引导拖拉机完成机具自动着装及自动入库等工作。西华大学利用激光测距仪获取路面、作物及障碍物信息.检测

道路边缘信息完成自主导航，并实现平均偏差 1.2cm 的导航控制精度。中国农业大学构建了基于三维激光雷达的农田环境信息采集系统，通过对点云数据偏差进行机具姿态补偿、配准，提高了机具障碍物识别和提取的准确性和稳定性。利用激光雷达可准确获取环境距离信息的特性，近几年来被较多地应用于研究果园内导航信息的获取。中国农业科学研究院利用 VLP-16H 维激光雷达研究了果园内果树行列导航信息稳定提取及车辆跟踪控制、实现了 0.4 m/s 行进速度下机器人运动的横向平均偏差为 0.1m 的控制精度。

但激光雷达费用相对较高，一定程度上限制了其在农业中的应用，随着我国国产激光雷达的性能提升和成本降低，激光雷达有望成为自动导航农机的标准化装备。

2. 机器视觉在农机导航中的研究应用

相较于激光雷达，机器视觉硬件成本较低，在传统的基于图像的农田环境感知研究中，机器视觉被较多地用于作物导航信息提取，并在光照较为理想、作物与背景颜色对比明显的情况下能够取得较好的识别效果。为实现在光照条件更为复杂、作物及土壤环境颜色特征区别不明显等情况下目标信息的稳定提取，上海交通大学利用小波变换的农田图像光照不变特征的提取算法，并结合 RHinex 光照模型研究了光照不变特征提取和农作物航线获取方法，提高了光照鲁棒性，所提取的航线误差在 ±2° 以内：国家农业智能装备工程技术研究中心针对地头处自主导航转弯的信息获取需求，研究了非规整地头边界线的检测方法，该方法利用农田内外像素灰度的跳变特征构建识别与平滑算法，地头识别及地头边界线检测准确率分别达到 96%，及 92%。首都师范大学研究作物苗期农田障碍物三维信息检测方法，提出了基于特征的障碍物目标区域提取算法，通过重心特征点立体匹配来获取视差值，重建障碍物的距离、宽度和高度三维信息，实现田间多类障碍物的快速有效检测。

3. 深度学习技术在农机导航中的研究应用

深度学习及大数据技术的飞速发展带动了机器视觉在自动导航农机应用中的研究。为实现农田多类动态障碍物的分类识别，南京农业大学提出了一种基于卷积神经网络（CNN）的农业自主车辆多种类障碍物分类识别方法，通过自动学习获取最优网络模型并实现了 94.2% 的障碍物检测准确率。西南大学利用深度学习方法，通过改进空洞卷积神经网络（VGC-16+ 空洞卷积）构建了丘陵山地的田间道路场景图像语义分割模型，实现了田间道路场景像素级的预测，有助于田间道路上自动导航农机的安全导航及避障实现。

（三）路径规划决策技术

自动导航农机全自动作业过程可总体划分为三个部分，即田内正常作业时的自主导航行走、地头自主导航转弯、遇障时的自主导航避障。对于不存在障碍物的地块，以全覆盖法为代表的路径规划方法已经发展得较为成熟，并结合不同的地头特性和农机参数特性发展出了半圆形、梨形、鱼尾形等多种转弯模式。国家农业信息化工程技术研究中心研究的路径优化方法能实现转弯次数、作业消耗、路径长度等多种优化指标的最优全局路径规划。但是对于存在静/动态障碍物的地块，围绕单个或多个静态障碍物回避的全局优化路径规划算法以及动态障碍物危险评估及碰撞回避的局部路径规划算法的研究尚不充分，在路径规划主体上，当前我国对作业机具的作业路径覆盖情况研究较少，但欧美产品，如约翰迪尔的 iTEC（Intelligent Total Equipment Control）系统可在地头转弯时协调控制引导车与挂载机具，凯斯和纽荷兰也都开发并上市了同类产品。

（四）协同作业控制技术

作为一种有效提高作业效能的作业方式，多台同种或异种作业机械联合作业集群模式在国外研究较早，相比之下，我国尚处于单机自动导航研究阶段，对多机协同控制研究相对较少。日本筑波大学设计了基于机器视觉的跟随车辆导航系统；日本北海道大学研究了一种手动驾驶拖拉机跟随自动驾驶拖拉机的主－从机跟随系统，研究了多机器人系统在日本水稻、小麦和大豆农业中的应用。中国农业大学研究了基于蚁群算法的多机协同作业任务规划，建立了多机协同作业任务分配模型。中国科学院提出了一种基于领航－跟随结构的收获机械机群协同导航控制方法，该方法在建立收获机群运动学模型的基础上，结合反馈线性化理论与滑模控制理论设计了渐近稳定的路径跟踪控制律和队形保持控制律。目前，国内外研究主要侧重于地面作业机械间的协同跟踪导航控制，未来地面多车辆多任务协同控制、空中－地面作业机械间的信息共享与协同作业是一个重要方向。北京智能农业技术装备研究中心开发的果园自动导航植保作业车辆可与无人植保机协同完成果园植保作业，实现空－地优势互补，从而提升了作业效能。

（五）未来技术发展建议

1. 多传感器融合导航技术

研究包括 GNSS、INS、DR 以及激光、视觉在内的多传感器融合技术，提高位姿测量、障碍物探测以及环境建模的准确性与可靠性。尤其在果园等单一传感器功能受限的环境下，综合考虑基于激光与视觉的同时定位与地图构建（SLAM）技术，研究该类技术在农业环境中的难点问题，提高车辆环境适应性。

2. 地头特性识别与智能转向技术

农田及果园地头作为必然存在的作业环境形式，结合作业地块形状特性以及地头地貌特性，研究转向路径与转向方式整体优化决策。开展地头特性的实时识别分类方法研究，同时将路径规划的地头转向控制目标由牵引车辆扩展到后挂机具，提升地头作业时的转向效率、作业覆盖度和转向安全性。

3. 同构或异构农机协同导航技术

研究集中、分散控制以及同构、异构农机间的协同导航方法研究作业车辆间的稳定通信方法，构建基于农业物联网技术的导航作业远程监控平台。建立多机/多类作业机械的远程管理和任务调度机制，研究不同作业类型下不同农机类型间的共享信息类型与集群控制策略，提高了作业效率。

第二节　基于目标识别的无人植保系统

一、基于目标识别的无人植保系统应用背景

我国农业科技水平、农业机械化程度还较低，同时过量的使用农药化肥对环境造成了较大破坏，不利于可持续发展。为改变中国农业植保施药技术落后的局面，提高植保机械作业精准与自动化水平，国家发改委、科技部、自然基金委和农业农村部等资助了一系列精准施药技术和装备的研发项目。目前，在我国运用较多的无人植保系统多由地面行走作业车辆、机器人与空中作业无人飞行器构成。地面行走作业车辆、机器人多用于果园农药喷洒、播种、收割、地块平整和农田农药、肥料喷施；空中作业无人飞行器基于智能多区域作业路径规划技术，携带药剂进行有害生物防治作业。在上述无人植保设备的作业过程中，对待作业区域目标进行探测、感知和定位是无人植保设备精准开展作业的关键，同时也是农业智慧化的体现。我国当前针对果园精准目标识别对靶、农林杂草和疫木目标识别、作物病害目标探测识别三方面的关键目标识别和探测开展了大量研究工作，并形成了一系列应用方法和技术成果。

二、基于目标识别的无人植保系统发展现状

（一）果园精准目标识别对靶

果园精准目标识别对靶本质在于探测和识别感兴趣对象，如冠层、果实等目标，从而完成对靶标对靶。对靶喷药技术的核心是获取靶标信息，实现按需施药和采摘作业，提高作业质量和精度。自动对靶技术发展较早，具体可分为果树冠层探测、果树三维信息获取、果树冠层体积测量和病害目标探测：在上述目标识别中，多搭载可见光、红外、激光和多目深度信息等传感器，融合识别算法如图像分类算法、点云距离测算等对作业目标进行探测感知。

在具体靶标探测识别上，由最初的基于红外探测技术的冠层探测发展至现在的基于图像颜色分量技术、基于激光点云、基于超声波距离测量的多源数据协同对靶标识别。①有学者通过应用红外传感器探测喷雾过程中有无靶标，实现有枝叶处喷雾、没有枝叶处不喷雾的果树自动对靶喷雾施药，②有学者利用图像识别技术实现无人机的精准喷雾，提取非作物区的 22 个特征并且设计支持向量机对其进行分类，达到 76.56% 的

识别率与 32.7% 的农药减施率。③有学者基于 Opencv 图像处理库就取图像中的绿色分量，选择超绿色法进行灰度化操作，利用类间最大方差法自动取阈值对图像进行分割，将背景和目标作物进行分离，从而实现了对植被的靶向喷雾；④有学者基于计算机视觉技术，采用颜色和形状特征探测杂草，从而实现在园林杂草与景观植物伴随生长环境下的目标自动探测，且达到 0.1s/幅的响应频率。⑤有学者针对植保机械施药过程中存在的问题，分析了植保机械喷杆与农作物冠层之间距离测量的发展现况，设计了一种激光扫描和图像处理相结合的检测植保机械喷杆与农作物冠层之间距离的方法。⑥有学者使用二维激光雷达对果树冠层在线探测的方法进行研究，研究表明对两种海棠树的总体积最大变异系数分别为 0.058 与 0.017，不同探测速度下各规则物体总体积最大相对误差为 5%，具有较高的探测精度。⑦有学者将 PC 图像处理器嵌入精准对靶控制系统，对施药平台进行实抢研究，其针对地势平坦果园的研究结果表明，基于图像边缘检测和目标识别的自动对靶施药平台即使在光线较差条件下，仍然可以准确地得到果树果实和枝叶的位置信息。⑧有学者基于超声波靶标探测技术，结合 PWM 驱动来调节喷头施药量，从而实现对果园目标的靶向作业，取得单喷头流量调节最大误差为 9.5%。⑨有学者基于 VCC16 为特征提取网络的 Faster-RCNN 目标检测模型对果树果实的多模型进行检测，识别精度达到 91%，单幅影像识别时间约为 1.4s。⑩有学者通过使用 LiDAR 和点云分割技术快速获取靶标完整形貌，从而完成对靶标的定位获取，并设计了自动对靶控制系统。

总体而言，当前图像、激光和超声波技术均有运用于对靶的研究，但是由于激光点云具有天然优势，故在果园自动对靶上被广泛运用与此同时，由于机器学习、深度学习技术的发展，使用图像信息获取点云信息从而构建冠层信息的研究技术成为当下研究热点。

（二）农林杂草和疫木目标识别

农林有害目标对作物和林木的生长危害极大，必须人为地进行植保干预控制，以保证产出收益。农林有害目标的识别是无人植保系统开展精准植保作业的前提条件之一。开展农林有害目标的识别不仅能够降低植保成本，而且在一定程度对生态环境的保护具有重要意义，有利于实现科学、可持续发展。现阶段，农林有害目标识别的对象主要包含有害植被、染病林木等，如杂草和松材线虫病。针对上述有害目标的识别，主要有人工实地调查、地面测报设备、基于图像信息获取的识别技术。基于图像技术的有害目标识别主要依靠图像的颜色、纹理、形态信息对感兴趣的特征目标进行识别，在识别技术上有传统的分类算法（贝叶斯、最大释然、最近邻、支持向量机）和基于神经网络的深度学习方法。由于图像信息获取技术能够获取空间分布连续的目标信息，具有高精度、高效率和低成本的优势，因此在生产实践中被广泛运用。

松材线虫病是由松墨天牛等媒介昆虫快速传播的一种针对松树的毁灭性流行病，截至 2020 年已在中国 18 省（666 个县市）发生，面积达 111.46 hm^2，对我国松林造成了极大的破坏。在监测松材线虫病害上，目前已开展许多研究。①采用分形理论对高光谱数据开展马尾松松材线虫病发病早期探测研究。②基于高光谱数据源构建归一化光谱指数（Normalized Difference Spectral Index，NDSI）、比值光谱指数（Ratio Spectral Index，RSI）、差值光谱指数（Difference Spectral Index，DSI）与叶绿素 a、叶绿素 h 含量和含水量的相关系数，对油松毛虫危害程度进行研究。③研究无人机不同飞行高度下获取数据对变色松树识别效率，并采用归一化植被指数（Normalized Difference Vegetation Index，NDVI）监测变色松树，取得 85.70% 的精度。

田间杂草的除治是无人植保目标识别发展的一个重要方向。随着信息技术与图像获取技术的进步，田间杂草防治逐步走向智能化，自动除草系统成为研究热点。传统杂草识别方式效率低，往往人工田间开展识别，不能满足区域自动化精准作业需求。另外，初期的基于图像分类技术（如使用支持向量机、随机森林、最近邻等统计学分类算法）在特征选择上具有随意性，识别精度不高，且特征受选择样本影响较大随着深度学习图像处理技术的出现和推广，杂草识别领域多使用深度学习技术开展相关研究。有学者研究了基于深度学习技术的田间杂草目标识别方法，将 Mask H-CNN 算法运用于杂草幼苗和白菜幼苗的图像识别。该研究选取常见杂草幼苗和白菜幼苗图像作为训练集训练网络，经测试集测试得到 81% 的精度，相比传统阈值分割算法，Mask K-CNN 在不同环境下都能精确地识别出杂草幼苗，解决了传统图像算法在复杂光照和叶片遮挡环境下图像难以分割的问题，并避免了分类器设置工作。有一些学者使用 Faster R-CNN 深度网络自动识别油菜田间杂草。通过以自然环境条件下的油菜与杂草图像为模型训练样本，对 COCO 数据集的深度网络模型进行迁移训练，得到基于 Faster K-CNN 深度网络模型的田间杂草识别模型。该研究还对 VGG-16、ResNet-50 和 ResNet-101 三种网络前端提取精度进行对比分析，发现 VGG-16 在 Faster R-CNN 深度网络模型识别油菜田间杂草上具有优势，其油菜与杂草的目标识别精确度大 83.90%、召回率大 78.86%、F1 值为 81.30%。

（三）作物病害目标探测

作物在整个生长发育过程中，因为受到病原物的侵染或不良环境条件的影响，其生理和外观易发生异常变化而出现病害，对作物的产量和质量都有很大破坏。对作物病害进行探测识别，提取病害位置点、进行靶向施药是当前研究的热点。与果园目标对靶和杂草与有害林木识别相比，病害往往发生于小区域，病害种类多且情况各异，数据的收集与观测难度大，单一的基于图像纹理信息难以获取病害目标信息。为此，当前的作物病害目标识别不仅仅使用图像识别信息，同时也使用光谱信息开展病害目标识别研究，而在使用方法上也逐渐由传统分类方法向深度学习算法转移。

①有学者构建柑橘溃疡病数据集，使用数据增强算法对数据集进行增强，比较分析了现有的神经网络 Alexnet 模型与现有算法及传统图像识别算法在柑橘溃疡病识别精度方面的差异，结果显示卷积神经网络的分类性能指标 TPR、FPR 在不均衡数据集的敏感性方面均优于现有的算法和传统的分类算法，TPR 从 0.972 5 提升到 0.992 2，FPR 从 0.007 7 下降到 0.001 7。②也有学者基于 HOG 特征和支持向量机分类器完成对

农作物病虫害的在线监测任务，同时基于 STM32F429 与 C/OS-IU 设计飞行控制单元，实现了机载视觉检测系统。③还有学者以玉米灰斑病、弯胞菌叶斑病、小斑病、普通锈病、大斑病、褐斑病为研究对象，使用支持向量机对大田采集玉米叶部病害图像样本进行训练，提取目标图像信息特征对玉米六种病害进行识别，取得了较为理想的研究结果。针对水稻稻瘟病危害大的特点，有学者使用深度卷积网络 Inception 预报水稻稻瘟病，结果表明穗瘟病害预测最高准确率达到 92.00%。④还有学者提出基于 Faster RCNN 目标检测的无人机喷雾方法，喷雾对象的识别准确率达 96.66%，喷雾对象定位准确率达 91.33%，满足了间作类农田的无人植保作业需求。⑤也有一些学者基于中值滤波算法对飞行获取的无人机影像数据噪声进行去除，采用分层 Kmeans 硬聚类算法实现对飞行获取的无人机影像进行分割，从籽粒、麦穗以及冠层三个尺度病害开展研究，提取非作物区域的颜色和纹理特征空间的 22 个特征参数，将参数变量组合作为分类算法的输入构建识别模型，在随机森林模型、支持向量机等的支撑下对作物区域进行识别，测试样本的识别率达到 76.56%，能为农业航空精准喷施喷头控制提供参考。⑥有学者以成像高光谱数据和非成像高光谱数据对小麦籽粒、麦穗以及冠层模型进行建模，病害识别精度分别达到 92%、79% 和 88%。

总体上，传统的基于图像特征（颜色、纹理、形态、光谱）的分类（贝叶斯、最大释然、最近邻、支持向量机）方法在分类和识别精度上弱于深度神经网络模型，为此，当前研究逐步转移至基于深度网络模型算法开展目标识别，并且已有少量工作针对轻量网络（YOLO、SSD、MobileNet）进行实时病害目标识别研究。

三、评论与展望

当前，围绕果园精准对靶识别提出了许多研究手段和技术方法，也针对不同的作业场景完成了大量的可用于作业的软硬件系统。但是研究多集中于完成系统的集成，如通过激光设备集成单片机或 PC 机实现对靶作业，对于精准的对靶技术并未开展深入研究。此外，也少有深入研究靶向目标的信息探测技术。

开展实时目标监测，并根据监测结果实时定量、对靶喷施作业在无人机系统上尚无文献报道。当前多通过事先获取待作业区域的作业对象的参数信息，然后使用无人机施药作业系统开展喷施作业研究。在突破实时目标信息探测、实时开展植保无人飞行器作业上需进一步进行研究。

当前的农业目标识别系统通过多传感器获取多源数据，识别技术上也呈现多样化，如激光设备和多目相机用于距离测算、图像信息用于获取更为丰富的纹理信息。而在机器视觉和深度学习技术出现后，农业领域的目标识别和探测研究热点逐渐由激光设备过渡至低成本、易获取的图像识别技术，如使用视觉和深度信息获取更为详细的目标对象信息。但是由于农业场景的复杂性，现阶段基于图像技术的目标探测技术还难以实际运用于实践生产，仍需进行深入研究。

第三节　农用无人机自主作业系统

一、农用无人机自主作业应用背景

农用植保无人机综合运行导航、控制、通信、探测、低容量喷雾技术，可以有效减少农药用所，同时解决林地、丘陵、田块、地面机具难以进入的难题，符合现代农业发展趋势和国家"加快实现农业机械化"的发展战略。截至2019年年底，全国植保无人机保有量突破5.5万架，作业面积达到5亿亩次，正在成为中国农业病虫害防治的中坚力量。目前植保无人机作业防治对象几乎覆盖了国内全部农作物，并被广泛应用于果树病虫害防治作业，取得了理想的防治效果，为化学植保机械化作业带来了巨大变革。经过近10年的快速发展，中国已经成为世界最大的植保无人机制造和应用国家，形成了完整的无人机植保作业技术体系和应用模式。进入2020年，随着无人机植保大规模作业数据的积累和机器学习技术在算力、算法领域的飞速进步，人工智能技术正被全面引入无人机植保作业领域，把原有面向飞行和喷洒过程的施药作业模式提升为面向作业对象和防治效果的自主智能作业模式。

二、农业无人机自主植保作业领域的发展现状

（一）智能作业任务规划技术

植保无人机作业规划是作业前期准备的主要工作，主要包括作业区域划定和航线规划两部分内容近年来，无人机遥感测绘技术被引入植保作业区域划定——在作业前使用遥感测绘无人机对作业区域进行测绘成图，形成了作业区域二维或三维地图，以此作为作业区域划定的地理信息依据。极飞公司于2019年发布了专用于植保作业区域测绘的"极侠"无人机系统，具备厘米级精度的全自主飞行能力，借助于手机移动端操作，可灵活、快速地开展作业区域的测绘作业，获取高精度的三维地图，每小时测绘面积高达300亩。

与此同时，作业区域划定技术的变革又推动和促进了作业路径规划技术的变革。目前，国内农业无人机作业路径规划主要围绕单一区域多架次作业与多个非连通区域作业调度两个方面开展。为了便于引人计算智能路径规划算法，栅格法被普遍用于构建作业环境描述模型，其将平面坐标点阵和大地坐标系映射关联起来；以往返飞行总距离、多余覆盖率、电池更换、药剂装填等非植保作业能耗最小为目标函数，采用差分进化、量子退火、引力搜索等智能搜索方法，可实现对返航点数量与位置的寻优。

对于多个非连通区域作业问题，采用先对单个作业区域进行局部作业路径规划，再将各区域作业顺序进行编码，采用遗传算法对多个区域间飞行作业任务进行优化调度。面对起伏的山地丘陵区域的无人机植保作业需求，王宇等运用扫描方式生成水平面内的作业路径，在三维地形曲面上插值获得三维作业路径，以作业路径总长度、航段数量最小为目标，对植保无人机作业航向进行寻优。多无人机协同作业技术近年来已成为研究热点，为了实现多无人机植保协同作业，阚平等以多架植保无人机各架次作业距离为算法寻优目标函数，在确保补给时间满足间隔分布约束条件下，综合考虑补给总次数、返航补给总时间、总耗时和最小补给时间间隔等因素构造适应度函数，通过采用改进 PSO 算法实现了对各无人机返航顺序和返航点位置的寻优。

（二）机器学习主导的环境感知

随着植保无人机应用规模的扩展，其需要面对的作业环境与条件更为复杂，同时植保无人机自主作业程度的提高也对其环境感知能力提出了新的要求。目前，国内应用的植保无人机普遍配备有微波雷达和机载摄像头，具有初步的环境障碍物探测和仿地作业能力。如以大疆 T20 为代表的新型植保无人机搭载全向数字雷达，可对水平全向障碍物进行识别，不受环境光线及尘土影响。机器学习的图像处理技术近年来飞速进步，常用的 YOLOv3 深度学习目标检测模型受到普遍关注，通过基于不同尺度的特征提取、筛选感兴趣区域、用 yolo 层多尺度特征融合预测障碍物的位置和分类，可以建立快速图像识别算法。

为了提高植保无人机在线图像目标检测的实时性，国内学者探索了基于 GPU 加速的障碍物结构光图像处理技术，通过优化半导体激光器与 CCD 传感器间的特殊光路，使激光器发出的线结构光经障碍物表面反射成像于 CCD 靶面上，最后通过参数计算得到障碍物的距离、宽度及方位角等信息。双目视觉技术和 CCN 卷积神经网络技术结合后也被应用于植保无人机障碍物探测领域，如基于 eanny 算子的边缘信息加强的特征匹配算法和卷积神经网络算法均能解决障碍物识别问题且模型具有一定的泛化能力。除了机器视觉方式，对毫米波雷达探测技术的优化也在不断深入，新方法利用毫米波雷达障碍物检测回波中心会在障碍物尺寸范围内变化的特点，在嵌入式系统中实现了前方距离检测算法、侧方距离检测算法、宽度检测算法、障碍物危险程度排序算法。伴随基于机器学习的智能图像处理和雷达深度信息解析算法的发展，新体制的光电探测设备层出不穷，为植保无人机自主作业提供了新的环境感知技术手段

（三）精准作业控制

植保无人机植保作业一般位于作物上方 1.5～3m 的近地空中，需保持稳定的相对飞行高度以保障无人机的安全与喷洒均匀性。随着精准仿地飞行控制、多传感器融合的组合导航技术、变量喷洒控制技术的全面进步，原有的单纯以飞行控制为主的作业模式已经转变为面向对靶作业的控制模式。植保无人机在山地果园中施药的应用场景越来越普遍，由 GNSS 移动站、RGB 相机等组成的飞行控制单元开始集成果树识别定

位算法和高性能的 AI 计算单元，对作业区域中心线进行拟合得到果树行趋势线，进而计算出偏航角误差，实现无人机作业航迹的精准控制。为提高轨迹跟踪控制的稳定性，基于无人机非线性模型的反步轨迹跟踪控制方式也被应用于植保无人机，通过反步法解算得到力和力矩控制量，并分回路进行精准控制。为了提高轨迹跟踪效率，研究人员设计了新的弯道姿态控制算法，在转弯过程中，飞行控制器根据多旋翼植保机位置及前进速度的变化自动调节偏航角速度，使多旋翼植保机在不降速的前提下按照在线重构的曲线航路完成转弯动作；也可以通过前置毫米波雷达进行坡度判断，在坡度起伏较小时将差分 GPS 高度与对地毫米波雷达高度进行卡尔曼滤波融合以提高精度，在坡度变化超出阈值时将前置毫米波雷达与对地毫米波雷达的高度进行多源信息融合以提高响应速度。ROS（Robot operating system）作为一种通用的无人操作系统，近年来受到人们的关注，其资源丰富、系统扩展性强，适合进行多任务处理。王大帅等基于 ROS 和 MAVKOS 构建了由协处理计算机与开源飞行控制器组成的任务控制系统，结合基于 RTK-GPS 的绝对位置测量和基于激光雷达的相对距离探测方法，融合多源传感器数据对无人机状态估计进行修正，提高了无人机 & 行参数和飞行轨迹的稳定性。除了飞机本体的控制技术，施药系统的控制方法也成为人们关注的热点。基于处方图解译的变量施药控制方式通过实时提取无人机作业位置、速度、高度等参数，并在处方图中进行寻址，从而读取对应的栅格处方值发送至变量喷雾系统，完成精准处方施药。

有学者采用图像处理方式实时解算施药喷洒喷头的方向和对地夹角，采用舵机驱动喷杆运动，实现对施药喷头位置偏差的修正，抑制雾滴向非作业区域飘移。变量施药过程的精度受到流量计误差的影响，安斯奇等融合低成本液面传感器和流量传感器信息，采用卡尔曼滤波法对流量数据进行估计，抑制信号波动，提高传感器输出准确度。在雾化技术方面，采用电机控制的离心雾化喷头具有雾滴粒径谱分布窄、雾化幅宽大的特点，目前 12 进入商用阶段；针对航空施药植保无人机设计的双极性接触式航空机载静电喷雾系统，在轻型油动直升机上对喷施油剂和水的荷电与雾化效果进行测试、结果说明此类静电喷头与油剂配合使用可有效提高雾滴沉积分布均匀性。为了解决植保无人机在间作类农田进行农药喷洒作业时对非喷雾对象的误喷问题，变量施药控制技术和机器学习技术被结合运用，采用分层 K-means 硬聚类算法实现对农田航拍图像的分割或基于 Faster 目标检测算法识别作业对象，根据图像处理结果对标进行变量对靶施药。无人机编队技术领域的三维环境感知技术、集群编队技术和自主回收技术也开始在民用领域应用，形成了无人机编队的基础应用方案，初步解决了无人机编队领域下的相关问题，为无人机多机协同自主植保作业打下了基础。精准作业控制内容已经从传统的飞行拓展到对靶、施药、仿地等领域，逐渐形成完整的自主控制机体体系。

（四）大数据植保作业数据管控

作业过程的管控对于无人机植保作业质量的提升具有重要意义。融合机载北斗定位系统实时观测值和地面风速传感器构成机 – 地传感采集系统，建立状态预测模型，设计状态预测算法，可获得飞机实时作业参数和地面风场分布情况、为优化无人机作业过程中的数据传输效果，研究人员搭建了基于网络控制和传输平台的通信模型，根据实现功能目标需求、针对系统进行软件模块功能设计与硬件架构配置，从硬件组合和协议架构层面不断优化系统接收灵敏度、丢包率，实现植保无人机作业过程中位置、飞行姿态、系统状态、喷洒状态等数据的解析及上传在上述技术研究基础上，无人机作业监管系统也开始进入规模化应用阶段。通过采用机载终端＋网络云服务器的应用模式，在无人机机体上加装关键作业状态信息传感器和移动数据通信模块，所采集的作业高度、流量和飞行速度等信息可直接通过公共数据网络上传至数据服务器，再运用智能数据处理方法统计作业量、评估作业质量，最终可以获得区域总作业量、病虫害类型、基本作业效果和药剂使用量估计等宏观信息。

三、评论与展望

我国植保无人机自主作业技术已经取得巨大进步，形成了完整的技术体系。植保无人机与移动端结合形成智能化操控平台，基于 GNSS 导航、RTK 定位、机器视觉、传感器探测等技术，实现了植保无人机作业航线规划、自主飞行、自主避障、仿地飞行、断点续航、一控多机等诸多功能模式，极大简化了植保无人机的使用难度，提升了植保无人机施药作业的可靠性和稳定性，初步解决了无人机施药作业的功能问题。随着未来人工智能技术的发展，多源信息融合的障碍物规避和多机协同避碰、智能作业决策、高穿透性窄雾滴粒径谱的智能施药器械，基于作业经验的智能规划、模拟仿真和快速数字推演的作业状态评估将成为今后的研究热点。人工智能技术和农业植保无人机自主作业技术的融合必将引起新一轮农业生产技术变革，必将对智慧农业发展、应用产生深远影响。

第四节　畜禽养殖机器人

一、挤奶机器人

机器人挤奶系统通常包括核心控制电脑、挤奶机器人、挤奶配套设备、奶牛进出口控制系统、奶牛身份识别装置等。

核心控制电脑储备泌乳奶牛群数据库，并且具备和控制挤奶机器人、挤奶配套设备、奶牛识别装置和奶牛进出口控制系统的相应通信接口，实现各个设备的有机互联；挤奶机器人上通常包括一个视觉摄像头、机械手臂、钳手等设备；挤奶设备单元通过管道连接到生鲜乳储藏罐的四个挤奶杯组，并配备流量计以便监测每头奶牛甚至每头奶牛奶头的产奶量和产奶时间，此外通常还包括清洗装置、喂料系统及其使奶牛平静的附属装置；奶牛进出口控制系统包括微型处理器和气压、液压控制阀门等。一些挤奶机器人还配备有牛奶品质监测系统、奶牛健康监测系统等，以使每头奶牛以及产奶品质更加安全可靠。

挤奶机器人通常有单个机器人挤奶系统和转台机器人挤奶系统两种。

由于奶牛比较多，会有专门的等待区域使未挤奶的奶牛等待。在奶牛挤奶厅通道通常安装奶牛身份识别装置，当奶牛通过时，识别奶牛的身份并传输到核心控制器，核心控制器会调用该奶牛的个体信息（如 ID 号、胎次、泌乳时间、最近产奶量、采食量、身体健康特征等），根据响应条件计动判断在符合挤奶要求的情况下打开入口门让奶牛进入。

首先清洗装置要对奶牛的乳房进行清洗消毒，然后自动挤奶机器人通过其视觉摄像头采集奶牛乳房的三维位置信息，并将奶牛乳房位置信息传送到核心控制电脑。核心控制电脑收到指令后，通过调整其机械臂及钳手的运动将挤奶杯装至奶牛乳头上开始挤奶，挤出的奶经过管道直接流入冷藏储藏罐。

挤奶机器人在挤奶过程中，核心电脑会根据该奶牛的个体信息，通过自动喂料系统对奶牛进行喂料，以减少奶牛的紧张不安及挤奶机器人在挤奶操作过程对奶牛产生的不良刺激。

在挤奶管道上安装有流量计，当挤出的奶量与奶量速度低于设定特定值时，奶杯可以自动脱落，挤奶结束。电子流量计采集的时间信息和挤奶量将被传输到核心控制器，挤奶完成时即向清洗装置发出指令，对奶牛乳房进行消毒；同时，核心控制器向出口控制系统发出开门信号，使奶牛走出，从而完成整个奶牛的挤奶过程。

挤奶机器人系统通过身份识别系统和健康监控系统识别有健康问题的奶牛。例如，奶牛挤奶间歇时间较长，有可能是腿痛或肿胀疼痛导致的不愿配合挤奶。核心控制器通过响应算法比对奶牛实际产奶量与预期产奶量，以确定该奶牛挤奶间隔的长短。同时加入电导率传感器监测乳房各个乳头产奶的电导性，作为其是否患有乳房炎的辅助手段。

通常，挤奶机器人系统配备有牛奶品质和奶牛健康的精确监测系统，并且具备高度集成的信息管理平台，挤奶机器人系统的产品设计要求如下。

①牛奶品质和奶牛健康精确监测系统。挤奶机器人的机械手臂通常会安装有牛奶品质和奶牛健康监测系统，在挤奶时，机械手臂监测奶杯里鲜乳的品质，当有不好的牛奶品质时，系统迅速做出反应不让其影响整个奶源。

②高度集成的信息管理平台。信息管理平台通常包含参数液晶显示、动态牛群管理、成本效益评估、智慧管理决策等。机器人挤奶系统开发的先进管理系统可以快速找到个别奶牛生理信息，并可以全面查询牛群相关信息，为挤奶整个过程提供服务。

③奶牛挤奶特殊型要求。牛奶挤奶过程的特殊性要求机器人的结构设计更加可靠，挤奶过程高效且对奶牛乳头的处理柔和可控，此外整个清洗系统必须安全卫生。

二、洁蛋生产线辅助机器人

欧美的一些国家很早就开始了对禽蛋类产品的清洗、消毒、分级、包装等研究，近年来日本、韩国也开展了相关研究鸡蛋清洗的原因是为降低鸡蛋在贮藏期间新鲜度的缺失，并提高鸡蛋的货架期及食用的安全性。

日前比较大规模的蛋鸡场都开始配备鸡蛋清洗生产线，由蛋鸡场送至专门的清洗、消毒、分级与包装中心做进一步处理之后，再销往各类超市、市场。越来越多的机器人被应用在鸡蛋清洗生产线，以提高生产效率和解决劳动力问题。以下以鸡蛋清洗生产线为例，介绍机器人的应用。

鸡蛋清洗生产线的最前端鸡蛋上料部分以往采用手动上料，手工搬运鸡蛋、洗蛋比较费时费力，搬运工人不光搬运，还需要调节夹具的方向，耗时耗力；机器人自动上料系统整体分为 10 个设备单元，包括单盘成盘鸡蛋传送单元、漏捡分拣单元、机器人捡蛋单元、空托盘传送单元、漏捡托盘送回单元、空托盘翻转单元、空盘清洁传送单元、机器人捡盘单元、安全防护单元、控制单元。

生产线左端有人工将单盘鸡蛋放在成盘传送带上，一直传送到定位气缸位置；此时系统检测鸡蛋盘到位信号，定位气缸动作，将鸡蛋盘加紧定位；发送机器人抓取鸡蛋指令，机器人吸盘抓手使用真空负压吸盘抓取蛋盘内的鸡蛋，抓手吸附鸡蛋后，将鸡蛋准确放入现有的鸡蛋清洗线固定位置；之后，鸡蛋清洗线进入产线的其他流程。机器人抓取完盘内的鸡蛋后留下托盘，为防止机器人抓手吸盘的漏吸，在机器人抓取完鸡蛋后定位气缸松开，鸡蛋托盘继续向前传送，传送过程中使用对射光电检测有无漏吸。

若检测没有漏吸、托盘内无蛋，当鸡蛋托盘运送到漏捡分拣气缸位置时，分拣气缸不动作，空盘继续向前传输；若检测有漏吸、托盘内有鸡蛋，当鸡蛋托盘运送到漏捡分拣气缸位置时，分拣气缸伸出，将鸡蛋托盘推到漏捡返回传送带上，传回初始位置，待人工将漏检鸡蛋取出。无漏吸的空托盘向前传送进入空托盘翻转机构，将空托盘翻转，使其正面朝下进入空盘清洗传送带，空盘清洗传送带为大间隙间隔，便于空蛋托盘内的杂物脱落清洁后的托盘到达传送带末端后，经人工装入空盘自动架。

因为蛋托装载部分使用人力，同样存在耗时耗力，清洁后的空托盘不再使用人工装入空盘自动架，改用一台机器人搬运自动装入空盘动架。

三、家禽加工机器人

家禽屠宰包含活禽卸载、宰杀、沥血、脱毛、掏膛、内脏及副产品加工等复杂环节，与种禽、孵化、饲养等各个方面紧密连接，每个环节均要互相交互、互相影响。

目前只有剔骨机器人发展较好，美国佐治亚州研究院在家禽自动剔骨方面做了大量的研究。家禽自动剔骨机器人使用 3D 测量技术分析鸡的内部结构，将不同部位设定为理想切入点与切割路径，评估骨骼与韧带内部结构以定义恰当的切割操作，实现对鸡的自动剔骨。

第七章　智慧农产品的双向追溯关键系统

第一节　二维码技术

一、二维码

条形码是由某些能够被计算机或者其他光电设备识读的按一定顺序排列的特殊标识（如条、空及其字符）组成的连串符号，在当前的商业、交通运输、产品标识、物流仓储及图书管理领域有着极为广泛的应用。

条形码分为一维条码与二维条码。一维条码通过在水平方向上按规则排列、粗细程度不同的条形符号来储存和表达信息。一维条码符号的组成顺序为空白区、起始字符、数据字符、校验字符、终止字符及空白区。

二维条码（2-Dimensional Bar Code），简称为二维码，其数据信息由某种特定几何形状按相关规律在平面（水平、竖直两个方向）组成的黑白相间的图像表示，代码制式结合了计算机编码系统中"0"和"1"二进制比特流的概念，文字数值信息则用多个对应的几何图形表示，信息处理方面仍借助光电扫描设备实现。

一维条码的应用最常见于商品标签领域，一般情况下在条形码符号下方添加英文字母或数字标识作为商品标签。当消费者选择商品进行结算时，只需要扫描条码便能获取商品名称、价格、款式等详细信息，同时与店内收银系统连接能够直接计算商品价格，节省了购物时间，提升了购物体验。

然而，一维条码存储信息量小，无信息检测和纠错能力，且条码的识读大多依赖于远程数据库，所以其应用价值在无法联网的情况下难以体现。然而二维码不仅具有条码技术的共性，还拥有比一维条码更丰富的特性。

二、二维码的特点

（一）数据储存容量大
可对 2000 左右的大写字母或数字、500 多个汉字、近 1000 字节进行编码，比普通条形码容量高出几十倍。

（二）编码范围广
能够对几乎没有的数字信息进行转化后编码，比如图片、声音、文字、签字及指纹等。

（三）容错性能高
具有多级纠错级别，最高级别的纠错能力高达 50%，意味着二维码可以抵抗一定程度的人为或恶意损毁攻击。

（四）译码可靠性高
二维码的译码错误率在千万分之一左右，远低于普通条码高达百万分之二译码错误率。

三、二维码的分类

根据二维码在结构及排列方式上的差异，可将其划分为层排式二维码及矩阵式二维码。

层排式二维码在水平方向上堆叠两层或多层一维条码而得到，每层有独立的标识符来区分，与一维条码在编码设计、识读方法及校验原理上保持一致，识读设备与一维条码相兼容，典型代表有 PDF417 Code 和 Code49。

矩阵式二维码在矩形空间内通过对黑、白像素的不同排列组合来表达信息的一种条码，有形状元素在某一位置出现代表二进制的"1"，反之则为"0"，通过这些"1"和"0"的组合来表达语义信息，典型代表有 Data Matrix、QR Code.Code One。

四、QR 码介绍

QR 码（Quick Response Code，快速响应矩阵二维码）是矩阵式二维码的一种，由定位图案、功能性数据和数据码以及纠错码组成。QR码共40个尺寸，官方版本Version，计算公式为（V-1）×4+21，其中V是版本号。Version 1代表21×21的矩阵，其后每增加一个Version，尺寸便增加4，最高有Version40，BP（40-1）×4+21=177，即177×177的正方形矩阵。

QR码除具有一般二维码的优点外，还具有如下特点。

（1）储存容量大、编码范围广。支持数字、英文、日文、汉字、符号、二进制及控制码等数据类型，其信息容量是条形码的几十倍到几百倍，一个QR码最多可以处理7089字（仅用数字时）的巨大信息量。

（2）能在小空间打印。QR码使用水平及垂直两个方向表达数据，表示相同信息量所占空间仅为条形码的1/10左右，能在更小的空间内打印。另外，Micro QR码只有一个定位图案，相比于普通二维码在三个角落上都设置了定位图案，Micro QR码所占空间更小。

（3）可处理日文、汉字。QR码是日本国产的二维码，字集规格定义按照日本标准"JIS第一级和第二级的汉字"制定，非常适合处理日文字母和汉字。每个全角字母和汉字都用13bit的数据处理，可以多存储20%以上的信息。

（4）对污浊或受损适应能力强，支持360°任一方向读取，且QR码具备"纠错功能"，纵然局部区域污浊或受损，也能恢复原始数据。此外，以矩形结构分布的3个定位图像，保证了QR码能够在不同环境下实现快速定位读取。

五、二维码的应用

二维码同样适用于各领域，尤其在高新技术行业、物流运输业及批发零售行业等作为物品标志使用最多。在我国，二维码主要被应用于以下几个方面。

（一）食品溯源管理

利用二维码技术构建食品溯源系统，把食品从生产到加工，再到物流、经销过程中所产生的信息记录到系统中。消费者在选购产品后，利用手机二维码扫描软件扫描产品包装上的二维码标签，即可读取标签中产品的生产信息，还可通过标签内的链接地址访问生产厂家网址等。

（二）商品防伪应用

利用二维码的保密性与防伪性能，将商品信息经算法加密后印刷至商品包装上。由于写入二维码中的内容是密文，所以普通的二维码识读软件无法读取，只能通过相应的识读客户端和后台验证系统，才能够读取二维码内容并返回产品信息，从而达到鉴别商品真伪的目的。

（三）物流管理

利用二维码技术构建物流供应链管理系统，整合产品在各生命周期阶段的数据信息，实现对产品生产流程的便捷化、高效化管理，提高企业竞争力。将二维码应用于供应链中的原料供应、流水线生产管理、产品入库、产品出库配送、产品供应链管理等环节，排除人工干扰因素，保证数据准确性，并且操作识读速度远非人工可比，能大幅提高产品的生产流通效率。

（四）电子凭证

电子凭证是一种身份识别技术，通常由身份认证机构给用户颁发一个电子凭证，用户在进行系统身份验证时需出示该凭证才能被允许进入操作。二维码会议管理系统事先根据与会者信息制作生成二维码发送给与会者，与会者凭该二维码实现入场签到、会议讨论等其他会议服务。

（五）广告营销

二维码能印刷在报纸、图书、杂志等纸质媒介及电视广告、电子图片等信息媒介上，且制作成本低。将产品信息或者商家广告写入二维码，用户扫描二维码后即可获知产品信息或访问商家网站。二维码还在信息存储与资源下载等服务上具有优势，可以方便地实现信息管理、位置追踪及电子阅读等服务。

第二节　数字水印技术

一、数字水印理论

信息技术的飞速发展推动了数字化信息产品的出现与增长，为人民工作生活带来了巨大便利。与此同时，由于数字产品市场急剧扩张，相关法律政策没有及时制定与实施，导致了一些负面因素的产生——非法侵权盗版及恶意篡改。一些涉密类型的数字产品一般需要进行加密处理，非授权者在没有解密密钥的情况下无法读取使用，但是当授权者在对信息进行解密后便可随意传播，导致了信息的泄露。盗版侵权、攻击篡改等行为已成为阻碍数字产品健康持续发展的主要因素，如何保护数字产品版权、打击盗版侵权行为已成为信息产业迫切需要解决的问题。

数字水印是一类保护数字产品信息安全以及所有者权益的信息隐藏技术，通过把拥有某种特殊意义的内容标志，利用水印嵌入算法隐藏到图像、音频、文献等数字产品中，达到判别产品所有者、鉴别盗版侵权行为的目的。同时，水印的检测及提取能够确保产品信息的前后一致性，因而成为数字产品版权保护的有效措施。

数字水印的理论模型通常包含水印嵌入及提取两个子系统。水印信号嵌入模型的输入一般由水印信息、载体数据及密钥组成。系统中的水印内容可能是文本字符、某些不规则的数字序列或图片等其他形式的信息，为避免信息被恶意篡改删除，通常使用一组密钥来加密信息。水印信号嵌入模型将输入的密钥和水印信息进行加密编码后得到加密后的水印信息内容，再通过特定的水印算法嵌入隐藏到输入的载体数据中，最后得到含水印的载体数据。

水印提取系统模型的输入包含水印载体数据、密钥及可选的原始载体数据。水印载体数据是指水印信号嵌入模型的输出，其带有嵌入的水印内容。水印提取系统需要原始载体数据输入的称为非盲水印检测，反之称为盲水印检测。水印提取是指通过特定的算法按照与信息嵌入方式相对应的步骤从含水印内容的载体数据中对原始水印数据进行提取检测的过程。

二、数字水印分类

对当前存在的各类水印算法，由于分类依据的差异，所以有多种不同的分类结果。常用的分类标准有如下几种。

依据水印特性区分，有可见水印（Visible Watermark）和不可见水印（Invisible Water-mark）两类。可见水印是指人肉眼能够直接察觉的水印，与常见的图书防伪标志及纸质背景水印近似，常用于图像、音频中标识版权所有者。可见水印在图像中可见但不醒目，不影响原图质量，且很难被去除，具有一定的数据突出效果。不可见水印与可见水印相反，它被添加到图像、音频或视频中，人眼无法感知，通过特定的水印算法检测提取后，作为鉴定产品所有者和纠正非法侵权的依据不可见水印又可分为脆弱水印（Fragile Watermark）及稳健水印（Robust Watennark）两类。前者在水印载体数据被篡改时，可利用对水印的检测得知对载体的改动类型，因此非法访问者难以捏造。后者在抗击恶意或非恶意攻击方面表现出良好的性能，并且在水印检测过程中能够忽略简单的信号处理操作。稳健型水印通常不可感知，在经过普通信号处理或一般恶意攻击后水印仍然存在，且在水印检测过程中有着很好的权限控制能力。

依据水印载体媒介区分，有图像、音频、文本等分类，新的信息媒介将跟随日益成熟的信息技术而产生，届时将会产生相应的水印技术。

依据水印检测过程区分，有非盲水印（Nonblind Watermark）、半盲水印（Semi Nonblind Watermark）及盲水印（Blind Watermark）三类。非盲水印在检测过程中必须以原始水印及原始数据作为信息输入，半盲水印则以原始水印为必需，而盲水印则只需密钥即可。通常来说，非盲水印的鲁棒性最好，但是因其所需的应用成本过高，难以被广泛应用。

依据水印内容，水印可分为有意义水印和无意义水印。有意义水印是指将某些数字图像或音频片段作为水印，在受到攻击致损后，还可凭人眼视觉来辨别水印。无意义水印是指水印内容是某段无规则数字或某串序列号，当水印在解码过程中出现偏差时，则需要特定的统计策略来检测水印是否存在。

依据水印用途区分，有票据防伪水印、版权标识水印、篡改检测水印和标志隐藏水印四类。票据防伪水印由于无法对票据进行过多修改，因此可以将更多的注意力放在水印的检测上，而忽略图像变换等攻击操作，所以该类水印算法一般比较简单。版权标识水印因需要维护数字产品所具有的商品及作品特性，因而在算法的鲁棒性及不可见性上要求较高，且嵌入的水印内容也不宜太大。篡改检测水印属于脆弱型水印，其主要目的在于维护产品数据的完备性及可靠性。标志隐藏水印是通过将一些具有保密要求的重要信息隐藏，使未经授权的用户无法读取。

依据水印隐藏位置区分，有空（时）域数字水印与变换域数字水印。空域数字水印是指在空间域方向上堆叠水印内容，而变换域数字水印则一般需要利用某些信号变换操作来实现。

三、数字水印技术

在众多的数字水印技术中，以图像为载体的水印技术由于广泛的用途引起了众多研究人员与学者的兴趣，已然成为当前水印技术研究的热点。所以，以图像为载体的水印算法方面的研究成果也相对较多。

（一）最低有效位算法

最低有效位（Least Significant Bit，LSB）隐藏算法属于空间域算法，通过用水印信息代替图像的最低有效位来实现信息的嵌入，在保证载体不可见性的前提下只需对其作微小的变换便能实现大量私密信息的隐藏。

Tirkel 等设想了一种以伪随机信号作为水印内容并在对其进行编码处理后再嵌入载体图像的灰度 LSB 中的最低有效位算法。在嵌入过程中对载体作自适应直方图处理，把像素值从 8bit 压缩至 7bit，然后在第 8bit 位嵌入水印内容，这样既避免了额外的噪声污染，也能够保证 LSB 平面的完备性。该方法是对 LSB 编码的扩展，高位的 LSB 被水印内容代替，因而在进行水印提取时，只要提取被水印内容代替的高位 LSB 就可。

虽然 LSB 在嵌入大量水印信息前提下只需较小地改变原始载体，但是受限于其隐藏原理，嵌入水印是脆弱的，难以抵抗一些有损的图像变换攻击，因此很难被大规模应用。

（二）离散傅立叶变换

离散傅立叶变换（Discrete Fourier Transform，DFT）反映的是信号与频率之间的关系。对于二维数字图像 $f(x,y)$，$1 \leqslant x \leqslant M$，$1 \leqslant y \leqslant N$，其二维离散傅立叶变换将空域的图像转换成频域的 DFT 系数 $F(u,v)$，其变换公式为：

$$F(u,v) = \sum_{x=1}^{M} \sum_{y=1}^{N} f(x,y) \exp(-j2\pi \left(\frac{ux}{M} + \frac{uy}{N} \right)) \tag{7-1}$$

$$u=1, \cdots, M; v=1, \cdots, N$$

反变换公式为

$$F(x,y) = \frac{1}{MN}\sum_{u=1}^{M}\sum_{v=1}^{N}f(u,v)\exp(j2\pi\left(\frac{ux}{M}+\frac{uy}{N}\right))$$
（7-2）

$$x=1,\cdots,M;y=1,\cdots,N$$

傅立叶变换实信号的傅氏变换系数由实部和虚部构成，所以需要在隐藏信息时考虑信息的隐藏部位是放在其实部或虚部，还是幅度或相位中。另外，由于实信号的傅立叶变换具有对称性，因此若把信息嵌入到傅立叶变换的幅频区域中，则必须遵循系数对称的规则方可通过逆傅立叶变换获取原始实信号。利用离散傅立叶变换的平移不变及缩放特性，通过把信息隐藏到傅立叶变换系数的幅度分量中，能够增强目标图像对平移及缩放攻击的抵抗能力。

有学者提出以相位幅度相结合的离散傅立叶水印嵌入算法，通过把水印内容分块嵌入载体图像变换域的幅度及相位成分中来实现信息隐藏，实验结果表明基于此算法的数字水印图像在不可见性及鲁棒性方面具有良好的性能，并且能抵抗噪声污染、图像变换等攻击，比单一相位水印算法或幅度水印算法具备更强的鲁棒性。

有学者研究了一种二维离散小波变换及傅立叶变换相结合的灰度图像水印算法，先对原始载体作离散小波变换，继而对要嵌入水印低频子带区域的图像作分块处理，同时对分块进行离散傅立叶变换，再将水印图像置乱后，根据肉眼视觉及边缘检测特性把水印信息以相适应的系数进行嵌入，最终通过傅立叶及小波逆变换获得嵌入水印后的图像。

（三）离散余弦变换

离散余弦变换（Discrete Cosine Transform，DCT）是图像压缩技术的核心，因此将水印信息隐藏在载体 DCT 域中，能够有效地抵抗 JPEG（Joint Photographic Experts Group）有损压缩攻击。离散余弦变换先将图像分割为 8×8 规格的像素块，然后通过二维 DCT 获得 8×8 子块的 DCT 系数，图像系数从左上、中到右下依次为低频、中频和高频部分，高频表示图像像素之间的变换趋势较快，反之低频则较慢，且因图像的高频区域在遭遇有损压缩或图像变换操作时容易失真，所以 Cox 等提出将水印内容隐藏到图像的低频分量中以期获得更高的鲁棒性。

基于图像变换的扩频水印算法先计算图像的 DCT，继而选择在 DCT 域幅值最大的前 k 个系数（通常是图像的低频分量）进行堆叠，因该部分对人眼视觉影响较大，将水印内容嵌入其中反而不易被攻击擦除。设 DCT 系数的前 k 个最大分量为

$$D=\{d_i\}, i=1,\cdots,k$$
（7-3）

水印的随机实数序列服从高斯分布，即

$$W = \{w_i\}, i = 1, \cdots, k \tag{7-4}$$

那么水印的嵌入算法为

$$\tilde{d}_i = d_i\left(+\alpha W_i\right) \tag{7-5}$$

其中，α 是用于掌控嵌入水印强度的常数因子，因此通过改变系数的大小就能控制嵌入水印的强度。利用新的变换系数作 DCT 反变换可获取水印图像，在提取时对原始图像 I 及水印图像分别作 DCT，能够从中提取出原始嵌入图像，再通过后续操作便能检测出水印是否存在。

有学者借鉴了多级离散小波变换的"多级"思想，讨论了以多级 DCT 变换的数字水印新算法，依据水印信号特性在多级离散余弦变换系数中择优选取恰当的像素进行隐藏，实验结果表明该算法相比于一般 DCT 更具稳健性，并且没有因为多级 DCT 而影响其时效性，经对多级 DCT 变换级数的分析后得知，选择合适的变换系数能够提高该算法性能。

有学者讨论了一种针对遥感领域图像信息保护的 DCT 自适应水印算法，利用置乱水印图像、设计自适应算法来确定嵌入位置及自动选择嵌入深度等手段实现将二值水印图像信息隐藏嵌入遥感图像的 DCT 变换域系数中的过程。该算法对形如噪声污染、图像压缩及滤波剪切等常见攻击方式有较好的抵抗性，具有一定程度的整体性能。

有学者提出利用离散余弦变换实现图像嵌入的数字水印算法，该算法符合常见的图像数据压缩标准，能够快捷廉价地完成水印图像嵌入，并且经 JPEG，MPEG 压缩后还能获得高质量图像效果，可在很大程度上解决因图像能量损失而导致的数字水印丢失问题。

有学者讨论了将数字全息及 DCT 集合的数字水印算法，能够将全息水印内容成功隐藏于载体图像中，且因数字全息图自身具备的不可撕毁性致使水印拥有较高的抵抗剪切攻击性能，还能隐藏比二维灰度水印更大的水印内容量。通过使用 JPEG 模型及分解 DCT 系数的方法来完成全息水印的隐藏，作傅立叶全息变换后能得到更具抗压缩能力的数字全息图。实验结果显示此类全息水印在抵抗 JPEG 有损压缩及剪切攻击方面具有较高的稳健性，且在对密钥进行加密后具有更高的安全性，可成为保障数字多媒体产品版权的有效措施。

基于图像变换的扩频水印算法不仅在视觉上不易察觉，且具有较好的稳健性，能够有效地抵抗 JPEG 压缩、滤波、数字信号 / 模拟信号转换等信号处理操作，还对形如剪切、缩放、平移与旋转之类的物理变换具有较强的抵抗性。

（四）离散小波变换

小波是对具有特定功能的函数进行局部化操作的函数。小波通过一个在有限区间

内定义的函数 $\varphi(x)$ 来构造，$\varphi(x)$ 称为母小波（Mother Wavelet）或基本小波。利用平移或缩放基本小波 $\varphi(x)$ 能够得到一组小波基函数 $\{\varphi_{a,b}(x)\}$：

$$\varphi_{a,b}(x) = \left|\frac{1}{\sqrt{a}}\right| \varphi\left(\frac{x-b}{a}\right)$$

（7-6）

式中：a 为缩放参数；b 为平移参数，即为沿 x 轴方向平移的位置。

将函数 $f(x)$ 以小波 $\varphi(x)$ 为基的连续小波变换定义成函数 $f(x)$ 和 $\varphi_{a,b}(x)$ 的内积：

$$W_f(a,b) = f,\varphi_{a,b} = \int_{-\infty}^{+\infty} f(x)\frac{1}{\sqrt{a}}\varphi\left(\frac{x-b}{a}\right)\mathrm{d}x$$

（7-7）

连续小波的逆变换为

$$f(x) = \frac{2}{C_\varphi}\int_{-\infty}^{+\infty}\int_{-\infty}^{+\infty} f,\varphi_{a,b}\varphi_{a,b}(x)a^{-2}\mathrm{d}a\mathrm{d}b$$

（7-8）

式中：C_φ 为母小波 $\varphi(x)$ 的允许条件，$C_\varphi = \dfrac{|\hat{\varphi}(\omega)|}{|\omega|}d\omega < \infty, \hat{\varphi}(\omega)$ 为 $\varphi(x)$ 的傅立叶变换，而 $\varphi(x)$ 则成为在平方可积范围内的实数空间 $L^2(R)$。

离散小波变换（Discrete Wavelet Transform，DWT）是数字水印领域重要的技术研究范畴之一，目前取得一定的研究成果。钮心忻等讨论分析了以小波变换为基础的水印嵌入及检测算法，利用小波变换把信号量分解到时频和尺度域 t，各级别的尺度与相应的频率范围相映射，再把原始语音信号利用 DaubechiesV 的小波基进行分解操作，保存前 L 级的粗糙分量，而通过对第 L 级精细分量作特殊闭环来实现水印内容的嵌入。该算法运算简单，对噪声干扰、滤波处理、剪切压缩等攻击方法具有较强的稳健性，将水印内容嵌入到载体信号能量最大的低频部分，不但利用强载体信息遮盖了水印，而且使含水印的载体能够在受到部分攻击破损的情况下进行检测提取，

有学者提出了一种以小波变换为基础的数字水印算法，以二值图像作为水印内容，利用小波变换将水印信号及同步检测信号隐藏于小波变换的第三层精细分量中，在水印提取过程中，先检测同步信号是否存在，再通过对音频段的小波闭环及与原始载体信号的对比便能提取和检测水印信息。

有学者提出了一种集合人眼视觉特性的小波变换水印算法，通过小波变换将水印内容嵌入到对人眼视觉不敏感的高频子带纹理区中，此方法不易被人眼察觉，也增大了水印的嵌入量。

有学者提出了将小波变换与 Arnold 置乱结合的数字水印算法，通过 Arnold 置乱将水印内容在嵌入前进行加密，然后通过 Arnold 反变换进行反置乱，在不用计算 Arnold 置乱周期的前提下便能以与 Arnold 变换相同的次数迭代恢复提取原始水印，缩短了提取流程，提高了效率。实验结果表明利用该算法得到的含水印载体在遭受各种攻击之后仍能提取到较高质量的水印，视觉失真较少，具有较强的鲁棒性。

小波变换拥有杰出的时频性能，将其用于数字水印领域的主要优点：一是嵌入的水印内容信号可分布于各空间域位置，提升了水印的不可见性；二是易于将人类视觉和听觉系统的相关特质融合于水印编码方法中；三是对数据压缩标准兼容，能在压缩域直接嵌入水印，拥有较好的抗压缩攻击性能。

四、数字水印应用

数字水印的特点决定了其产品在众多领域都有着广阔的应用前景，近几年来数字水印产品在各个领域逐渐兴起，总体来说主要包括以下几个方面。

（一）版权保护

数字产品的拥有者将用密钥产生的水印嵌入原始载体数据中用以标识产品所有权。当数字产品出现侵权纠纷时，可以将嵌入产品的水印内容提出来作为鉴定产品所有权的依据，以此确定产品归属。

（二）图像认证

图像认证即检测图像数据是否被修改过，一般用脆弱水印实现。图像检测一般需要对水印作某种变换操作，该操作不可避免会对水印的稳健性产生影响，所以在数字水印应用领域中，认证水印对稳健性的要求是最低的。

（三）标题与注释

将类似文章标题、批注等相关信息通过水印算法嵌入隐藏到数字产品中。如在照片中隐藏任务信息及拍摄信息，此类隐藏方式无须太多变换操作并且防丢失性好。

（四）篡改提示

当数字作品被赋予某些特殊用途时，经常有必要对其原始内容及是否修改信息进行鉴定，如在将数字产品作为物证的法庭及医学领域。通过将原始图像分割成若干单独的小块，然后为每个小块添加不同的水印内容就能达到上述目的。在检测时不需要提供原始数据输入，而只需对每小块的内容进行提取便能确定作品的完整性。

（五）使用控制

利用嵌入水印来佐证产品的使用、复制状况，如 DVD 防复制系统。

DVD 播放器在遇到带有嵌入禁止复制、播放、拷贝等水印信息的 DVD 盘片时，将终止播放操作，保证含嵌入信息的盘片的版权所有权。

第三节 数字水印－二维码标签的设计与实现

一、数字水印－二维码标签

随着二维码技术的兴起与普及，以二维码作为产品标签的技术方式越来越多地被应用于产品溯源、商品防伪及物流管理等领域。绝大多数的应用方案都是将商品相关信息以明文或密文的方式写入二维码标签中，当要进行溯源查询、真伪鉴定时，通过开放编码解码标准的通用或系统配套的。用二维码扫描识读软件扫描二维码标签，从而对其内容进行识别、读取和解密检测，以达到信息查询、真伪鉴定的目的。

从二维码结构及原理来看，其拥有快速方便的读写优势，但是受限于结构设计及存储原理，二维码在信息安全方面的表现稍显不足。即使在写入前对内容进行加密操作，攻击者使用遵循开放编码解码标准的二维码扫描设备也能够轻易地识读写入前的密文，这时从信息安全学来看，就已经移除了二维码本身的防伪性能，而将其转换为加解密领域范畴的技术问题。

现有的基于二维码的产品追溯系统大多是以二维码标签作为单独的防伪溯源信息载体，需对写入二维码标签中的内容进行加密才能实现防伪功能，但是因加密，该标签无法被开放编码解码标准的二维码识读器识别，消费者必须安装系统相配套的专用二维码识读软件才能进行识读追溯，无疑增加了消费者的溯源成本和企业生产成本。

本书在研究分析基于水印的不可见性、鲁棒性及二维码开放编码解码规则的基础上，提出将数字水印与二维码技术相结合的产品标识技术，用于产品的生产信息溯源和真伪信息鉴定。基于该技术的数字水印－二维码标签通过将数字水印鉴权信息嵌入二维码产品信息图像中作为产品标签，用于产品的生产信息溯源及真伪鉴定。

在农产品产品追溯系统中，农产品的加工生产环节将含农产品生产信息的二维码及含鉴权信息的水印编码生成的农产品数字水印－二维码标签粘贴或打印到产品包装袋上。消费者购买农产品后，可通过多种方式对产品的二维码标签进行溯源防伪查询。使用开放标准的二维码识读软件只能读取以明文方式写入的农产品生产信息，使用系统配套的查询软件除可查询生产信息外，还可对水印进行提取，从而得到产品的真伪鉴定结果。以网页或微信公众号方式进行溯源查询时，通过将二维码标签拍照上传的方式能够对当前农产品包装的生产信息及真伪信息进行提取鉴定，以达到防伪查询目的。

二、QR 码 DCT 研究

（一）原理概述

实现数字水印嵌入的算法分为空间域及变换域两类。空间域数字水印算法的研究主要出现在数字水印技术发展的早期，其将数字水印直接添加到载体数据中，因而对载体图像本身的质量影响较大，从而难以大范围地推广应用。变换域数字水印算法可在不引入原始载体明显缺陷的前提下嵌入大量编码数据，这类水印常采用类似扩频图像技术的方式实现数字水印信息的隐藏。变换域水印以常用的图像变换为基础，采用局部或全局变换的方式实现，其中包括离散余弦变换、离散小波变换及傅立叶变换等。

基于分块的离散余弦变换是最常见的水印算法之一，本书提出的将鉴权水印图像内容嵌入二维码载体的算法也是基于分块 DCT 方式实现的。离散余弦变换是一个典型的图像以及信号处理方式，基于 QR 码的 DCT 可以定义为

$$Y = DCT\big[\ f(x,y)\ \big] \tag{7-9}$$

其中，$f(x,y)$ 是 QR 码图像的区域，类似可定义为

$$X = [f(x,y)]_{N \times N} \tag{7-10}$$

其中，x 是 QR 码图像在特定分量上的强度，包括 x 和 y 两个方向，$N-1,N$ 为 QR 为 QR 码图像尺寸。将 Y 定义为 QR 码图像在某一个区域上的频率值，它的计算公式定义为

$$Y = [C(u,V)]_{N \times N} \tag{7-11}$$

其中，$C(u,v)$ 是指 QR 码图像在其尺寸区域内的频率值，$0 \leqslant u,v \leqslant N-1,N$ 为图像尺寸的大小，所以得到 QR 码的 DCT 变换公式为

$$c(u,v) = a(u)a(v) \sum_{x=0}^{N-1}\sum_{y=0}^{N-1} f(x,y) \cos\left(\frac{(zx+1)u\pi}{zN}\right) \cos\left(\frac{(zy+1)v\pi}{zN}\right) \tag{7-12}$$

其中：

$$a(u) = \begin{cases} \sqrt{\dfrac{1}{N}}, & u = 0 \\[2ex] \sqrt{\dfrac{2}{N}}, & u = 1,2,\cdots,N-1 \end{cases}, \qquad a(v) = \begin{cases} \sqrt{\dfrac{1}{N}}, & v = 0 \\[2ex] \sqrt{\dfrac{2}{N}}, & v = 1,2,\cdots,N-1 \end{cases}$$

可推导出相应的逆离散余弦变换（IDCT）如下：

$$f(x,y) = a(u)a(v)\sum_{u=0}^{N-1}\sum_{v=0}^{N-1}C(u,v)\cos\left(\frac{(zx+1)u\pi}{zN}\right)\cos\left(\frac{(zy+1)v\pi}{zN}\right) \quad （7\text{-}13）$$

其中：

$$a(u) = \begin{cases} \sqrt{\dfrac{1}{N}}, & u=0 \\ \sqrt{\dfrac{2}{N}}, & u=1,2,\cdots,N-1 \end{cases} \qquad a(v) = \begin{cases} \sqrt{\dfrac{1}{N}}, & v=0 \\ \sqrt{\dfrac{2}{N}}, & u=1,2,\cdots,N-1 \end{cases}$$

在对 QR 码进行 DCT 的实验中，采用标准的 QR 码编码解码方式实现对水印的嵌入提取操作。原始的 QR 码水印载体使用 512 像素 ×512 像素尺寸，其中纠错级别为 L 级、纠错恢复度为 7%，水印图像采用 64 像素 ×64 像素尺寸。

（二）评价标准

数字水印的鲁棒性以及不可见性一般使用峰值信噪比 PSNR 值及归一化参数 NC 值两个参数来衡量。PSNR 值表示原始图像和嵌入水印后图像之间的相似程度，是评价水印不可见性的标准。每 PSNR 值大于 30 时，肉眼便很难察觉到两个相关图像之间的差异，因此水印的不可见性也就越好。NC 值称为归一化相关系数，用来度量原始水印及提取出来的水印图像之间的相似程度，NC 值越是接近于 1，表明所检测提取出的水印图像效果就越好。

峰值信噪比 PSNR 值的计算公式定义如下：

$$PSNR = 10\log_{10}\left(\frac{255^2}{MSE}\right)(\text{dB}) \quad （7\text{-}14）$$

其中，MSE 可被定义为

$$MSE = \frac{\sum\left(f_w|\ x,y\ |-f|\ x,y\ |\right)^2}{n} \quad （7\text{-}15）$$

其中，$f_w(x,y)$ 是含嵌入水印信息的 QR 码图像，$f(x,y)$ 是嵌入水印的原始载体图像，n 是图像像素。

归一化相关参数 NC 值的计算公式为

$$NC = \frac{\sum_i \sum_j W_{(i,j)} - W'_{(x,y)}}{\sum_i \sum_j \left[W_{(i,j)} \right]^2}$$

（7-16）

其中，$W_{((i,j)}$ 和 $W'_{(i,j)}$ 分别代表在 (i,j) 位置的原始水印值及提取后的水印值。

（三）基于 Arnold 置乱及 DCT 的水印算法

1. 算法原理

本书改进了一种将二值水印图像嵌入到二维码载体图像中的数字水印算法，该算法在 DCT 变换的基础上，引入了 Arnold 变换置乱技术，以实现对水印图像的预处理加密，然后在将水印信息嵌入 DCT 变换系数的过程中，其嵌入系数由根据水印和载体的信号值构造出的 Hash 函数确定，从而能够有效地减小水印嵌入对原始载体图像质量的影响。

算法的嵌入过程：首先对水印内容进行 Arnold 变换，得到置乱后的加密水印内容；然后对二维码载体进行分块 DCT 变换，其嵌入系数由根据水印及载体分块的信号值构造的 Hash 函数确定；最后对每块进行 DCT 逆变换，合并之后即可得到含水印的载体图像。

算法的提取过程：首先对含水印信息的载体图像进行分块 DCT；然后根据嵌入时所选的系数可获得各分块的嵌入信号；最后将提取到的各分块信号进行合并，再经过 Arnold 反变换之后便可得到原始的水印图像。

2. Arnold 变换

Arnold 变换也称二维 Arnold 变换，是 Arnold 在分析自同态问题时遇到并提出的。在数字图像领域，Arnold 变换可定义为

$$\begin{bmatrix} x \\ y \end{bmatrix} = \begin{bmatrix} 1 & 1 \\ 1 & 2 \end{bmatrix} \begin{bmatrix} x \\ y \end{bmatrix} \bmod N \quad x, y \in \{0, 1, \cdots, N-1\}$$

（7-17）

其中，(x, y) 和 (x, y) 分别指原图像和新图像的坐标像素，N 表示数字图像矩阵阶数，即为图像大小。

Arnold 变换是通过改变图像像素坐标来改变其灰度值的布局以达到置乱的目的。数字水印技术中在对水印内容进行预处理时可利用 Arnold 变换来置乱水印图像，则在后期水印提取之后就需要对其进行原样恢复。大多数研究中都是采用 Arnold 变换的周期性（也称周期算法）来实现该过程，其流程是假定原始水印图像需要通过 n 次 Arnold 变换迭代才能达到目标置乱状态，如若需要从该状态开始连续迭代 $T-n$ 次才能恢复到原始图像状态，这时 T 就称为 Arnold 的变换周期。

由于需要通过不断迭代才能求得图像的置乱周期 T，所以算法在进行多次迭代时显然需要更大的时间及空间开销。所以，有学者提出了一种利用逆变换矩阵来求 Arnold 反变换的更优算法，使得从目标置乱状态恢复到原始状态只需要使用置乱时同样的迭代次数，而不需关心该图像的置乱周期。其 Arnold 反变换公式定义为

$$\begin{bmatrix} x \\ y \end{bmatrix} = \begin{bmatrix} 1 & -1 \\ -1 & 1 \end{bmatrix} \begin{bmatrix} x \\ y \end{bmatrix} \bmod N \quad x, y \in \{0, 1, \cdots, N-1\} \tag{7-18}$$

将变换中的矩阵标记为 A^{-1}，对该变换进行反复迭代，有迭代公式

$$P_{xy}^{m+1} = A^{-1} P_{xy}^m \bmod N \quad m = 0, 1, 2, \cdots \tag{7-19}$$

3. 水印嵌入

以二值图像作为数字水印信息，在进行 Arnold 变换的置乱预处理后，对载体图像进行 8×8 的分块处理，再根据水印图像及载体图像的信号特征构造 Hash 函数来确定水印的嵌入系数 α 及控制变量 c，将数字水印的灰度值直接嵌入到载体图像的 DCT 变换域中，最后通过逆 DCT 变换及合并分块完成水印信息的嵌入。

算法的嵌入过程：设原始载体图像 Z，大小为 $M \times N$，水印图像为 W，大小为 $P \times Q$，且 M 和 N 分别为 P 和 Q 的偶数倍。

算法实现的具体步骤如下：

（1）利用 Arnold 变换对水印图像作预处理，先经多次变换获得水印的 Arnold 置乱周期 T，然后对水印图像作 T/2 次 Arnold 变换，得到置乱后的图像 W'。

（2）将载体图像 Z 分解成 $(M/8) \times (N/8)$ 个 8×8 大小的方块 $BZ(m, n)$，同时，将 W' 也分解成 $(M/8) \times (N/8) \uparrow \dfrac{8 \times P}{M} \times \dfrac{8 \times Q}{N}$ 大小的方块 $BW'_{m,n}$，其中 $1 \leqslant m \leqslant \dfrac{M}{8}, 1 \leqslant n \leqslant \dfrac{N}{8}$。

（3）对每一个分块进行 DCT 变换，有 $DBZ'_{m,n} = \mathrm{DCT}(BZ_{m,n})$。

（4）计算嵌入水印信息后的分块数据 $DBZ'_{m,n}$，根据水印分块 $BW'_{m,n}$ 和载体分块 $DBZ'_{m,n}$ 信息构造 Hash 函数来确定嵌入系数 α 及控制系数 c，分块嵌入公式如下：

$$DBZ_{m,n}^n(s_i) = DBZ'_{m,n}(s_i) \times (1 + \alpha c) \tag{7-20}$$

其中，s_i 指 $DBZ'_{m,n}$ 中的位置坐标 $1 \leqslant i \leqslant \dfrac{8 \times P}{M} \times \dfrac{8 \times Q}{N}$。嵌入系数 α 与控制变量 c 的取值分别由根据水印及载体图像相应位置上的信号量构造的 Hash 函数决定。此时，$DBZ'_{m,n}$ 即是嵌入水印信息后的分块数据。

（5）对上述的每一个 $DBZ'_{m,n}$ 进行逆 DCT 变换，有：$IDBZ_{m,n} = IDCT\left(DBZ_{m,n}^n\right)$。

（6）将各子块的 $IDBZ'_{m,n}$ 合并可得到整图 Z'，即为嵌入水印信息后的新图像。

在这个过程中，嵌入系数 α 及控制变量 c 的选取是非常重要。提取时，嵌入系数 α 作为信息标识符使用，用来区别分块图像在不同位置是否进行了水印信息的嵌入操作。所以，可将 α 的取值限定为 $\{-1,1\}$，具体取值由水印分块 $BW'_{m,n}$ 决定，可构造其 Hash 函数：

$$\alpha = H(x) = \begin{cases} -1, & BW'_{m,n}\left(t_i\right) = 0 \\ 1, & BW'_{m,n}\left(t_i\right) \neq 0 \end{cases} \tag{7-21}$$

其中，t_1 指水印 $BW'_{m,n}$ 中的位置坐标，$1 \leqslant i \leqslant \dfrac{8 \times P}{M} \times \dfrac{8 \times Q}{N}$。

控制系数 c 的取值会影响原始载体位置及嵌入水印后载体位置的比较。因此，c 和 α 的乘积应尽可能小，才能保证嵌入水印后的图像与原图像相比不会出现太大的差异，即嵌入水印后的载体图像在肉眼范围内很难辨别。因 α 的绝对值为 1，所以 c 的取值范围固定在 $[0.01, 0.1]$ 嵌入水印后图像的质量、提取到的载体质量及嵌入后图像与原图像的 PSNR 值均受 c 的影响。

为兼顾控制变量 c 的取值对上述各结果因子的影响，采用了根据不同载体分块信号 $DBZ'_{m,n}$ 值构造的 Hash 函数来决定控制变量 c 的取值，其 Hash 函数构造公式为

$$c = H(x) = \begin{cases} 0.1, & DBZ'_{m,n}\left(S_i\right) = 1 \\ 0.01, & DBZ'_{m,n}\left(S_i\right) = 0 \end{cases} \tag{7-22}$$

公式中，对不同的分块位置信息 $DBZ'_{m,n}(S_i)$ 采用不同 c 值。根据二维码图像中，黑色像素点为二进制"1"和空白像素点为二进制"0"的特点，当 $DBZ'_{m,n}(S_i)$ 为 1 时，c 取 0.1，这是因为该像素点有黑色图像的存在，对整个载体图像的影响相对较小；反之，当 $DBZ'_{m,n}(S_i)$ 为 0 时，其像素点为空白图案，对像素点的改变较为敏感。所以，c 取 0.01 使得嵌入水印后的像素点与原像素点值越接近，其图像质量变化越小。

综上所述，在实现水印嵌入时，根据各分块位置水印信号及载体信号的值构造公式（7-10）的 Hash 函数来确定嵌入时的控制变量 c，能够兼顾到嵌入图像质量、算法 PSNR 值和提取后水印质量的优化平衡，所以，具有较好的不可见性与鲁棒性。

4. 水印提取

水印提取是嵌入操作的逆过程。从嵌入算法中可知，要在嵌入水印的图像中提取水印，需要先将嵌入水印的图像 E1 进行分块 DCT，再根据水印提取公式获得水印信息，经合并和 Arnold 变换置乱之后便能恢复得到原始水印图像。

提取算法的具体步骤如下。

（1）将含水印的图像 EI 分解成 $(M/8) \times (N/8)$ 个 8×8 大小的方块 $BEI_{m,n}, 1 \leqslant m \leqslant \frac{M}{8},\ 1 \leqslant n \leqslant \frac{N}{8}$。

（2）对上述每一个分块进行 DCT 变换，有 $DBEI'_{m,n} = DCT(BEI_{m,n})$。

（3）对 $DBEI'_{m,n}$ 的每一个位置 S_i，将 $DBEI'_{m,n}$ 值与 1 或 0 进行比较，由嵌入过程中的公式（7-9）运算可得到各分块 $DBEI'_{m,n}$。

（4）将上述各块 $DBEI'_{m,n}$ 进行合并，得到整图 W'。

（5）将 W' 进行 T/2 次 Arnold 变换置乱，得到原始水印 W。

5. 实验分析

从直观角度来看，使用二维码识读设备对嵌入水印后的二维码图像进行读取，其内容与嵌入前的内容保持一致，且识读速度与原始图像无异，说明水印的嵌入不影响二维码图像信息的识读以及内容，从嵌入水印的图像中提取的水印图像与原水印相比，虽出现个别噪声点但仍然清晰可见，能够直接用于真伪鉴别。

第四节　智慧农产品双向追溯系统设计

一、智慧农产品双向追溯模式构建

在国内农产品与食品行业，针对不同的产品从生产到消费路径不同的特性，开发出了不同的产品溯源模式，它们具有两个共同的特点：一是研究的主要对象是商品信息，即消费者或者分销商通过一维条码、二维条码或者射频标签查询生产源头，确定相关产品的质量好坏和真假；二是研究的主要技术手段集中在生产过程中的数据收集、管理、传输与表示。这些溯源模式称为单向溯源模式。针对单向溯源模式中消费者追溯所产生的数据闲置、追溯功能局限于消费者及生产商和分销商向后追踪产品的流向和市场销售等数据，本书提出了一种农产品双向追溯模式，其中信息流即数据流，记录农产品种植采收、加工生产、物流运输和销售过程的所有信息及走向，为追溯系统做好数据准备。追溯流分为两个方向：向上溯源农产品和向下追溯农产品销售信息等。向上体现为追溯农产品来源，如消费者可以追溯农产品的种植、生产过程和销售区域和销售商；消费者仅能向上追溯，其余各个环节都能向下追溯。向下追溯体现在对下游销售、库存和消费群体进行数据统计分析，给企业决策提供有效信息，比如加工生产环节可以向下追溯产品的区域销售、种类销售和消费群体等数据，进行数据分析和决策，但用户也可以向上追溯，查询农产品种植管理信息，种植管理则仅能向下追溯，查询产品的流向及销售状况。

在智慧农产品双向追溯模式中，农产品种植管理是农产品追溯的源头，消费者购买农产品之后，能够根据其二维码查询到产品生长种植信息，从而做到产地溯源；同时，作为源头管理，也可以通过向下溯源了解销售情况，给以后的生产和种植做出正确的决策。农产品加工生产是整个追溯过程的核心环节，是从种植基地采摘农产品进行加工处理并记录各加工工序信息，通过农产品包装袋上的二维码标签，做到对农产品加工信息的溯源查询；同时，通过向下的溯源了解到销售情况和趋势，为加工和生产做准备。农产品销售商是追溯过程中不可或缺的，向上溯源查询农产品质量及真伪，向下溯源则能够统计分析农产品在各地区的销售情况，形成统计报表，提供销售趋势，为物流和仓储做准备。消费者为追溯终端，只能向上溯源，通过二维码标签信息对产品的真伪及生产信息进行查询，同时还可收集每一种农产品的销售统计情况，为消费者提供消费参考。

二、基于双向追溯模式的系统构建

根据智慧农产品双向追溯模式与农产品溯源分析，系统划分为农产品种植管理、农产品加工生产管理、农产品销售管理、农产品防伪溯源查询、数据统计与决策及用户管理等 6 个模块。

种植管理模块是农产品追溯的源头模块，这一模块详细记录着农产品的生长环境信息（如产地、块地、采摘时间）和农事活动信息（如打药、施肥等）及其他自然生长信息。消费者购买农产品之后能够根据其二维码串号查询到其生长种植信息，从而做到产地溯源。

加工生产管理模块是防伪溯源系统的核心数据来源，也是用户最为关注的信息，详细记录了从种植园采摘到农产品进行加工处理的全过程，包括在最小农产品包装上打印唯一的产品二维码标签，做到每包农产品的唯一标识。

销售管理模块是统计各地区各经销商的销售记录和库存，形成报表并且提醒用户。

防伪溯源管理模块提供不同用户的查询接口，消费者能够查询农产品从田间种植到生产加工、运输销售的整个环节信息；企业能够查询生产销售信息；质监部门能够抽查产品质量，查看涉假信息。

数据统计与决策模块主要是对不同地区、不同消费群体的消费意愿进行数据分析，为种植、生产和销售环节的决策提供数据支持。

用户管理模块主要是给不同部门用户授予不同管理权限，保障系统安全稳定运行。

三、基于数字水印－二维码标签的农产品双向追溯系统设计

（一）农产品追溯系统概述

农产品是人类赖以生存的物质，也是促进人类进化的必备物资。农产品质量和人类生存息息相关，也是威胁人类身心健康的重要因素。保障农产品质量安全就是保护人类生命安全，因此加强农产品种植、生产加工、施肥用药、采收、分拣、清理、包装、运输、保鲜保质等全产业链过程的质量监控，是保障农产品质量安全的重要举措和决策。

近年来，国内农产品消费市场展现出良好的势头，各大农产品类的供需情况增幅显著，农产品各大产业在依托当地政府政策扶持及优势企业的持续努力下，正迎来了新的发展契机。未来农产品各产区政府逐渐将政策偏向于扶植农产品企业，加之自由市场的推动及产销企业的发展，农产品产业的增长规模及盈利能力将会越发凸显。农产品生产销售市场规模将会快速扩张，大批科研成果将会涌现，农产品将引领新的消费趋势。伴随农产品消费市场的快速增长，农产品质量安全问题受到了消费者越来越多的关注。农产品质量安全问题发生时，因缺少产品追溯标志，无法及时对问题产品进行追踪定位，难以在第一时间做出补救应对措施。随着信息技术在农产品领域的深入应用和发展，利用各种信息技术来追溯农产品来源、监控农产品质量成为农产品发展的必然趋势。

产品追溯系统作为一种有效的质量安全监督保障机制一直备受全球各国重视，欧盟颁布了《食品基本法》，要求销售的产品必须具有可追溯标签。我国在《进一步加强食品安全工作的决定》中构建了具有统一标准的农产品质量安全标准体系和农产品质量安全监管追溯制度，并于 2006 年提出了构建全国性的农产品质量追溯体系，2016年又出台了《国务院办公厅关于加快推进重要产品追溯体系建设的意见》，要求实现农产品从种植基地到餐桌的全过程追溯。目前，研发的各类农产品追溯系统主要集中在植物源追溯系统、畜禽追溯系统、水产品追溯系统等方面，这些系统普遍是以构建一个数据库为中心，将农产品种植、生产、加工、包装、仓储、物流运输、销售等过程的各个环节中所产生的数据上传到这个数据库中。质量监控部门只能通过调用这个数据库中的数据来监控农产品质量，并以此采取有关措施应对相应的产品质量问题。消费者通过向这个数据库发送查询请求才可得到相关的农产品信息。质量监控部门、消费者等完全依赖这个数据库中的数据对农产品质量进行判断。

当前，农产品追溯系统都关注于利用新兴的信息技术如何实现农产品的追踪溯源，比如区块链技术、物联网技术等实现农产品追踪溯源，而忽视了对农产品的防伪考虑。多数将产品信息写入条码标签作为追溯载体的农产品追溯系统，受限于条码结构特点，条码标签易被复制、保密性不强，因而无法作为唯一性标识来鉴别农产品真伪。本书提出了数字水印与二维码相结合的农产品追溯标志技术，将农产品真伪认证信息以数字水印的方式嵌入二维码生产信息图像中作为农产品追溯标签，满足了农产品生产信息追溯和真伪鉴别的双重需求。基于该标签追溯技术所构建的农产品追溯系统，既实

现了农产品企业对农产品的生产信息化管理，又有利于监管部门对农产品生产的质量监督以及消费者的农产品溯源。

（二）系统双向追溯流程

农产品质量跟踪追溯和防伪系统的主要目的在于将在农产品种植、施肥用药、生产加工、仓储物流、销售等过程中所产生的全部信息，一项不漏地收集存储至系统专用数据库中，以便对各过程进行监督和回溯。通过对柑橘、茶叶、水稻等农产品的全产业链跟踪调查分析，农产品质量追溯系统中农产品流程可分为五个环节：种植、加工、储运、销售与溯源。

农产品种植环节是指在种植基地的栽种阶段，农产品从种植到生长再到采摘的过程都是在这一阶段完成的。这一环节中能够对农产品品质产生影响的客观因素有种植基地温度、雨水、土壤酸碱度等，主观因素有农产品品种、施肥打药等农事活动的质量、采摘时的方法和天气时节等。农产品标签上写入的产品信息中需要包含农产品的种植地信息，该阶段记录农产品种植园的地理位置信息、土壤信息、天气信息、农产品生长、施肥打药与采摘信息等。

农产品加工环节是影响农产品成品质量的关键环节。农产品从生产到加工成用户所需的成品，需要经历多道加工工序，尤其是根据农产品种植、加工信息生成二维码标签并进行封袋粘贴或者印刷，由于该标签直接用于农产品的产品信息溯源和真伪鉴定。每个工序的操作质量都会影响农产品质量。该阶段也是农产品质量问题多发环节，每个环节都需要详细记录农产品加工工序的详细信息及产品标签信息，如工序流程、标准、温度、时间、责任人、标签生成记录、标签状态、数量等。

农产品储运环节是指农产品的仓储、物流运输环节。该环节是农产品质量监督最为薄弱的环节，一些不良商人看准了企业在这一环节的监督乏力，经常趁机将假冒伪劣商品混入市场以牟取利益。农产品从生产商处往各地经销商运输的过程中，容易被人为调换，出现以次充好、以假乱真的现象。农产品追溯系统为了实现对产品运输的跟踪与监管，可在农产品运输过程中粘贴用于记录运输信息的二维码标签，各经销商在进行产品出入库时，只需扫描标签便能将运输信息输入系统物流数据库中。该阶段记录经销商信息、农产品批次、出库时间、入库时间、运输方式、运输责任人等。

农产品销售环节主要记录农产品的销售信息。农产品销售时，各地经销商记录农产品的售出时间、品种及数量等信息。系统汇总各地数据后，能够生成全局及各地域的销售报表，可反馈给农产品种植企业或合作社，以便他们对农产品种植做出决策分析。该阶段记录经销商信息、所售种类、所售数量、售出时间及销售地区等。

农产品溯源是指消费者、农产品生产商或农业合作社、质量监控部门等用户，通过二维码扫描软件或拍图上传以网页形式对产品的种植生产、真伪等信息进行查询的过程。溯源过程中，消费者可根据查询信息判断所购买的农产品是否为假冒伪劣产品，农产品生产企业或农业合作社可根据查询信息判断自己的产品是否有假冒伪劣现象，质量监控部门可根据查询信息判断是否有假冒伪劣农产品于市场上流通。该阶段通过

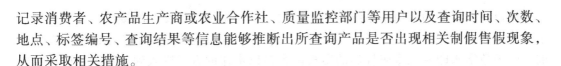

记录消费者、农产品生产商或农业合作社、质量监控部门等用户以及查询时间、次数、地点、标签编号、查询结果等信息能够推断出所查询产品是否出现相关制假售假现象，从而采取相关措施。

（三）系统构建

1. 系统架构设计

基于数字水印－二维码标签的农产品双向追溯系统是以数字水印、二维码技术为载体，汇聚各类传感器、网络通信、信息系统及数据库等技术构建的综合性信息监控平台，记录了农产品从种植、施肥、用药、采摘、清理、分拣／分割、生产加工、仓储物流到销售溯源全过程的信息，实现了对农产品生产的全程跟踪和产品溯源。

系统采用成熟的 B/S（Browser/Server，浏览器／服务器）体系结构，将分布在各地的农产品种植基地的农户、生产加工企业或农业合作社、仓储物流公司、经销商等汇聚在一个系统中，这些用户通过浏览器就能登录系统，实现各自环节相关信息的录入、修改、保存、删除、查询等操作。各环节的信息数据库可以共享，保证了追溯系统最后环节的消费者进行产品溯源时，能够查询到农产品的种植、施肥、用药、加工、物流运输等信息。

依据软件工程和 B/S 体系架构原理，农产品双向追溯系统可以划分为数据采集层、平台应用层和用户访问层，实现了农产品信息采集、管理和决策的共享，能够为种植基地、生产加工企业／农业合作社、经销商、政府监管部门和消费者等进行产品追踪、质量监督和溯源查询提供支持。

数据采集层负责采集农产品在各个生产流通阶段的信息，建立系统数据库，为平台应用层提供数据支持。在种植阶段，通过各种传感器采集空气温湿度、土壤温湿度、土壤酸碱度、光照度、土壤电导率、盐分、光合辐射、日照时数、紫外辐射、雨量等变化信息。农事活动信息可通过系统由从事农事活动的工作人员录入，工作人员信息通过身份证识读器识别。在仓储运输环节，通过二维码标签扫描设备将产品的出入库、运输情况录入系统的仓储和物流数据库。在溯源环节，消费者进行查询时，每次查询信息根据其查询手段进行记录，并自动录入系统。这样，保证了在农产品各个阶段的信息都能够被存储于系统数据库中，方便对信息的加工及挖掘。

平台应用层包括农产品生产信息管理系统及产品溯源两个应用方面，主要由基于数字水印－二维码标签的农产品追溯系统提供支撑。信息管理系统分为农产品种植基地、生产加工企业／农业合作社、销售溯源等三个子管理系统，分别部署至各地的农产品种植基地、生产加工企业／农业合作社和经销商处。从软件工程方面来说，各个子系统都是一个独立的信息系统，可以单独用于各企业的生产管理，但三者之间又有着数据共享的关系。产品溯源应用的对象是各地经销商和消费者。经销商在进行产品的流通销售时，也可对出入库农产品的真伪、生产信息等进行查询，消费者在购买时，以二维码标签为追溯载体，利用移动扫码应用或网页提交查询的方式对农产品生产信息、真伪信息进行鉴别查询。

用户访问层是为使用本系统的用户提供一个与系统进行交互的接口。这里的用户主要是指购买农产品的消费者，其访问系统接口的权限主要是用于产品标签的真伪查询。由于数字水印－二维码标签的鉴权内容是以水印的方式嵌入到二维码生产信息标签中，开放标准的二维码识读软件只能读取以明文方式写入的农产品信息，所以要从标签中提取鉴权水印则需要使用系统配套的二维码扫描软件或通过将标签拍照上传到网页查询接口的方式进行提取检测。在移动端，可使用普通二维码扫描软件或系统专用的查询软件来进行标签的鉴权溯源。在桌面计算机端，需要将二维码标签拍照上传到指定接口，系统才能从标签图片中提取水印图像鉴别真伪，然后返回查询结果。

2. 数据库分析与设计

数据库设计是针对特定的应用场景，分析设计最优的数据库模式，并在此基础上建立数据库，以满足数据库各种用户的应用需求。本系统的数据库平台采用 Oracle Database（又称 Oracle RDBMS），它是当前世界上使用范围最广、性能最优的关系型数据库管理系统，它的可移植性好，使用方便，功能全面而强大，能够为各类大、中、小型应用场景提供性能优良、稳定性高的数据库解决方案。

（1）概念结构设计

概念结构设计是指利用信息技术领域的概念模型原理将需求分阶段获取的用户需求进行抽象的过程。采用 E-R（Entity-Relationship，实体－联系）方法的数据库概念设计可分为局部 E-R 模型设计、局部视图设计及 E-R 图设计和局部视图集成到概念视图三步。概念设计中一般常用的策略有四种：自顶向下、自底向上、由内向外和混合策略。

以农产品种植基地部分数据库设计为例，它的实体属性分为 5 个部分：地块实体、农产品实体、施肥实体、用药实体和采摘实体。地块实体包括名称、所属单位、面积、坐标位置、土壤成分、pH 值、温湿度、盐分、土壤温湿度、土壤电导率、日照时数、雨量等。农产品实体包括农产品名称、品种、产地、形态特征、生产特征、栽种时间、栽种密度、栽种地块、首次采摘时间等。施肥实体包括肥料名称、种类、肥料生产商、用量、原因、地块、时间、施用人等。用药实体包括农药名称、种类、生产商、用量、病虫害类、地块、时间、施用人等。采摘实体包括采摘时间、重量、部位、方式、天气、地块编号、产期等。

（2）物理结构设计

数据库的物理结构设计是指利用特定数据库管理系统所具备的物理存储结构特性，某些具体的功能任务选取最优的物理存储结构、方法和路径，以期提升数据库存储效率及访问性能的过程。

3. 系统功能模块

基于数字水印－二维码的农产品双向追溯系统将农产品从种植基地开始，经农事活动到采摘、生产加工、贴标封装出厂、仓储运输、销售、追踪溯源的整个过程中数据的流通及记录构成了贯穿整个追溯系统的重要线索。

根据对农产品种植、农事活动、生产加工、仓储运输、销售以及溯源的流程分析，并结合追溯系统的架构和农产品种植生产企业或农业合作社的实际需求，将基于数字水印－二维码标签的农产品双向追溯系统划分为种植基地管理子系统、加工生产管理子系统、运输销售管理子系统、防伪溯源管理子系统、分析决策管理子系统、权限管理子系统等模块。

种植基地管理子系统作为一个独立的信息管理系统主要供农产品种植基地使用，能够对种植基地的地块信息、农产品信息、农事活动、员工信息等相关操作进行管理。种植基地模块的用户分为管理员和普通员工两类。普通员工拥有对农产品信息、地块信息、农事活动的查询与录入权限，如在进行农事活动录入时，通过刷身份证的方式来录入个人责任信息。

管理员拥有该模块的所有权限，包括对普通员工信息的管理及对农事活动信息的增加、删除、修改和查询等操作。

加工生产管理子系统用于农产品加工生产的信息化管理，包括对农产品进行各项加工工序的管理、数字水印－二维码标签的嵌入生成、加工完成之后产业的装袋包装及最后的仓储过程。加工厂管理子系统的用户也分管理员和普通员工两类。普通员工有对加工工序操作信息的查询和录入权限以及对产品的包装和入库管理权限。管理员除具有对加工信息及库存信息的增加、删除、修改、查询等权限外，还具有依据农产品及加工信息编辑生成数字水印－二维码防伪标签的权限，相应地需要将生成的标签信息存储到标签防伪数据库，以供末尾环节消费者的真伪鉴定。

运输销售管理子系统主要是对农产品的物流信息、各地经销商的库存和销售等进行管理。农产品的数字水印－二维码标签在加工厂阶段已完成，因此在标签中只能写入农产品在种植及加工阶段的信息，而对加工厂后续的运输、销售环节信息只能通过网页查询接口才可获知。在农产品的运输销售过程中，各地经销商在出入库时，对产品进行扫码的方式将产品的物流和销售信息录入农产品的物流和销售数据库。在溯源查询时，物流数据库对农产品的串货、打假提供支持，而销售数据库则用于生成各类销售报表，在反映产品销售情况的同时，也可为企业的种植、生产和销售等规划决策提供数据支持。

防伪溯源管理子系统主要是供消费者、经销商对农产品的真伪鉴定及种植、生产加工信息溯源。农产品从种植到消费的全过程中所产生的数据将自动进入溯源数据库，农产品种植、生产加工企业或农业合作社利用该数据库可以对各地域农产品制假售假现象的数据进行分析统计，以便制定对应措施。消费者在使用系统配套二维码扫描查询软件扫描农产品的二维码标签时，除了将标签内的信息以明文方式存储的种植、生产信息直接读出外，还需要使用数字水印提取算法将嵌入二维码标签内的用于鉴定产品真伪的水印图像提取出来，同时要对此次查询操作的相关信息进行记录，如查询时间、查询标签编号、查询方式、查询手机号码、查询结果等。网页溯源方式要求将二维码标签图片拍照上传到指定的农产品追溯系统中，并能够对二维码标签的内容和水印图像进行读取识别，同时记录查询 IP 地址、查询时间、查询方式、查询结果等信息。

权限管理子系统主要是对系统各类型用户的系统访问权限进行设置与控制。农产品双向追溯系统各子系统的使用人员分处多个不同地区，且相互独立，因此各不同子系统之间的用户应该保持相对的独立性，若种植基地用户只能访问种植基地子系统，加工企业用户只能拥有加工企业子系统的操作权限，经销商只能对运输销售子系统拥有相应的权限等。权限管理子系统还需对系统的网络安全进行防护与检测，对一些非法用户的暴力攻击或其他操作手段进行预防，保证系统数据安全和稳定运行。

4. 农产品标签的识别与检测

农产品标签的识别与检测是指系统对农产品的数字水印－二维码标签的二维码内容读取和数字水印的提取鉴权。系统提供移动端以及桌面计算机端两种溯源查询方式来识别读取二维码标签内容。

在移动端，系统提供配套的二维码扫描专用程序对标签明文二维码生产信息进行读取并将提取检测隐藏鉴权水印。在仅使用开放标准的普通二维码扫面软件扫描产品标签的情况中，可以读取以明文方式的存储的农产品种植及生产信息，但是无法检测和提取用于鉴别产品真伪的数字水印。

在桌面计算机端，系统提供网页查询接口，用户以拍照的方式将二维码标签上传后即可实现二维码识别和数字水印的提取检测，同时能够查询农产品的物流销售信息。

第八章 智慧农机装备

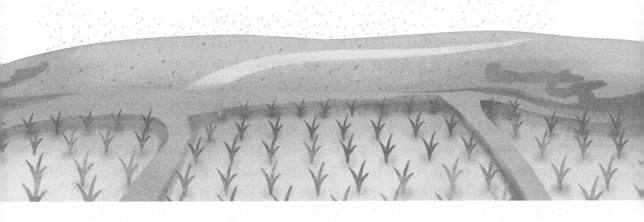

第一节 智能农业动力机械

一、智能农业动力机械概述

农业动力机械是为农业生产、农副产品加工、农田建设、农业运输与各种农业设施提供原动力的机械，典型代表为农用拖拉机。动力机械的智能化包括农用拖拉机、大型自走式农机（联合收获机、植保机械等）在行走、操控、人机工程等方面，利用GPS自动导航、图像识别技术、计算机总线通信技术等汽车航天技术来提高机器的操控性、机动性和人员舒适水平。在动态环境下，先进的农业技术通过电子信息技术的逻辑运算、传导、传递，发出适宜指令指挥科研仪器、农业动力机械来完成正确动作，从而实现农业生产和管理的智能化。农业动力机械"智能化"所要达到目的是工作效率化、作业标准化、农机舒适化、人机交互人性化和操作傻瓜化等。

因为全球人口数量持续增加，农产品需求随之上升，在有限的农地上，生产效率必须提高，同时还要设法降低成本。而当前的首要任务，是农业生产的机械化、智能化推广。

二、新型节能环保农用发动机

现代农业必须依靠机械化才能实现大面积作业和规模化生产多年以来，我国的农业机械采用的是传统设计方法，资源和能源消耗大，效益低，对环境污染严重，是一种高投入的粗放型生产模式。伴随着农业现代化进程的不断发展，农业机械也在向着高质量、多功能、低能耗和低成本等方向发展。

在农业机械设备中，遵循节能环保理念具有重要作用，能够提高土壤质量、减轻环境污染、促进农业现代化。正因为如此，在设计过程中应该以节能环保理念为指导，并采取相应的策略，更新设计观念、正确选择材料、使用节能燃料、重视技术创新、加大支持力度，以促进农业机械设计水平的提高。

针对我国量大面广的农用发动机燃油消耗量大、燃烧不充分、噪声大，亟待技术升级换代的现实，研发新型节能环保农用发动机势在必行。新型节能环保农用发动机的研发将突破新型节能环保农用柴油机动力性、经济性、排放和降噪等关键技术，建立非道路柴油机新产品开发平台，研究发动机智能控制、智能测试及远程检测等关键技术，开发发动机智能控制系统、远程数据采集及故障预警诊断维护一体化系统、高压共轨喷射系统、EGR 系统和排气后处理系统等，实现关键零部件全部自主研发，形成具有完全自主知识产权的核心技术。新型节能环保农用发动机将大大提升我国的新农用发动机研发制造能力。

三、重型智能化拖拉机

重型化与智能化是我国拖拉机发展的最主要趋势，大型拖拉机动力换挡技术、无级变速技术、负载传感液压提升技术等核心技术是制约重型智能化拖拉机发展的瓶颈，应着力研究节能降耗制造工艺、产品全生命周期设计与评价、信息化、数字化、网络化等重型拖拉机智能制造技术。

我国农机工作者在以上的核心技术突破上花费了大量的心血，也取得了可喜的成绩。动力换挡技术被称为拖拉机中的"自动挡"，是一次技术革命。中国农机工业协会行业工作部部长宁学贵介绍，动力换挡技术大大提高了作业质量和效率，降低了操作难度和劳动强度，减少了油耗。

近年来，从小马力到大马力，从机械换挡到自动换挡，我国拖拉机持续沿着大型化、智能化的方向开展创新。液压自平衡机构的使用能使拖拉机在颠簸不平的农田行驶时，保持农具稳定，有效提高了作业质量和效率；引入北斗导航系统，开发远程控制技术，实现拖拉机无人驾驶；"互联网+远程控制平台"的使用可远程监控拖拉机使用情况，驾驶员只需坐在舒适的控制室即可实现远程操控和故障诊断；等等。

四、智能电动拖拉机

零排放、无污染、低噪声等特殊农业生产环节对绿色动力农机具的需求不断增加，智能电动拖拉机便应运而生。可集成控制及整机控制策略、动力模式与经济模式下的能量管理、无级调速、作业机组不同工况下动力匹配及整机集成等关键技术，同时开发的电动拖拉机能量智能管理系统、功率分汇流变速箱可以保证电动拖拉机的稳定性和通用性。

国内对电动拖拉机的研究也十分关注，中国一拖与通用电气公司进行了技术交流，讨论了在电动拖拉机方面的合作。各自成立了电动拖拉机项目组，并且进行了多次技术沟通，探讨发挥各自优势进行合作开发，即利用中国一拖在制造拖拉机方面的优势，通用电气公司在电器（电机、电控、电池等）系统集成和系统优化、电动拖拉机系统仿真、控制策略方面提供技术支持，共同搭建电动拖拉机原型机。

五、丘陵山地拖拉机

中国工程院院士罗锡文指出，目前我国丘陵山区农机化发展水平较低，是全程、全面发展机械化的薄弱环节；同时，丘陵山区农机化进程正在加快，适用于丘陵山地的农机装备将成为未来农机市场热点。

我国丘陵山地占国土面积的近70%，而果品产量仅占全国果品总产量的50%左右，粮食产量也只占30%左右。其原因在于丘陵山地农业生产地块碎小、山高坡陡、以人畜力为主，全国丘陵山地的农业机械化水平仅占10%，而西北地区更低，不到5%。丘陵山区耕、种、收的综合机械化水平与平原地区差距大，区域发展极不平衡。

丘陵山地拖拉机相较于平地拖拉机，有其不同之处。山地农机首先要保证驾驶人员的安全性；其次是保障车辆和设备的稳定性，要防止侧滑和倾翻；再次是满足操作舒适，现在不少山区引进的微耕机，抖动厉害，操作强度令人难以承受；最后是缺乏研发经验，已有的平地农机经验不仅难以借鉴，有时甚至还有碍于山地农机的实践。

为实现丘陵山地农业机械化的发展，大量研究人员着重研究丘陵山地拖拉机行走机构、动力传递与高效驱动、姿态自动调整、机具悬挂装置坡地自适应、多点动力输出等核心技术及关键零部件。力求通过研究智能化控制和自主作业前沿技术，进而研制高通过性、高稳定性、高地形适应性的高效轻便山地拖拉机，为实现丘陵山地农业生产全面机械化打好了基础。

六、大马力智能农机技术的应用

大型化作为拖拉机发展的主要趋势之一，国产大型智能拖拉机的发展与以下几个方面的发展要求密不可分：一是土地流转速度加快，土地实现规模化、集约化发展，对精准作业和保护性作业提出更高的要求；二是农村劳动力减少，耕作者需要在短时间内保质保量地完成大面积土地的耕作任务；三是农机购置补贴政策调整，今年农机购置补贴资金有所缩减，但农机补贴向土地深松作业补贴转移，特别是大型拖拉机补贴金额较多；四是民族工业的科技进步、互联网技术的大幅提升等也为智能拖拉机发展提供了必要支撑。

为适应市场需求变化，近年来国产 200 马力以上级别的大马力拖拉机研发制造技术不断取得突破。中国一拖的 200 马力动力换挡拖拉机实现量化生产，400 马力无级变速拖拉机研发获得成功。中联重科自主研发生产的 230 马力动力换挡拖拉机是目前国内实现量产销售的最高马力高端智能型拖拉机，主要面向东北及以新疆为代表的西北部集约化、大地块作业区域，该产品历经在西北、东北等地 2000 小时、4 万多亩地的连续作业验证，已在新疆、内蒙古、宁夏、青海等省、自治区实现销售。

第二节　智能种业装备

一、智能种业装备概述

智能种业装备是指具有感知、分析、推理、决策与控制功能的制造装备。他是先进的制造技术、信息技术和智能技术的集成和深度融合。其以科学发展为指导、以市场需求为导向的智能装备产业，促使农机服务体系升级，实现种业生产管理的工业化、精准化和智能化。精准播种、精准收获、精细加工都要依靠种业智能装备。使用智能种业装备能合理利用农业资源、有效降低生产成本、改善生态环境，有助于农业科技创新成果落地，促进了种业产业发展、农业产业结构优化。

二、育种生产装备

作物育种是获得优质新品种的前提，只有选育出优质的品种，才可提高粮食产量。育种生产装备上广泛应用先进的计算机技术，全面提高了小区育种试验的科学性和准确性，成百倍地提高了小区播种的工作效率，即节省投资又缩短了育种周期。目前，育种生产装备已涉及小区播种机、脱粒机、测产系统及联合收获机等。小区播种机包括条播机和点播机，均可应用于小区单粒播种或精量播种。其配备自动供种、操作播种定位控制器，应用 GPS 定位等先进技术，实现均匀且无混杂的单粒精播，以保证单穴单粒种子，高效率播种，提高株距的均匀性。小区联合收获机配置了完美脱离系统、双气动式种子输送设备和便携式收割数据采集系统，实现收获过程中对田间种子进行称质量、计量，测定种子含水率和计算干质量，贮存并迅速获取田间的产量数据等，同时汇总各项数据，简化了后期处理时间。集全球卫星定位系统、地理信息系统和遥感系统于一身的育种机械可自动设置工作时行驶路线，工作过程当中可实现高精度控制，能够在播种过程中自动记录相关数据。

三、种子清选机械与种子分级机械

种子清选机械，是根据种子的物理特性（宽度、厚度、长度等）和比重对种子进行加工，除去收获后种子中惰性物质，未成熟的、破碎的、遭受病虫害的种子和杂草种子等混杂物、废种子的机具。种子清洗机械主要有风筛清选机、窝眼筒清选机、重力式清选机（比重式分选机）等几种类型。

旋轮式气流清种机：用于稻麦种子的初清选，其主要部分为顶端或者上侧边装有风扇，下方设有排料口的锥筒。当风扇由电动机驱动旋转时，气流从排料口向上抽吸，驱动锥筒内的叶轮旋转，混有杂质的种子由喂入斗落到叶轮上，在离心力的作用下被连续均匀地以薄层甩向靠近锥筒内壁的环形气道中，轻杂质向上漂浮，经风扇排出，重籽粒则下落至排料口排出。锥筒底部直径为 0.4m，驱动风扇的电机功率为 0.64kW，每小时可清选种子 3～4t，清洁度达 99% 以上。

复式种子精选机：采用多种清选部件，能一次完成清种及选种作业，以获得满足播种要求的种子。常用的复式种子精选机具有气流清选、筛选和窝眼筒 3 种清选部件物料喂入后，经前、后吸风道两次气流清选，清除轻杂质和瘪弱、虫蛀的籽粒，再用前、后数片平筛和窝眼筒分别按长、宽、厚 3 种尺寸去掉其余杂质和过大、过小的籽粒。改变吸风道的气流速度，更换不同筛孔尺寸的平筛筛片或调节窝眼筒内收集槽的承接高度，可以适应不同的种子和不同的选种要求。

重力式选种机：用于按比重精选种子。精选前的种子需经初步清选，籽粒尺寸比较均匀，且不含杂质。重力式选种机由振动分级台、空气室、风扇和驱动机构等组成。振动分级台的上层是不能漏过种子的细孔金属丝编织筛网，下层是带有许多透气小圆孔的底板，分级台的上方用密封罩罩住，内部形成空气室，密封罩的顶部与风扇的入口相通，因而使空气室处于负压状态，气流可自下而上穿过底板小圆孔和筛网。分级台框架由弹簧支承，纵横方向均与水平面成一倾角，并在电机和偏心传动机构的驱动下作纵向往复振动。喂入的待选种子积聚在分级台筛网上，在上升气流和振动的综合作用下，按比重大小自行分层。比重最大的种子位于最下层，直接触及筛网，因而在筛网的振动下被纵向推往高处；比重小的种子处于上层，不直接受筛网振动的影响，因而在自重的作用下向低处滑动；所有种子同时又沿筛面横向向下滑动，分别落入相应的排料口。根据作物品种与精选要求的不同，喂入量、台面振幅和纵横向倾角、气流压力等均可调节。常用的分级台振幅为 8～12 mm，频率为 300～500 次 / 分，台面横向倾角 0°～13°，纵向倾角 0°～12°，筛网孔径 0.3～0.5mm，当台面种子层厚度为 50mm 时，气流压力为 1.32kPa 如振幅减小，要求频率相应地增加。另外，还有一种正压吹风式选种机，风机出风口正对分级台筛网下方。

电磁选种机：在电磁场作用下按种子表面粗糙度的不同精选种子。其主要工作部件是种子磁粉搅拌器和电磁滚筒。种子、磁铁粉和适量的水一起在搅拌器中搅拌后喂向旋转的电磁滚筒。滚筒内装有固定不动的半圆瓦状磁块，表面光滑因而不粘附磁粉的种子随即在滚筒的一侧滚落，粗糙籽粒的表面则粘有磁粉，在磁块的作用下被吸附在滚筒表面，随滚筒旋转到无磁区才落下，种子表面越粗糙，附着的磁粉越多，因而吸附力越大，被带动的距离也越远。

摩擦分离机：也称布带式清选机，利用不同籽粒在麻布或帆布带上摩擦系数的大小进行分离。由喂料斗、环形麻布或帆布带、上下辊轴等组成。布带安装在上下辊轴上，与地面成 25°～35° 的倾角，并以约 0.5m/s 的速度向上转动，摩擦系数大的种子被布带带动向上，表面光滑的籽粒则沿布带下滑，分级是把选定播种用的种子按照不同要求分类。如玉米种子精播时，需要用筛片按圆、扁、大、小分成四级，至于整体种子应达某级，要依据纯度、净度、发芽率、含水率和杂草种子量等情况，按国家种子分级标准确定。

多功能种子精选分级机是为农业生产基层单位及种粮大户实现进一步提高播种精度、匀度，达到增加产量、提高经济效益为目的而设计制造的一种新型种子精选分级机，是零速播种机的配套设备。该机具有体积较小、质量较轻、无易损件、调整简单、经济实用、多功能、多用途等特点。该机在长孔滚筒筛上具有与滚筒筛的轴线倾斜一定角度的独特设计，不仅解决了在光滑筛面上不具备轴向推动力的问题，同时也解决了被分离的种子在分离的过程中因为抖动、跳跃严重影响到种子分离效果的实际问题，使该机在分离种子的过程中具有让被分离的种子处于平稳滚动且其所经过的分离路径相当长这两个显著特点，因而该机具备能够分级质量较高的标准种子的能力。

四、种子干燥机械

种子干燥机械，是采用热空气强制种子中的水分降至安全含水率以下，以减少霉变，保证种子质量等级和发芽率的机具。种子干燥机械可以分为批量式和连续式两大类，目前连续式干燥机使用较多。连续式干燥机又可以分为顺流式、逆流式、横流式、混流式四种形式。

因为种子干燥是从最低层开始逐步向上发展的，干燥中形成了 3 个层次，底层是已达到平衡水分的干燥层（称为已干燥层），中间层是正在干燥中但还未达到平衡水分的谷层（称为正在干燥层），最上层是保持原来水分的种子层（称为未干燥层），随着干燥过程的延续，这 3 个层次的位置逐步向上推移。

整仓干燥。当种子水分不太大时，可装满整仓进行干燥，这时由于种子层阻力大，通过种子层断面的风速较小，则干燥速度较慢，因此，可利用自然空气或稍高一点的热风进行作业，工作比较方便，但要选择好热风温度，如风温过高，其平衡水分将很低，如长时间干燥会使全仓的种子达到过干程度。

浅层干燥。为了加速干燥，可将种子按一定的厚度进行干燥，这时可采用较高的热风温度（45℃以下），使该种子的平均水分能较迅速地达到安全水分（14% 左右）。由于种子层较浅，上下层的水分极差较小，经充分混合后贮存，种子水分会自然达到一致。

分层干燥。即每天将收获的湿粮装入低温仓进行干燥，虽然种子层较薄，但也要在当天使它干燥到安全水分，第二天再将收获的湿种子装入已干燥种子之上进行干燥，也在当天干燥到要求的水分，直到全仓装满种子并干燥后一起卸出。

五、种子包衣机械与种子丸粒化机械

种子包衣是指利用粘着剂或成膜剂，用特定的种子包衣机，将杀菌剂、杀虫剂、微肥、植物生长调节剂、着色剂或填充剂等非种子材料，包裹在种子外面，以达到种子成球形或者基本保持原有形状，提高抗逆性、抗病性，加快发芽，促进成苗，增加产量，提高质量的一项种子技术。种衣剂能迅速固化成膜，因而不易脱落。

丸化，即种子的丸粒化，主要用于小粒和流动性差的种子。丸化时，液、粉分别施加，多次逐层包覆，所获得的最终结果是尺寸基本相同的圆丸，增大了种子的外形尺寸，提高了投播种子的质量和流动性，利于单粒精播。种子丸粒化多用于小粒或者不规则的种子，根据丸化程度和用途的不同，种子丸粒化可分为 4 种类型：①重型。在种衣剂中加入各种助剂配料使种子颗粒增大加重（可增加量为种子重量的 3～50 倍），可抗风、耐旱、提高成活率，便于机械播种。②速生型。先对种子催芽而后丸化包衣。该丸粒种子能提前出苗和保证一次全苗，但处理后的种子耐藏性下降。③扁平型，即把细小的种子（多为飞机播种的牧草、林木种子等）制成较大、较重的扁平丸片，以提高飞播时的准确性和落地的稳定性，保证播种质量。④快裂型。播种后丸粒经过较短时间就能自行裂开，有利于种子的出芽、生长。

常见的种子丸粒化加工的方法主要有旋转法和漂浮法。旋转法，又称为滚动造粒法。利用种子表面特征与旋转釜体内表面间的附着性能，种子随釜身旋转而不断滚动，同时逐渐按序定量交替加入粉料和胶悬液，在种子表面形成衣壳。漂浮法，又称流动造粒法。利用风力（气流）使种子在釜内边流动边翻滚，呈悬浮状态，同时向种子流按序交替定量逐渐施加物料和胶悬液，使种子表面因漂浮翻滚黏结上物料而形成一定厚度的衣壳。其中，以漂浮法丸化加工效果更好。

第三节　智能耕整地机械

一、地机械概述

土壤耕作是整个农业生产过程中的一个重要环节，耕作目的是疏松土壤，恢复土壤的团粒结构，以便积蓄水分和养分，覆盖杂草、肥料，防止病虫害，为蔬菜、果树

等农作物的生长发育创造良好的条件。

智能耕作是传统农耕的一项重要措施，有利于疏松土壤，恢复团粒结构，积蓄水分、养分，覆盖杂草、肥料，防除病虫害。整地是耕地作业后，耕地内还留有较大土块或空隙，地表不平整不利于播种或苗床状况不好时，采取的破碎土块，平整地表，进一步松土，混合土肥，改善播种和种子发芽条件的耕作措施。深松作为现代土壤耕作的一项重要技术，在国内外受到了重视。

二、整地机械的主要技术内容

由于各地的自然条件、作物种类、耕作和种植制度的不同，耕整地机械作业的要求也完全不一样。

（一）耕地作业的一般要求

耕翻适时。在土壤干湿适宜的农时期限内适时作业。

翻盖严密。要求耕后地面杂草、肥料、残茬充分埋入土壤底层。

翻垡良好。无立垡、回垡，耕后土层蓬松。

深耕一致，地表、地沟平整。不漏耕，不重耕，地头要平整，垄沟要少要小，无剩边剩角。

（二）耕地作业质量的检查方法

耕地质量检查的内容主要包括耕深、耕后地面是否平整，土垡翻转及肥料和秸秆残茬的覆盖情况，是否存在漏耕或重耕，地头是否整齐等。

1. 耕深检查

深耕检查包括犁耕过程中检查和耕后检查。犁耕过程中的检查，主要是检查沟壁是否平直。耕后检查，应当先在耕区沿对角线选 20 个点，用直尺插到沟底测量深度，实际耕深约为测量耕深的 80%。

2. 耕幅检查

检查实际耕幅只能在犁耕过程中进行。先自犁沟壁向未耕地量一定距离，做上标记，待耕犁后，再测新沟壁到记号处的距离。两距离之差即为实际耕幅。

3. 地表面平整性检查

检查地表平整性时，首先沿着耕地的方向，检查沟、垄以及翻垡情况，除开墙和收墙处的沟垄外，还要注意每个耕幅的接合处。如接合处高起，说明两程之间有重耕，接合处低洼，说明有漏耕。

4. 地表覆盖检查

检查秸秆残茬、杂草、农家肥覆盖是否严实。要求覆盖有一定深度，最好在 10cm 以下或翻至沟底。

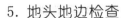

5. 地头地边检查

检查地边是否整齐，有无漏耕边角。

（三）整地作业的一般要求

及时整地，以利防旱保墒；工作深度要适宜、一致；整地后耕层土壤要具有松软的表土层和适宜的紧密度；整地后地面平整，无漏耙、漏压。

（四）整地作业的质量检查方法

检查碎土及杂草的清除情况。

检查松土、碎土、剩下大土块和未被除尽的杂草情况。可以在作业地段的对角线上选择 3～5 个点，每点检查 $1m^2$。

1. 检查耙深

每班检查 2～3 次，每次检查 3～5 个点。一般耙深测定方法有两种：一是在测点处将土扒开，漏出沟底，用直尺测量，沟底至地面的距离即为耙深；二是将机组停在预测点，用直尺测量耙架平面至耙片底缘的距离和耙架平面至地表的距离，两点之差即为该点耙深。

2. 检查有无漏耙和地表的质量

沿对角线检查，耙后地表不得有高埂、深沟。一般不平度不应超过 10cm。

三、智能耕地机械的特点与应用

智能耕地是大田农业生产中最基本也是最重要的工作环节之一。其目的就是在传统的农业耕作栽培制度中通过深耕和翻扣土壤，把作物残茬、病虫害以及遭到破坏的表土层深翻，而使得到长时间恢复的底层土壤翻到地表，以利于消灭杂草和病虫害，改善作物的生长环境。

目前所使用的耕地机械,根据其工作原理的不同,主要分为三大类: 铧式犁、圆盘犁、凿形犁。

铧式犁应用历史最长，技术最为成熟，作业范围最广。铧式犁是通过犁体曲面对土壤的切削、碎土和翻扣实现耕地作业的。其特点是体积小、动力大、油耗低、功能齐全、性能可靠、操作灵活。整体式铸铁变速箱具有刚性好、不易变形、精密度高、使用寿命长、六棱轴输出、坚固耐用的特点。

圆盘犁是以球面圆盘作为工作部件的耕作机械，其依靠自身重量强制入土，入土性能比铧式犁差，土壤摩擦力小，切断杂草能力强，可适用于开荒、黏重土壤作业，但翻堡及覆盖能力较弱，价格较高。作业时犁片旋转运动，对土壤进行耕翻作业，特别适用于杂草丛生，茎秆直立，土壤比阻较大，土壤中有砖石碎块等复杂农田的耕翻作业。其具有不缠草，不阻塞，不壅土，能够切断作物茎秆与克服土壤中砖石、碎块，工作效率高，作业质量好，调整方便，简易耐用等特点。

凿形犁，又称深松犁，工作部件为一凿齿形深松铲，安装在机架后横梁上、凿形齿在土壤中利用挤压力破碎土壤，深松犁底层，没有翻堡能力。

四、智能整地机械的特点与应用

我国的土地辽阔，耕作方式比较复杂，整地、耕地后土堡间有很大空隙，土块较大，地面不平，所以还必须进一步进行整地。整地的主要作用是松碎土壤，平整地表，压实表土，混合化肥、除草剂，以及机械除草等，为播种、插秧及作物生长创造了良好的土壤条件。

整地机械也称表土耕作机械。智能整地机械根据作业特点和使用范围的不同，有许多不同的结构形式，常见的有耙类（圆盘耙、齿耙、滚耙等）、镇压器及松土除草机械。

圆盘耙主要用于犁耕后的碎土和平地，也可用于搅土、除草、混肥、浅耕以及播种前或果园的松土、除草和飞机撒播后盖种等作业，是牵引型表土耕作机具中应用最广泛的一种机具。由于圆盘耙能切断草根和作物残茬并能搅动翻转表土，故也可用于收获后的浅耕灭茬作业，"以耙代耕"既节省能源，又可避免过度耕翻土壤，撒播肥料后也可用圆盘耙进行覆盖，还可用于果园和牧草地的田间管理。与铧式犁相比圆盘耙所需动力小，作业效率高，耙后土壤的充分混合可促进土壤中微生物的活动和化学分解作用。

镇压器结构简单，设计合理，使用方便，对起珑地的扶正、压实、保墒、保苗的效果良好，特别是能使喷洒的封闭农药得以完全吸收。镇压器主要用于小麦播种后镇压、压碎土块，压紧耕作层，平整土地等作业。压后地面呈 U 型波状，波峰处土壤较松，波谷处则较紧密。松实并存，具有良好的保墒作用，使苗齐、苗全、苗壮，安全越冬，增产丰收抗倒伏。镇压器常和 15 ~ 24 马力小型拖拉机及手扶拖拉机配套使用。

五、智能保护性耕作

保护性耕作技术是以免耕、少耕、播种和地表覆盖为主体的一项农业耕作技术。保护性耕作技术转变了农业生产方式，改革了农业耕作制度，是发展生态、环保、效益型农业的基础。保护性耕作在全国各地，尤其是旱作农业区，得到了广泛推广，取了很好的经济效益和社会效益，受到了广大农户的欢迎。2015 年，农业部在多地开展保护性耕作试点，坚持生态为先，保护为重，推进用地与养地结合，集成技术模式发展保护性耕作。

保护性耕作的优势，集中体现在以下几个方面：减轻农田水土侵蚀，通过农田免耕和秸秆覆盖有效控制了农田水土流失，并起到抑制农田扬尘作用；提高农田蓄水保墒能力，免耕覆盖改善了土壤孔隙分布，减少土壤水分蒸发和增加土壤蓄水量；提升农田耕层土壤肥力，秸秆还田及减少动土次数能够提高表层土壤有机质和养分含量；省工、省时、节本增效，通过减少土壤耕作次数和复式作业，减少机械动力与燃油消耗成本，降低农民劳动强度。

在旱地保护性耕作中，深松被确定为一项基本的少耕作业。深松是在翻耕基础上总结出来的利用深松铲疏松土壤，加深耕层而不翻转土壤，适合于旱地的耕作方法。深松能改善耕层土壤结构，提高土壤的蓄水抗旱能力。深松形成的虚实并存的土壤结构有助于气体交换、矿物质分解、活化微生物、培肥地力。

中国农业大学旱地保护性耕作课题组研制的1SY-120型带翼铲深松机是专为适应保护性耕作的深松作业而设计的。该机具有如下特点：采用从澳大利亚引进的凿铲式立柱，入土性能好；铲柱上安装有翼铲，并且翼铲的深度可调。这样可实现底层单隔深松，表层全面疏松；深松机铲柱安装在前后两排梁上，相邻深松铲之间的横向和纵向间距大，在秸秆覆盖地有良好的通过性能；深松机后带有纹杆式镇压轮，保证深松后地表平整。

目前在平作地区应用的小麦免耕施肥播种机主要有：2BMFS-5/10型、2BMFS-6/12型免耕覆盖施肥播种机，SGTNB-180Z4/8A8、SGTNB-200Z4/8多功能覆盖旋播施肥机，2BMFS-1。型免耕覆盖施肥播种机。主要生产厂家有河北农哈哈机械有限公司、河北华勤机械股份有限公司、石家庄农业机械股份有限公司。2BMFS-10型免耕覆盖施肥播种机为天津市农业机械研究所与天津市蓟县农业机械厂联合开发的新机型，适用两茬平作免耕，地面有直立或者倒伏玉米秸秆及根茬地。

随着保护性耕作技术的不断推进，研制新型的保护性耕作机械势在必行。毫无疑问，耐用性强的高质量深松机将成为主流。我国的保护性耕作起步较晚，而且普通散户农民的农田地块较小，机械作业的连片作业效果并不显著。但是国家正在推行土地"适度"规模经营，这也是对保护性耕作的一种政策支持。目前，我国的保护性耕作机械如深松机，制造水平距离国际农机具巨头还有很大的差距，有些国产深松机的使用寿命只有一个作业季，而国际农机具巨头生产的深松机可以使用几十年。从深松机设计时的机身弯度怎样才能节省动力，到机具所用的金属元素配比怎样才能让机具更坚固，这些都需要国产深松机生产企业在紧抓政策机遇的同时去用心研发，提高产品品质。一是要在设计上考虑技术创新，采取有效措施减少功率消耗，提高机具的作业效果和工作效率。二是要提高产品的制造工艺水平，保证整机及工作部件质量，从而保证机具的工作可靠性。三是要对机具生产进行标准化、规范化管理，制定出机具的技术分类、制造标准和验收标准，以便于推广。四是要发展"一机多用"的联合作业机，研制适应不同地区农业技术要求的系列化、标准化的多功能联合作业机。五是要加强农机信息管理，对各地区的农机进行合理配置，实行跨区作业，避免农机闲置时间太长而影响农机的利用率，从而增加农机户的收入。

六、发展方向与路径

随着我国农业生产规模的不断扩大，我国的耕整地机械也要不断地更新发展，由单一简单的功能机械向复合式联合机械做转变，为我国的经济发展奠定坚实的基础。目前，我国的耕整地技术仍然处于不断完善的状态。对于促进农机行业的发展，需要应用先进的科学技术然后综合各种实践经验对农业生产机械进行研发，从而创造出更加适合精密耕种的机械。同时，使用耕整地机械也使得农业的生产结构模式发生了巨大的转变，由单一的传统耕种模式向先进的现代化耕种模式改变，最后经过不断地更换就会得到最适合我国各个地区经济发展的农业生产模式。当政府意识到耕整地机械的不可估量的重要性时，就会极力的推动耕种模式的更替，出台一系列的相关扶持政策，以至对贫困地区和农业大省下发一些耕地中使用频率较高的机械。那么我国的经济实力会迅速地得到提升，农民也会有相应的经济实力购买更多的机械用于农业生产。所以，一些相应的农业生产就会减少人力的投入，机械的用处就会越来越多。农业生产的全过程就只需要人们在最后操纵，其他过程都由耕整地机械去实施，农业生产就变成了全自动化的生产，大大地减少了农业生产阶段需要的人力和物力资源。

在当今的科学技术迅猛发展的大背景下，农业的生产发展需要耕整地机械的大力帮助。那么，要想推广耕整地机械就要从很多的方面去改善。首先必须了解耕整地的情况，然后因地适宜的选择相应的耕整地机械；在推进耕整地机械使用的过程当中，也要注意土壤蓄水保墒。在使用耕整地机械的过程中还要不断地积累经验，然后将经验融入机械的创新中对耕整地机械不断地更新与完善从而推进农业的发展。创新驱动是耕整地机械发展的首要因素。实施创新驱动，就应以战略目标统领、优化平台资源和能力，全面布局产业转型和产品升级，系统推进机组协同，不断筑就新的发展优势。

全面开展产业创新统筹工作。产业创新是耕整地企业发展的基本前提。一是认真研究行业发展趋势，全面分析自身资源，从顶层进行战略设计，加强创新创造，形成自身的核心技术与优势品牌，培育企业核心竞争力，以创新谋求先发优势，推动企业实现主要由物质资源消耗向依靠创新驱动转变。二是着力于打造全方位发展生态机制，加快健全产业创新、发展的保障路径，推动技术创新资源配置的有机保障、技术创新成果的商品转化，促进大中型、中高端、复合型耕整地机械产业创新要素与技术创新的要素集成，推进创新链、价值链、产业链有机融合。三是在产业坐标中找出自身精准定位，坚持走质量效益型的发展定位，以做大做强或做精做专为目标，力争战略突破。

（一）努力突破产品升级制约因素

产品是企业发展的保证。我国耕整地企业应加快产品升级步伐。一是积极把握发展机遇。牢牢抓住国家正积极推进保护性耕作工程、节水抗旱工程、土地深松工程和万顷良田工程的机遇，用先进适用的耕整地产品满足源自市场的需求。二是着力突破制约产品发展的重大核心技术、颠覆性技术"瓶颈"，为产品升级换代、提升核心竞争力奠定基础。加强防腐蚀、耐磨、耐疲劳、复合材料等新材料的应用水平。大力推进轻量化技术在产品中的应用，提高耕整地机械的适用性。三是加快提升技术装备水平。充分运用、积极推进信息化、数字化、柔性化、敏捷化等先进制造技术，占据价值链高端。

（二）持续推进企业机组资源协同

优化主机企业、耕整地企业间的产业资源和发展能力，着力推进，实现新的突破。

一是着力寻求战略联盟的集聚效应，通过主机和农机具企业之间的战略联盟，形成价值增值的资源共享、互动的格局，提高产品研发、制造资源的最优化配置，增强发展的主导力。二是着力突破产品的同步优化。积极实现主机和耕整地机械的同步设计和统筹制造，做到功率、液压、材料、性能和可靠性等方面的最佳化匹配，发挥出机组协同优势。三是着力推进农机与农艺的深度融合。坚持农机与农艺同步协调发展，按照区域种植农艺的作业方式，开发系列适用产品，满足市场与用户的作业需求。

第四节　智能种植机械

一、智能种植机械概述

智能种植机械是指装备有中央处理芯片（CPU）和各种各样的传感器或无线通信系统的现代化农机。其特点是：智能种植机械的中央处理芯片能对传感器传回的信号或对无线通信系统收到的信息进行判断、分析，并且按设定程序对智能农机的其他功能或多个功能进行智能化控制。

智能化技术正在使农机从形态到功能发生翻天覆地的变化。智能播种机、智能育苗机、智能移栽机、农机作业精细化管理平台等，既有单个的智能农机产品，也有农业智能化系统和平台。随着智能化技术通过多种方式影响农机和农业，一场全新的"农业革命"正在兴起。

二、主要技术内容

（一）品种选择

一般根据当地的气候环境选择种子品种。

（二）机械施底肥

进行测土配方施底肥，选用撒肥机进行机械撒施颗粒状有机肥和复合化肥。合理增施复合肥以及有机肥，不可过度施肥增加土壤负担，造成肥料的浪费。

1. 深松深耕

耕整地时土壤含水率 15%～25%，一般采用大中型马力拖拉机悬挂深松机或者液压翻转犁对土壤 3 年深松或者深耕 1 次，深松深耕 25 cm 以上，不翻动土壤，不破坏地表覆盖，之后及时地进行合墒整平。

2. 旋耕整地

在土地翻耕合墒后,使用旋耕机进行整地2次以上,旋耕深度12 cm以上,旋耕均匀,保持旋耕深浅一致,使土壤上虚下实,在一定墒情条件下,为播种做好准备。对于机械免耕播种的田地,进行机械深松,打破犁底层。

3. 机械播种

选择适播期,配套选用播种机械进行精量条播。在墒情足的情况下,播深一般,播后地表无亮种、堆种现象,地表平坦。对于机械免耕播种,要求动力配套为55kW以上,完成旋耕灭茬、化肥深施、播种、镇压保墒等多道工序。根据农艺要求,按亩基本苗15万~20万确定播量。播期后每推迟一天播种,亩增播量约0.5kg。播后采用镇压器进行镇压,适度踏实,保墒防冻。

4. 机械灌溉

采用节水喷灌方式,可以选用卷盘式喷灌机。速度均匀直线行驶,充分灌溉。

5. 机械喷防

在田间管理时期,应及时关注苗情和田间情况。适时机械、化学除草治病。可采用喷杆式喷雾机,合理配套动力,按照喷雾作业要求进行适时田间作业,做好一喷三防。

6. 机械收获

根据当地实际情况和天气情况,选用全喂入式或者半喂入式联合收割机及时收获,抢农时作业,为下茬农作物的播种提供农时。要求联合收割机带有秸秆粉碎及清选筛选、抛洒装置。收获后应保证地表割茬高度一致,没有漏割现象。

三、智能播种机械的特点与应用

①适用范围广,可以播种玉米、大豆、甜菜、向日葵、芸豆等作物。

②播种量精确,一穴一粒,空穴率、双株率低,可节约种子与后续的人工间苗成本。

③株距精确,均匀一致,使土壤养分分配均匀,通风透光性能良好。

④作业效率高。在土地条件好的地块作业,其作业速度可达12km/h。

⑤操作简单。更换播种盘、进行播种量和施肥量调节用时少,播种深度、履土压力角度和中间压种轮均可独立、方便调整。

⑥免维护。无班保养项目,播种盘无密封圈,无需定期更换密封装置。

⑦故障少。工作部件强度高、使用寿命长久。

⑧免耕播种。重载型免耕播种单体,129千克/个,比其他机型重40~60千克/个,配合压力平衡装置,可实现高速播种、免耕播种和原垄卡种。

⑨电子监控,性能稳定、监测精准,省人力,可夜间作业。

⑩相对于其他播种机的机身较长而言,施肥开沟器圆盘是由两个缺口圆盘组成,左右缺口圆盘的缺口数量不同,一片15个,一片11个,更适应在杂草较多的地块进行免耕作业,不易堵塞。

四、智能育苗机械的特点与应用

智能化设施多功能育苗机，主要用于白菜、番茄、辣椒等不规则种子的播种，通用性强，能够一次自动完成填料、压实、打穴、播种、覆土、基质单元切分提取、转移、卸料及苗盘输出等多道工序，可实现连续、高效、精量播种作业。

五、智能移栽机械的特点与应用

智能移栽机按栽植器结构特点分为钳夹式、吊篮式、挠性圆盘式、导苗管式、链夹式和带式栽植机等。下面对几种常用的智能移栽机分别介绍：

（一）钳夹式移栽机

圆盘钳夹式移栽机的秧夹安装在一圆盘上，链条钳夹式移栽机的秧夹安装在链条上。移栽机一般是由人工将秧苗喂入到转动的钳夹上，秧苗被夹持，并且随移栽盘转动，到达苗沟时，钳夹被一机构打开，秧苗落入苗沟，然后覆土、镇压，完成整个移栽过程。钳夹式移栽机价格低廉，在我国有一定市场，但缺点是生产率低易伤苗，适用于裸苗移栽。

（二）挠性圆盘式移栽机

由人工将秧苗放置到两片可以变形的挠性圆盘内，秧苗随圆盘转动，当达到垂直状态时进行栽植。由于不受苗夹数量的限制，对株距的适应性较好，在小穴距移栽方面具有良好的推广前景，但栽植深度不稳定。圆盘一般由橡胶材料或薄钢板制成，结构简单，成本低，但圆盘寿命短，适用于裸苗以及纸筒苗移栽。

（三）吊篮式移栽机

由人工将钵苗放入到形如吊篮的栽植器内，移栽器随偏心圆盘转到最低位置附近时，固定滑道使栽植器下部打开，钵苗落入苗沟内，并立即被覆土定植，栽植器在离开固定导轨后自动关闭。此类移栽机主要适合于钵体尺寸较大的钵苗移栽，尤其适合于地膜覆盖后的打孔移栽。其在栽植过程中不受任何冲击，适合于根系不太发达而易碎的钵苗。缺点是结构复杂、喂苗速度低以及生产率不高。

（四）导苗管式移栽机

秧苗在导苗管中的运动是自由的，不易伤苗。秧苗靠重力落到苗沟中，在调整导苗管倾角和增加扶苗装置的情况下，可以保证较好的秧苗直立度、株距均匀性和深度稳定性。

六、发展方向与路径

（一）建立智能种植机械的大数据平台

农业是人类衣食之源、生存之本，是全民共建的产业。大数据平台通过信息数据的共享，能有效提升智能农机作业质量和作业效果。大数据平台主要利用先进的网络技术、云计算、数据密集计算等方式将农业地理信息、作业环境信息、农机作业参数、智能种植机械决策信息等数据进行集成，建立统一的信息管理平台，实现农业与智能种植机械数据的远程采集与传输，数据的分析与决策，数据的共享和应用。建立全面、完善的大数据平台是未来智能种植机械发展的一个重要趋势。

（二）多机物连、协同作业

传统的农机工作方式一般为动力机械（拖拉机）带动耕地机械、播种机械、收获机械等进行作业，但动力机械与其他机械的连接方式非常简单，相互之间的协调与匹配较差，更无法实现自适应的调节。所以，传统农机的工作性能较差，工作效率较低，难尽人意。而农机的智能化便可有效地解决上述问题，借助于各类农业传感器（温度、湿度、光照、压力、超声波、速度等传感器）和中央处理芯片，可实现多个农机的智能互联，将协同作业的各类农机的工作状态进行实时采集和分析，并进行自动控制和调节，优化农机的作业性能。

（三）农业机器人技术

农业机器人是一种新型多功能智能种植机械，是机器人技术和自动控制技术应用于农业机械的产物。目前，已有施肥机器人、田地除草机器人、瓜果采摘机器人、果实分拣机器人、嫁接机器人等多类机器人问世，并投入使用。然而，农业作业对象的多样性和作业环境的复杂多变性对农业机器人提出了更高的要求，包括对新型机器人的需求和更高的工作效率、工作精度等要求。所以，对农业机器人的设计、改进和完善也是智能种植机械未来发展的一个方向。

智能种植机械是先进的信息技网络技术、控制技术、机械技术和行业技术融合而发展起来的性能卓越的农业生产工具，它的推广和使用必将带来一场新的"农业革命"。需要注意的是，要把智能种植机械，特别是价格昂贵的大型、多功能智能种植机械应用于千家万户，必须要提供相应的保障措施，包括创新农机经营组织方式，推进集体经营、合作经营、农企联合经营，开展大型农机融资租赁业务，加强农机配套设施建设，推动农机经营向着规模化、组织化、集约化、产业化的方向发展。同时应加强农机化人才的培养，创新教育机制，多渠道地培养新形势下的农机化人才。

第五节　智能田间管理生产机械

一、智能田间管理生产机械

（一）智能田间管理生产机械概述

智能田间管理机械包括中耕机械、施肥机械、灌溉机械和植物保护机械等。智能田间管理作业是在作物田间生长过程中，进行的间苗、除草、松土、培土、灌溉、施肥和防治病虫害等作业。智能田间管理是指大田生产中，作物从播种到收获的整个栽培过程所进行的各种管理措施的总称，即为作物的生长发育创造良好条件的劳动过程。如镇压、间苗、中耕除草、培土、压蔓、整枝、追肥、灌溉排水、防霜防冻、防治病虫等。智能田间管理必须根据各地自然条件和作物生长发育的特征，采取针对性的措施，才能收到事半功倍的效果。

智能田间管理生产机械的作用是通过间苗控制作物单位面积的有效苗数，并保证禾苗在田间的合理分布；通过松土防止土壤板结和返碱，减少水分蒸发，提高地温，促使微生物活动，加速肥料分解；通过向作物根部培土，为促进作物根系生长、防止倒伏创造良好的土壤条件；通过化学与生物植物保护措施，防止病、虫、草害发生；通过灌溉，为作物生长提供适量的水分。

（二）主要技术内容

机械除草作业是旱作农业可持续发展的一项关键性生产技术，是利用各种耕、翻、耙、中耕松土等措施在播种前、出苗前及各生育期等不同时期进行除草，能杀除已出土的杂草或将草籽深埋或将地下茎翻出地面使之干死或者冻死。

随着水资源供需矛盾的日益加剧，发展节水型农业势在必行。除了采用微灌、喷灌、滴灌等先进的节水灌溉技术外，还要应用先进的信息技术实施精确灌溉，以农作物实际需水量为依据，以物联网技术为手段，提高灌溉精准度，实施合理的灌溉制度，提高水的利用率。智能灌溉能够提高灌溉管理水平，改变依赖经验人为操作的随意性和盲目性，同时智能灌溉能够减少灌溉用工，降低管理成本，显著提高效益。

智能灌溉系统的工作原理为：通过土壤、气象、作物等类传感器及监测设备将土壤、作物、气象状况等监测数据通过信息采集节点，传到计算机中央控制系统，中央控制系统中的软件将汇集的数值进行分析，比如将含水量与灌溉饱和点和补偿点比较后，确定是否开始灌溉或停止灌溉，然后将开启或关闭阀门的信号通过中央控制系统传输到阀门控制系统，再由阀门控制系统实施灌溉区域的阀门开启或关闭，以此来实现农业灌溉的自动化智能控制。

如何在当前与未来不加剧或减少环境污染的前提下谋求可持续发展是我国农业面临的重要问题。智能控制变量施肥的理论和技术是解决这一问题的有效途径，但是亟须科学合理的施肥方式和智能控制的变量施肥机械。变量施肥机械由信息采集系统、单片机控制电路、步进电机驱动装置、排肥设备等四部分组成。信息采集由传感器来完成，通过传感器采集土壤的养分信息及机具前进速度，将这些信息输入单片机控制电路，经运算，得出所需的脉冲数，把此脉冲数输送至步进电机驱动器，控制步进电机变速转动，进而驱动排肥轴按需输出排肥量。

智能植保机械改变了过去不管有无施药目标都采用均匀恒速的施药状况，而实时测知工作对象所需工作的质、量和时机等数据，通过对影响林木生长的环境因素实际存在的时空差异性的分析，判别林木长势优劣，确定影响长势的原因，提出科学处方，采取技术上可行、经济上有效的调控措施，按需定量实施喷药，以实现最小资源投入、最大林业收益和最少环境危害。智能植保机械的工作过程中贯穿着大量数据，如气象数据等观测数据、植保机械防治效果数据等试验数据、历年林木病虫害始见期、始盛期、病情指数等历史数据、各类植保机械应用范围、作业条件等经验数据刺蛾发生率、诱灯诱蛾量等病虫害发生统计普查数据，只有应用数据库技术才能对这些繁杂的数据进行有效的管理。建立针对智能植保机械的数据库，以一定的方式将相关的数据组织在一起，形成与应用程序彼此独立的相关数据的集合，可以实现动态存储大量关联数据，保证数据的充分共享、交叉访问以及应用程序的高度独立性和安全可靠性，为合理利用气象资源、逐步实现林业生态良性循环、保证林业不断增产提供科学依据，同时为植保机械的快速、准确、有效地喷施农药、提高林木病虫害防治效果提供战略参考。

二、智能施肥机械的特点与应用

目前，我国的化肥利用率偏低，当季氮肥利用率仅为 30% ~ 35%。氮、磷、钾及微量元素施用比例失调，施肥方法简单，主要采用平均施肥法。这种施肥方式及肥料的低利用率容易导致化肥难以满足农业生产的需要，不但造成了经济损失，而且还引起了严重的环境污染，出现了地表水富营养化、地下水和蔬菜中硝态氮含量超标等一系列问题。如何在当前与未来不加剧或减少环境污染的前提下谋求可持续发展是我国农业面临的重要问题。智能控制变量施肥的理论和技术是解决这一问题的有效途径，所以亟需科学合理的施肥方式和智能控制的变量施肥机械。

变量施肥设备以现有的由普通地轮驱动排肥轴的施肥机为基础改进而成，将原有地轮驱动改为由步进电机根据决策系统决策的施肥量驱动排肥轴。排肥器由料箱、支架、地轮、拨盘和开沟器组成。料箱用来盛放肥料；支架是施肥器的骨架，用来支撑料箱、开沟器、地轮、步进电机等；拨盘上有两个缺口，肥料在拨盘的作用下由其流出，其开口的大小直接影响流量的大小，大小由挡板调节；开沟器在机具行进过程中，将土壤翻开并且掩埋肥料。

考虑到中国灌溉系统相对成熟现状，可将施肥机设计成通过管路将肥液与水混成适合浓度借路灌溉管道和滴箭、滴灌等设备施给植物，实现比较精确的施肥过程，按照用户设置的施肥程序和适合作物生长的营养配比，通过机器上的一套肥料泵准确适时地把一起适时适量地施给作物使施肥和灌溉一体化进行，这样能大大提高了水肥耦合效应和水肥利用效率。

施肥之前先要确定是否需要灌溉，如果需要则执行灌溉程序。开始施肥的时候，肥液以设定的施肥频率注入灌溉管道，同时实时地将采集的 EC 值与设定值相比较，判断是否该增加或减少肥料，增加、减少肥料是通过改变施肥频率实现的，即改变施肥阀的开关频率，必要时还可随时停止加入肥料。施肥机实时采集灌溉水的 pH 值，如若其值不符合需要，加入相应的调节液，调整 pH 值。

三、智能灌溉机械的特点与应用

随着水资源供需矛盾的日益加剧，发展节水型农业势在必行。除了采用微灌、喷灌、滴灌等先进的节水灌溉技术外，还要应用先进的信息技术实施精确灌溉，以农作物实际需水量为依据，以物联网技术为手段，提高灌溉精准度，实施合理的灌溉制度，提高水的利用率。智能灌溉能够提高灌溉管理水平，改变依赖经验人为操作的随意性和盲目性，同时智能灌溉能够减少灌溉用工，降低管理成本，显著提高效益。推广节水灌溉是我国缓解水资源危机和实现农业现代化的关键。实施智能灌溉，改变目前普遍存在的粗放型灌水方式，同时应用物联网技术、自动化控制技术、传感技术等，达到时、空、量、质上的精确灌溉，是今后农业灌溉的趋势，也是有效解决灌溉节水问题必要措施。

智能灌溉系统是根据外界环境的变化，将与植物需水相关的参数（温度、相对湿度、降雨量、风力等）传送到上位机，上位机通过相应的软件确定出所需的灌水时间及灌水量，然后发出指令给相关执行机构实施灌溉的一种自动化灌水方式。智能灌溉系统是当今世界农业灌溉发展的新潮流，是由信息技术支持的根据气象、地理环境、定位、定时定量地实施一整套现代化农业灌溉技术与管理的系统。

节水灌溉就是根据作物需水规律和当地供水条件，有效地利用降水和灌溉水，用最少的水投入，取得尽可能多的农作物产出。为了达到这个目标，智能灌溉利用田间布设的相关设备采集或监测土壤信息、田间信息和作物生长信息，并将监测数据传到控制中心，在相应系统软件分析决策下，对终端发出相应灌溉管理指令。

物联网技术应用于智能灌溉系统，能及时和精确地控制浇水量的多少，合理利用有限的水资源，有效地减少田间浇灌过程中的渗漏和蒸发损失。面向智能灌溉的物联网应用越来越多，前景也越来越广阔。

有学者在精细农业相关应用和理论研究基础上，自行设计用于监测农田水分含量和水层高度的无线传感器，构建农田水分无线传感器网络体系结构，设计基于水分无线传感器网络的智能节水灌溉控制系统，通过实时农田水分数据和农作物水分需求专家数据形成灌溉决策，由灌溉控制系统实施定量灌溉。实际应用表明，该系统具有可行性和高效性，有利于精细农业的发展与水资源的可持续利用。

四、智能植保机械的特点与应用

当前，植保机械面临两大研究课题：一是如何提高农药的使用效率和有效利用率；二是如何避免或减轻农药对非靶标生物的影响和对环境的污染。日新月异的科技革命要求现代植保机械既要有效控制病虫危害，保障农林业生产安全，又要保护生态环境和自然资源，实现植物保护、环境保护和资源管理的协调发展。所以，研究开发智能植保机械，有助于实现在控制农林病虫害的同时兼顾生态环境建设，促进农林业可持续经营和区域可持续发展。

在现代高新技术迅猛发展的推动，研究智能化、自动化、绿色的智能植保机械已成为必然趋势。降低农药使用量、减少药液从靶标上的流失和提倡精准施药是近年来植保机械领域非常热门的研究课题。而3S、数据库、智能决策支持系统、可变量控制等为智能植保机械的实现提供了强大的技术支撑：国外在智能化植保机械的研究起步较早，进入了"机械化＋电子化"时期，美国、法国、德国、意大利、丹麦、日本等国家已开发了较先进的智能化植保机械，中国于20世纪90年代末开始智能化植保机械的基础研究和实践探索，尚处于起步阶段。

在分析植保机械发展现状的基础上，研究包括气象数据库、林木病虫害管理数据库、植保机械数据库、气候条件和喷施农药决策系统、植保机械作业决策系统的智能化植保机械专题数据库，为科学合理地掌握利用气候条件、提高林木病虫害防治效果提供科学依据和技术支持。

植保机械性能好坏和使用方法是否得当直接影响防治效果和工作效率。性能良好的植保机械，如使用方法不正确，既造成农药的浪费、环境的污染、害虫抗性的增加，也会影响防治效果。随着植保实践和林业生产的发展，新的植保机械不断出现，种类繁多，而由于结构特点不同，应用范围也就不同。因此，应根据使用条件选择适宜的植保机械及其部件。植保机械数据库中已收集了包含机动背负气力式喷雾机、高射程低量风送喷雾机、烟雾机、频振式杀虫灯、手推式机动喷雾机、树干注射器和航空喷雾等常用的植保机械资料数据，该库的建立可为林业生产部门进行病虫害防治工作提供技术依据。

五、发展方向与路径

在水资源日益紧缺的大背景之下，如何解决节水灌溉问题，根据农田作物的需水量实行精准灌溉是急需解决的问题。基于物联网技术的智能灌溉系统，可实现灌溉的精准化和智能化，达到节约人力、物力以及水资源的目的。智能灌溉系统根据农作物的需水量科学合理地灌溉，浇灌的针对性更强，避免了宝贵水资源的浪费，物联网技术应用于农业智能灌溉的前景会十分广阔。

我国对施肥机的需求也非常大。根据调查，目前，农民种地基本实现了机械化，唯独给农作物施肥仍是人力或畜力，这不仅费时费工，增加劳动强度，还会影响肥效的发挥。研制并生产符合农民适用的机械施肥机投入市场，是目前急需解决的问题。PLC 与上位机的结合，并通过 VB6.0 设计的监控界面传送数据所构成的施肥机控制系统，对于施肥的现场控制是一种性价比很高的解决方案。该方案在很多方面还可以进一步完善，以达到更高的自动化程度，从而更精确的控制，此外上位机的监控软件还可以根据实际条件使用触摸屏或其他组态软件。

第六节　智能收获机械

一、水稻联合收割机的特点与应用

水稻联合收割机主要有两种形式：半喂入履带式和全喂入履带式。半喂入水稻机对作物适应性强，适合收获湿度大、高秆单季稻及倒伏水稻，作业效率高，能保持茎秆完整。日本的半喂入履带式水稻联合收割机技术是目前世界上最先进的水稻收获技术，国内的企业不掌握这种技术，大部分是靠 CKD 或 SKD 组装生产，国外品牌占据着我国半喂入水稻机 90% 的市场。

我国的全喂入履带式水稻联合收割机拥有完全的自主知识产权，20 世纪 70 年代就开始研制，但一直没有发展起来。1989 年，我国引进德国克拉斯公司的产品和制造技术，生产 KC-070 型静液压驱动水稻联合收割机，整机返销出口。该机型割幅 2m，喂入量 2kg/s，发动机功率 36.75kW（50 马力）。采用前弧形割台，链耙式输送槽，板齿 + 分离板式横置轴流滚筒，冲孔分离凹板，双层鱼鳞筛，旋转抛粮筒，后轮盟动。这项技术的引进达到了 20 世纪 90 年代国际先进水平。

进入 20 世纪 90 年代后，特别是 1997 年在全国全面推广水稻联合收割机之后，履带机的产销量逐年增加，产品技术基本成熟，产品系列齐全。割幅从 0.8 ～ 3.0 米，发动机功率最大 66 kW，拨禾轮转速从不可调发展到无级变速，输送槽从带耙发展到链耙，脱粒分离滚筒由 1 个、一个半发展到 2 个，行走转向由机械操纵发展成液压助力操纵，行走变速箱由工农 -12 型发展成单边输出扭矩达 2000N·m 的大型专用变速箱，使用可靠性由十几小时提高到 50h。加长割台纵深以适应高秆高产作物收获；提高地隙以适应泥脚深的田块；加大粮仓配置抛粮筒以提高大田块有效工作时间；改进杂余升运回滚筒结构使脱粒更完全等项技术的不断改进和完善，使水稻收割机的作业性能更趋成熟。发动机采用专用减震装置，增加主要工作部件电子监控装置，选装暖风机、破埋器及宽履带，让收割机工作环境和操纵性能进一步提高。

2000 年，中国农业机械化科学研究院、北汽福田、中收公司等 4 家联合开发稻麦两用全喂入履带机静液压驱动底盘，项目总投资 6230 万元。该项目也由于资金和液压驱动元件国产化技术难题等因素被搁置。目前，只有少数几家企业把半喂入水稻机的 HST 装置使用在小型全喂入履带机上。

全喂入水稻机的未来发展方向是提升品质，提高使用可靠性，把静液压驱动技术、机—电—液—体化和计算机技术、先进的自动报警和自动控制技术应用到全喂入履带机上，打造成为高端产品。

二、玉米联合收获机的特点与应用

从 20 世纪 60 年代初期研究国外玉米联合收获机技术开始，到 20 世纪 70 年代中国农业机械化科学研究院与赵光机械厂研制成功第 1 台 2 行牵引式卧根玉米摘穗机；从 20 世纪 90 年代山东兖州、淄博、潍坊生产的 2 行悬挂式玉米收获机和郑州农具厂生产的单行悬挂式玉米收获机，到 2000 年河北藁城联合收割机厂和乌克兰赫尔松联合收割机厂合作开发的 3 行自走玉米联合收获机；从 1998 年山东大丰与新疆中收公司分别承担国家经贸委研发 2～3 行和 3～4 行玉米收获机项目，到现在已有近 60 家企业生产制造不同规格型号的玉米联合收获机，我国玉米收获机械的发展走过了艰难的历程。

我国的玉米联合收获机按收获工艺可分为两种：摘穗—输送—果穗收集—茎秆粉碎还田；摘穗—输送—剥皮—果穗收集—茎秆粉碎还田。最近几年又新开发出了一种穗茎兼收型收获机。

我国玉米收获机产品技术不像小麦机那样成熟，有诸多因素影响玉米机的发展和机收率的提高。国家对玉米收获机的补贴也是分步实施的，2005 年首先在河北、山东及天津 3 省市开展，经过试点、推广，逐渐扩大到全国玉米主产省区。在政策拉动下，近几年来玉米收获机才步入发展的快车道，但仍有以下技术问题需要在产品发展中解决。

①我国各地玉米种植形式多种多样，有平作、垄作及套作等，种植农艺的不规范，使行距差别很大，在 300～700 mm 不等。采用不对行收获玉米的方法，如前延拨禾链、加装扶禾杆、划分小单元及安装螺旋导流片等，仍然比对行收获时的损失率大。解决行距适应型的根本出路是农艺与农机的结合。

②玉米品种多样，有活秆玉米、高产玉米及矮秆玉米等。腊熟期与完熟期收获时的含水率、一年一作与一年两作地区玉米收获时的含水率均有差别，要解决玉米收获机在不同含水率条件下收获不同品种的适应性问题。

③部分企业没有完成从产品开发到样机试验，从小批试制到批量生产的过程。产品设计的基础理论数据还不成熟，对核心工作部件的研究和试验还不充分，所以玉米收获机的技术研究和创新，仍然还有一个较长的过程。

④摘穗板式摘穗机构与摘穗辊式摘穗机构的选择，拉茎辊、摘穗根及剥皮辐的材料选用，收获机作业速度与各工作部件转速的调整和匹配，对作业性能和生产效率都有较大的影响。

⑤制造工艺不成熟，工艺装备投入少，原材料的选用不规范，结构有限元分析不充分，可靠性试验不足，是目前玉米收获机可靠性差的主要原因。

我国玉米种植面积大、分布广，农村经济发展不平衡，在现阶段，对玉米收获机的需求，不可能只靠一两种机型来满足这个庞大的市场，只能是大、中、小型并举，悬挂式、牵引式和自走式多种机型并存。从发展趋势上来看，随着农村经济的发展，农业劳动力逐渐向非农业劳动力转化，农田合并，农业生产逐步实现集约化，玉米收获机的发展方向是籽粒收获，玉米摘穗收获是一种过渡收获方式。

玉米籽粒收获方式分为两种：一种是摘穗脱粒收获。摘穗脱粒收获是欧美国家的成熟技术，摘穗台下带旋转切刀，在摘穗的同时将玉米茎秆切断放倒，收获后便于后续的捡拾或粉碎还田作业。另一种是全喂入脱粒收获。它是真正意义上的不对行收获，而且是我国独有的技术，目前已有好几家企业在开发，它的最大优势在于收割的同时玉米秸秆打碎还田。

联合收割机是一种复杂的农业机械，它的技术水平从一个侧面反映了国家的工业水平。我国的联合收割机与国外先进联合收割机相比，还有较大差距，应加大研发投入，引进技术与自主创新并举，以高新技术改造传统制造技术，发展核心技术，面向国内和国际两个市场。

三、花生联合收获机的特点与应用

国外对花生收获技术与装备的研发起步早，投入大，发展快，早已实现了专用化、标准化和系列化。且多采用两段收获法，对于挖掘收获较有代表性的机型有美国CLMC生产的LP-2型花生收获机、荷兰Michigan生产的PH-2型花生收获机及美国KMC公司生产的系列花生挖掘机。

联合收获机械化技术较为先进的美国和加拿大等国家，以捡拾联合收获机械居多。联合收获机又以牵引式全喂入为主，代表机型主要有AMADAS公司生产的9997-4.2110-6型牵引式和9970-6自走式花生联合收获机，美国Kelly Manufacturing Company（KMC）公司生产的KMC3376和KMC3374牵引式联合收获机，Colombo North America生产的4行和6行的自走式花生联合收获机。

日本、韩国和我国台湾省在花生等根茎类收获技术装备研究开发和应用方面也比较先进，有不少成熟产品投入生产应用。其典型机型有日本香川农试会社生产的后悬挂式捡拾机及挖掘铺放机，韩国生产的DR—1400型挖掘收获机，台湾大地菱公司生产的43型履带自走式半喂入花生联合收获机以及"云农"号履带式花生联合收获机，台湾振发机械有限公司生产的"振发"牌CF525型挖拔组合式半喂入自走联合收获机等。国内对花生收获机械的研制起步较晚，始于20世纪60年代，20世纪70年代末至80年代初引进美国的花生收获机械，以此为基础开始逐步发展，研制出了挖掘铲与分离链相结合的4HW-800型花生收获机，2002年青岛农业大学与青岛万农达花生有限公司合作研制了4H-2型花生收获机，并成功研制了花生夹持铺放收获机，实现了花生的挖掘与有序铺放，收获技术得到了进一步的发展。

在青岛农业大学主持的国家公益性行业（农业）科研专项经费项目"根茎类作物生产机械化关键技术提升与装备优化研究"之后，我国花生联合收获机械的研发进入一个新的发展时期，花生机械化联合收获机术得到很大的发展。成功研制了半喂入式花生联合收获机 4HB-2A 型、4HBL-2 型、4HBL-4 型等联合收获机以及 4HQL-2 型全喂入式花生联合收获机。

但是我国对于花生捡拾联合收获机研究较少，几家研制单位或个人也都处在探索阶段。其中有青岛弘盛汽车配件有限公司研制了一种两垄四行捡拾式联合收获机；青岛农业大学与山东五征集团联合研制了 4HJL-1800 型花生捡拾联合收获机，与青岛弘盛联合研制了国内首台智能化 4HJL-2500 型花生捡拾联合收获机。

对捡拾和挖掘互换式联合收获台进行设计研究，实现我国农场化和区域大面积化的花生联合收获的作业要求，结合智能控制技术，实现收获行距和挖掘深度便捷式调节，满足不同种植模式的花生联合收获作业技术要求，对于我国大型多功能花生联合收获机的研发和我国花生产业机械化生产水平提高，乃至增加农民经济，提高我国农机科研技术水平和科技含量具有重要的意义。

四、发展方向与路径

（一）向宽割幅、大喂入量发展

国外联合收割机喂入量已由一般的 4 ~ 5kg/s 发展到 9 ~ 10kg/s，小麦割台最大割幅已超过 9m，配谷物联合收割机的玉米割台由收割 4 ~ 6 行发展到收割 8 行，意大利 Capello 公司生产的可折叠式玉米割台最宽收割 16 行。国外的大型联合收割机大多采用涡轮增压发动机，约翰·迪尔最大机型 9860STS 所配发动机的功率为 276kW，凯斯 AFX8010 发动机功率达到了 303kW，最近纽荷兰 CR9090 型联合收割机创造了一项新的吉尼斯世界纪录，发动机功率达 434kW，10.7m 的全新割幅，最高收获效率达到了 78t/h，为目前世界上最大的联合收割机。

（二）向通用性联合收割机发展

一是发展多种专用割台，如大豆、玉米、油菜、水稻以及捋穗型割台。二是同一台收割机可以配不同割幅的割台，以适应不同作物和不同单产的需要。三是配置收割台仿形机构及清粮室自动调平装置，适应低矮秆作物和坡地收获的需要。四是行走装置配置标准轮胎、水田高花轮胎或者半履带，适应泥田水稻收获。

1. 向多功能、多用途的联合收割机发展

如大型专用玉米联合收获机、大型采棉机、大中型青饲收获机、多行块根类作物收获机以及水果与蔬菜收获机等。

2. 向提高生产率，减少谷粒损失的方向发展

一是采用 WTS 技术，在传统的纹杆切流滚筒及键式逐镐器脱粒分离装置的基础上，加装横向杆齿分离滚筒辅助分离装置，二是采用双切流滚筒加强脱粒功能，适应大喂入量的脱粒要求。三是将采用 STS 技术研制的单纵置轴流滚筒和 CTS 技术研制的双纵置轴流滚筒应用到现代收割机上。

3. 广泛应用新材料和先进制造技术，提高可靠性

一是在联合收割机易堵塞的部件上设置各种快速安全离合装置或者反转装置，切割器锯齿采用热压成型工艺。二是键箱曲轴采用高频电加热一次成型工艺。三是脱粒纹杆表面和茎秆切碎器刃口采用耐磨涂层，重要工作部件装机前做磨合检验或运转试验，提升整机的可靠性，使联合收割机的平均故障间隔时间在 1000h 以上。

4. 向舒适性、操作方便性方向发展

联合收割机无一例外地采用了电子传感控制技术，驾驶室的电子监控数字显示设备对工作部件的转速、作业速度、割茬高低、分离和清选损失及粮仓充满情况等进行监控。利用电液控制技术，对凹版间隙，滚筒、风机、拨禾轮转速，作业速度进行自动调整。采用符合人机工程学的驾驶环境和控制组合，密闭驾驶室隔热、隔噪声并且减震，向舒适性、操作方便性方向发展。

5. 向智能化收获发展

集全球卫星定位系统 GPS、地理信息系统 GIS 和遥感系统 RS 于一身的"精准农业"技术在智能化联合收割机上的应用是当今收获机械化最新、最重要的技术发展。国外一些先进的联合收割机上都装有 GPS 接受系统，用于获取农田小区作物产量和影响作物生长环境因素的信息，监测谷物的水分和产量，从而控制联合收割机的前进速度、割幅和割茬，使联合收割机处于最佳喂入量状态，发挥联合收割机最高生产功效和最佳作业质量。通过信息传递对收割机出现的故障进行诊断，指导排除；确定收割机所处的位置，指导其行驶路线。

6. 我国收获机械发展趋势

背负式稻麦联合收割机是中国的特色，是我国农村经济条件催生出来的一种较为经济实用的收获机械。这一阶段从与"小四轮"挂接的"小联合"发展到与大中型拖拉机配套的中型背负机。背负式联合收割机结构简单，价格便宜，又是农民家中拖拉机收益最高的配套机具，20 多年来一直畅销不衰，与自走机平分收获机市场。我国谷物联合收割机已走过了低端产品的普及过程，目前的社会保有量在 60 万台以上，小麦机收率达到了 82%O 随着农业生产向产业化、集约化推进，小麦联合收割机产品发展趋势将向中高端发展，并逐步进入国际市场。

我国收获机械的发展方向总结如下：

①以提高生产率为目标，向大型、高速、大功率以及大喂入量方向发展。在现有 2 型机的基础上，趋向开发喂入量 3 ～ 5kg/s 的新型谷物联合收割机。

②以减少脱粒和分离损失、降低脱粒损伤及提高清洁度为目标，研究新型脱粒分离装置，向现代谷物联合收割机方向发展。

③向提高零部件制造质量，提升产品品质，提高使用可靠性方向发展。MTBF逐步达到国际标准。

④向多功能、多用途方向发展。更换收割台或部分工作部件，实现一机多能，一机多用。

⑤向自动化和智能化发展。向舒适性、操作方便性方向发展。

第七节　智能农产品后处理机械

中国政府高度重视农产品加工业的发展，将农产品加工作为国民经济的基础性、战略性支柱产业之一，当成促进农业结构战略性调整和建设现代农业的重要内容，以及促进农民就业增收和满足城乡居民生活需求的重要措施。预计今后几年我国农产品加工业总体可以保持年均13%以上的增长速度，农产品加工业的发展对延长农业产业链，提高附加值，增加农民就业和收入以及带动县域经济发展将发挥更重要的作用。在农业龙头企业中，农产品加工业是主体。因此，要大力发展农产品加工，并对企业改善加工设施装备条件提供政策优惠；鼓励龙头企业合理发展农产品精深加工，延长产业链条，提高产品附加值。

目前许多国家正在进行农产品加工机器人的开发研究，部分研究成果已开始在农产品加工生产中应用。正如机器人在工业生产上可以降低生产成本与提高产品质量一样，在农产品加工生产中机器人也有同样的作用，如包装机器人已在各生产线上广泛应用。然而，由于我国的自动化起步较晚，在此方面的应用研究以及实例都比较匮乏。

一、主要技术内容

农产品加工机械自动化应以实现生产的高效率和高精度，降低生产成本，节约资源，提高农产品品质和实现安全生产等为目的，以满足人们在农产品生产和消费中需求。当然，片面追求高度自动化，过于强调尖端技术，从而开发研制不符合实用需要却价格昂贵的自动化技术与设备，是不可取的。我们的目的是用符合生产实用的先进技术，实现农产品加工生产的优质、高产、高效，发展适合农产品加工生产现实条件的自动化模式。

二、农产品后处理机械的特点与应用

农产品加工业的高速增长直接带动了食品、炊具机械和包装机械的增长。现如今，食品机械已从过去的单项作业向多功能复式作业方向发展，从过去的大宗粮食作物生产机械设备的需求向经济作物的烘干、加工、包装、处理机械设备的多样化需求延伸。

农产品加工机械自动化就是食品机械或装置的操作过程或工作状态不依靠人的感官和手工而自动实现。农产品加工机械的自动控制装置大部分是单一输入、单一输出式的，但随着传感器和微处理机的迅速发展，目前已研制出多输入、多输出的自动控制装置，从而大幅度地提高了自动化水平。

欧盟是世界上农产品加工科技水平、市场化程度以及农产品商品化率最高的地区之一，是世界主要的农产品及其制品的集散地，中欧在农产品加工业上具有很强的互补性。举办此次中欧农产品加工技术交流研讨会，对进一步增强双方在农产品加工科技领域合作，搭建中欧农产品加工技术交流平台，建立长期、稳定的合作交流机制，共同促进中国和欧盟农产品加工业的快速发展将起到积极的推动作用。

当前和今后一段时期，发展我国农产品加工业要坚持产地初加工与精深加工相结合，坚持培育领军企业与扶持中小企业相结合，坚持自主创新与引进消化吸收相结合，坚持市场运作与政府引导相结合，大力发展推进农产品加工业发展。特别要突出四项措施：一是大力推进农产品产地初加工，通过财政以奖代补的方式，推广一批投资小、见效快、易操作、适合农户和合作组织使用的技术和设施，大幅度降低农产品产后损失率；二是大力推进传统主食工业化，通过实施"餐桌子"工程，加强主食工业化技术研究和装备开发，推动传统主食生产逐步由家庭自制向社会化供应转变，提高工业化加工食品占食品消费量比例，以满足全民健康、食物营养与安全、方便快捷的需要；三是大力推进副产物的综合利用，通过加强农产品资源综合利用的研究，开展农产品深加工和综合利用关键技术和装备攻关，大力发展农产品精深加工，延长了加工产业链，"吃干榨尽"各种可利用资源；四是大力推进我国农产品加工装备制造业升级，通过加强农产品加工机械装备的研究，广泛应用新材料、新技术、新工艺，推进加工设备的集成化、智能化、信息化，切实提高我国的加工装备水平，满足我国农产品加工业快速发展的需要。

未来30年是我国农产品加工业发展的战略机遇期和高速发展期，我国国家现代化和现代农业成败与否的关键，在某种意义上，将取决于农产品加工业的发展。可以看出，市场对发展食品机械的拉动作用很大，而这对食品机械又提出了更高的要求。

农产品加工机械化从过去到现在一直在农产品加工现代化中担当主角，社会的发展对机械化农产品加工生产又提出更高的要求，即实现食品机械自动化。食品机械自动化能提高生产效率，节约资源，降低农产品加工生产成本，提高产品的品质，强化农产品的国际竞争力，必将在未来的机械化生产系统中起核心作用，继续推动和实现食品机械自动化，是食品机械化工程技术工作者所面临的长远课题和挑战。

随着电子工业的迅速发展，食品机械自动化会从食品机械的部分自动化向无人操纵自动化和农产品加工机器人发展，农产品加工将成为高度技术密集型产业。为合理推进食品机械自动化，应从满足生产实际出发，选择推进自动化的优先级，选择合理的自动化模式，阶段式推进自动化进程。

第九章 智慧农业的多元发展路径

第一节 加强顶层规划设计，完善智慧农业发展机制

　　"智慧农业"发展要求农业生产的规模化与集约化，必须在坚持家庭承包经营基础上，建立和完善对农业的支持保护体系和补偿机制，减少土地落荒现象，积极推进土地经营权流转，加快农村土地流转机制，因地制宜发展多种形式规模经营，可以采用"连片耕种"方式，提高农业产业化水平，实现农业规模化经营。在农业农村农民的综合治理中，大力推进信息化、网格化和智能化的治理。为此，国家需要倾注农业科研经费投入和加大科技攻关力度；尽快进行农业科技创新机制改革，不断提高我国"智慧农业"的研发能力和应用水平，引领我国农业向现代化、智慧化发展。可在全国层面设立"智慧农业"发展专项资金，纳入财政资金预算，发挥专项资金的引导和放大效应；各省市应当从实际出发，争取资金支持，用于基础设施建设、系统升级、技术开发、信息服务等方面，为"智慧农业"发展提供强大的资金支持。建立了省、市、

县各级农业物联网综合应用服务平台，切实抓好农业信息方面的服务，加强信息流通与共享机制，为实现"智慧农业"的发展提供便利。"智慧农业"发展必然经过一个培育、发展和成熟的过程，因此，当前要科学谋划，制定出符合中国国情的"智慧农业"发展规划及地方配套推进办法，为"智慧农业"发展描绘总体发展框架，制定目标和路线图，从而打破我国"智慧农业"虽然发展多年但却各自为政所形成的资源、信息孤岛局面，将农业生产单位、物联网和系统集成企业、运营商和科研院所相关人才、知识科技等优势资源互通，形成高流动性的资源池，形成区域"智慧农业"乃至全国"智慧农业"发展的"一盘棋"局面。

一、加快农村土地流转机制

发展"智慧农业"，就是运用信息手段使农业发展具有规模化、产业化、效益化，在此发展过程中，土地流转与规模经营是"智慧农业"发展的重要保障。

（一）赋予农民土地承包权有效的法律保障

土地作为一种不能再生的、稀缺的自然资源，是农民最根本的生存保障，是农民的"命根子"。要积极探索土地承包关系保持稳定并长久不变的具体实现形式和有效途径，引导土地承包经营权规范流转，切实充分保障农民切身利益及经济利益。我国已经进入工业反哺农业、城市支持农村的新阶段，在国家惠农政策指导下，淡化土地所有权，强调土地使用权，以法律的形式确定农村土地所有权和使用权的永久分离。要通过加强立法，加快修订完善土地相关法律法规和规章，如《土地管理法》《农村土地承包法》《基本农田保护条例》《农村土地承包经营权流转管理办法》等，进一步明晰农村土地产权主体、强化承包经营权的物权性质、规范复杂多样的土地经济关系。在执法上要加大力度，发挥司法权对行政权的制约作用。要加大法律法规的宣传力度，提高基层政府和干部的法制意识，提高农民的法律意识，鼓励农民运用法制武器保护自身土地权利。

（二）加快推进农民土地承包权的确权、登记、颁证工作

推动农村集体资产确权到户，通过对农村耕地、林地、牧地等资源性资产颁发相应承包权证书，实现物权保护。明确集体经济组织成员身份，来保护集体经济组织成员的财产权利不受侵犯。明确设置集体股和个体股，合理划分股份。做好股权管理，明晰产权归属，确保权责明确，进而有效维护农村集体经济组织成员的物质利益和民主权利，尽量实现"量化到人、确权到户、户内共享"的集体经济组织发展形式，壮大集体经济组织的同时促进个体经济的发展。

（三）积极探索土地流转新形式

家庭承包制实行几十年以来，已经发挥了极大的作用。目前，一部分农民已经离开土地从事其他行业，一部分农民在进行土地规模经营，大部分农民仍然要依靠土地

解决温饱问题。因而，土地经营制度不可变革过快，应坚持稳定土地家庭承包制度，在此基础上探索土地经营新模式。农业经营的方式，可以是家庭式的，可以是集体式的，也可以是股份制式的，这要根据具体的情况而定。此外，我国疆土辽阔，土地资源分布区域差异性明显，农地类型多样，各农地经营的外部环境也是极不相同，比如我国东、中、西部地区不仅土地资源条件存在差异，各地区的经济社会发展水平也有着极大的差别。这就决定了我国农地经营制度必须多样化，因地制宜，适应各地区发展需求，实现农地经营制度共性与个性的结合。要培育健全的中介组织，在土地供求信息、规则政策和办理流转手续等方面提供重要作用，为土地流转提供市场服务，进一步实现土地资源的优化配置。

（四）强化土地流转相关机制

最近几年的农地流转表现出流转层次低、流转规模小、流转区域发展不平衡等现象，主要原因是没有科学有效的规范流转运行机制，影响了我国农地流转有序、健康发展。首先，建立科学的土地价格形成机制。科学合理的农地价格形成是进入农地市场运行的前提条件，只有进入市场，才能通过优胜劣汰的市场竞争，实现农村土地资源间的优化配置。其次，建立市场化的土地流转机制。土地承包制造成土地使用分散化严重，难以实现规模经营，当前土地流转机制的缺乏也妨碍了土地规模经营，降低了农地使用效率，因此要在坚持土地公有的基础上，使土地经营使用权商品化，促进农村土地流转市场发育，建立市场化的土地经营使用权流转机制，实现土地转让的公平性和竞争性。再次，健全和完善"农民自主、政府协调、社会服务"的土地流转机制。由于农地产权不清晰，在对农民承包土地的调整、征用和补偿过程中，有些乡领导、村领导很可能以土地所有者地位自居，损害了农民的土地权益。所以，建议建立有效的监督制约机制，因为农村土地流转一旦缺乏有效的制度组织管理约束，极易出现乱收费、乱摊派等问题，因此，应规范地方政府对土地的使用权限，限制或者解除农村基层干部对土地的控制权。必须建立健全农村土地流转各项制度，保障农民土地利益不受侵犯，加强农村基层民主制度建设，建立健全村民自治制度，积极创造途径让农民参与集体公共事务管理。

（五）培育新型经营主体，创新农业经营体系

为了激发我国农业生产活力，发挥农业土地经营制度潜力，党的十八大报告明确提出"培育新型经营主体，构建集约化、专业化、组织化、社会化相结合的新型农业经营体系"。这一重要论断，对于积极推进我国新农村的建设，加快乡村振兴有重要的指导作用。鼓励发展家庭农场经营，加强农民科技职业教育，培育新型职业农民。按照当地实际情况，培育一些种养殖大户，在此基础上适度发展规模化经营的家庭农场，以此加强自主经营的市场竞争力和专业化，紧跟时代步伐，实现农业经济的发展。由于我国农村土地细碎化现象比较严重，农户多年来都是分散式自主经营，影响到了我国农业规模化、产业化的发展。因此，需要将分散的农户组织起来，按照当地主要

经营农作物的特点，成立专业合作社，指导兴办生产、加工、销售等不同类型的合作组织，提高农民的组织化程度，促进生产设施完善，提供市场信息、科学技术等服务，形成产销对接的经营服务链条。要办好农业合作社，还须严格建立相关制度规章，规范整个运作流程，尽量满足社员要求，得到社会认可，促进整个农产品生产、销售、服务的标准化、一体化。

二、完善农村产业化经营机制

农业产业化是指在农业家庭经营的基础上，通过组织引导一家一户的分散经营，围绕主导产业和产品，实行区域化布局、专业化生产、一体化经营、社会化服务、企业化管理，组建市场牵龙头、龙头带基地、基地连农户，种养加、产供销、内外贸、农工商一体化的生产经营体系。农业产业化一经提出，就受到了各级政府、理论界和中央领导的高度重视。农业产业化是我国继农村家庭联产承包责任制、乡镇企业大发展之后的又一次大规模的改革，是推动传统农业向现代农业过渡的必然选择，是我国农业和农村经济发展的有效形式，也是发展"智慧农业"、实现乡村振兴的必经之路。

农业产业化经营就是从经营方式上把农业产前、产中、产后等环节有机结合起来，实现加工、包装、销售等一体化经营。把一些"小户"，"散户"资源整合起来，面向"大市场"，推动农业与其他产业的结合，形成产业链，焕发农业的生机。不断完善农业经营体制机制，构建新型农业经营体系，对于推进农业现代化建设和实现乡村振兴具有重要的作用。农村产业化经营要结合农村实际情况，鼓励多方力量参与，如农村专业合作社、农产品行业协会、龙头农村企业协会等。农村专业合作社是实现农业产业化经营的中坚力量，具有一定的引导作用，应鼓励其发展，推进一、二、三次产业融合发展，促进产、加、销一体化经营，强化对区域农业产业链的带动能力。此外，鼓励农产品行业协会、龙头农村企业协会同地方政府合作，协力推进农业产业化经营，充分发挥它们的推动作用；加强农业产、供、销平台建设，不断推动农产品品牌构建，提升农业产业化经营发展能力、竞争能力以及创新能力。

三、健全农村信息流通与共享机制

发展"智慧农业"的关键环节是运用信息技术手段，促进信息的使用、传播、共享，推动农业的不断发展。农业农村信息化工作是农业经济发展的关键保障，伴随着农业和农村信息化基础设施建设的加快，农业信息技术创新的不断发展，涉农信息资源的整合和共享问题也会得到有效解决，电子政务和电子商务工作深入开展，农民能够方便地获得有效的生产和生活信息，农村信息化"第一公里"问题将得到缓解。健全农村信息流通和共享机制，有利于促进农村信息化发展，缩小数字鸿沟，实现经济结构的战略性调整和促进社会全面进步；有利于提高产品竞争力，促进农业增效、农民增收；有利于推进农村教育事业的发展，全面提升国民素质。

（一）强化政府的主导功能

政府在农村信息基础设施建设和完善信息化工作过程中起着重要的助推作用，能够统一规划、统一布局，从国家层面推动农村信息平台的建设，积极与涉农部门沟通和协调，促进资源共享，推动各级部门从农村实际出发，从信息实际应用出发，有针对性地为农民提供有用的、标准的信息。

（二）整合信息资源，实现优势互补

农村科技信息共享与服务平台建设重点是抓好做好供求信息自动对接平台、农村科技网上培训平台、农村劳动力资源与就业平台、咨询服务专家系统平台和通信工具信息传递服务平台等。服务项目从农业向农村延伸、从农业生产向生活延伸，服务内容从目前的技术、咨询、市场价格和供求信息服务为主扩大到农村政策法规、农副产品加工贮藏、劳务输出、农村工业发展、农产品标准、医疗卫生、农村教育、环境保护、建设规划等全方位涉农领域服务。建立统筹协调、部门互动、区域联动、部门及社会各方面共同参与的信息采集、交换、共享、发布与管理沟通机制，充分利用各部门现有的网站有关栏目，提供有价值的信息资料，实现双方的互动交流和信息资源共享、优势互补。

（三）加强信息应用培训平台

信息应用培训关系到信息化工作能否顺利实施，在此过程中，要提高基层干部和农技人员信息服务和指导能力，提高经济主体利用信息化手段发展经济的能力，才能推动农村信息化建设。按照分级负责、分级管理原则，采取集中培训、远程教育等方式，全面开展农村信息应用培训，比如，实施农民素质工程、加强农村党员远程教育培训等，培训的重点对象是乡村农业技术人员、农村种养和营销专业大户、农民专业合作社和农业龙头企业的相关人员等。让他们学会使用电脑和网络，会操作应用，能够掌握信息采集和发布等基本技能，达到会收集、会分析、会传播信息基本要求。

四、加强农村社会保障服务机制

我国农业人口众多，又是一个农业大国，需要重点放在加强农村社会保障服务机制上，建设一个公平、公正、科学、合理的农村社会保障服务体系上，从而保障农民的根本利益，实现乡村振兴。加强农村社会保障服务机制有利于保障农民基本生活权益，缩小城乡差别，实现社会基本公平，促进了劳动力的合理流动，推动土地适度规模经营，有助于实现农业现代化。

（一）完善农村最低生活保障制度建设

农村最低生活保障制度是国家和社会为保障收入难以维持最基本生活的农村贫困人口而建立的社会救济制度。建立农村最低生活保障制度不仅是改革与完善农村社会救济制度的重大举措，而且也是尽快建立农村社会保障制度的关键所在。所以，要建

立与完善农村社会保障制度，应当以建立农村最低生活保障制度为战略突破口，全国各地都必须尽快建立起农村最低生活保障制度。完善农村最低生活保障制度，必须正确理解和准确把握党和政府关于全面建立农村最低生活保障制度的政策，从整个社会发展的大视野审视和界定农村最低生活保障制度的公平原则，科学地确定保障线标准，选择合适保障对象，合理筹集保障资金，分层分类、有序解决农村的贫困问题。建立科学的财政出资结构，创新筹资渠道，国家与地方财政成为农村最低生活保障支出的主力军，而各县区财政则应集中精力于具体的农村最低生活保障实施效果的完善。全国各地都在积极响应实施"精准扶贫"的号召，在农村最低生活保障制度运行中结合相关政策，完善农村最低生活保障救助条件，保障低保金精准到位，同时根据农村最低生活保障对象的实际情况进行针对性的救助，通过扶贫开发推动农民一些利益的实现。加强农村居民家庭经济状况核查，努力克服当前农村社会的特殊性制约因素，倡导通过政府购买社会服务的方式，将家庭经济状况核查交给有资质的第三方组织具体开展入户核查工作，切实提升精准识别专业化能力，保障农民生活和生产的顺利进行。

（二）完善农村社会养老保险制度建设

我国农村老人最多、贫困率最高，成为扶贫攻坚的主攻点。在农村传统观念中，农村养老主要靠子女负担，但是家庭养老正面临严重挑战，社会的进步和家庭成员思想的变化，导致家庭养老可持久性比较差，也易受到意外事件影响，养老问题社会化是一个必然趋势。我国《老年人权益保障法》《社会保险法》《劳动法》对农村社会养老保险制度的建立做了原则性的规定，但可操作性比较差。到目前为止，还没有一部专门规范社会养老保险的立法，其他一些法律对农村社会养老保险问题只是做了零散规定。各地在推行农村社会养老保险的过程中更是"摸着石头过河，不利于农村社会养老保险事业的顺利进行，说明我国关于农村社会养老保险的立法工作相对滞后。因此，要健全农村社会养老保险法律制度，让农民有法可依，安心从事农业工作。完善农村社会养老保险机制，为农村人员提供保障，在缴费机制方面要有动态性，个人根据收入情况选择不同的缴费档次；对多缴费、长缴费的，实行阶梯型的补贴标准，注重激励；设计灵活的缴费时间，为一些不方便人员、外出打工人员参保提供便利条件；实现基础养老金的动态化调整，以外界环境带来的变化。在公平机制方面，由于我国农村养老环境较为复杂，地区差异较大，建立适用地域更加广泛的统一的补贴标准，但对不同人群，应当给予不同的补贴标准，向弱势群体倾斜，力求公平发展。政府应当增加对贫困地区养老保险的资金补贴，应根据区域发展不均衡采取不同层次的差异化措施；加强对贫困地区集体经济的基础性投入，为当地经济发展和农民增收创造条件；帮助集体经济组织改善经营状况，推动其产业发展，壮大集体经济；鼓励和引导社会慈善公益组织和企业实施对贫困地区的资金捐助，缓解集体补助不足。

农村社会养老保险可采取多形式、多渠道开展，一方面减少政府的压力，另一方面推动各方力量参与农村社会养老保险，发挥个人、企业、社会组织等的作用。加大对农村养老保险的宣传力度，使农村充分认识到参加养老保险的必要性，提高农民参保的自觉性与积极性。应鼓励农民购买商业保险，以提高保障力度，推动农村社会养老保险制度的多元化发展，提高其社会性。

在"智慧农业"推动下，农业产业日益走向现代化，农业产业现代化是保障农村社会养老的客观需求。当前，土地养老仍然是农村老年居民的主要养老根基，2015年农村领取退休金的人口仅占农村居民的18.7%，而37%的农村老人成为留守人员，土地收益成为农村老人的生存和生活命根。因此，通过农业产业现代化，让农村老人分享土地增值、集体经济增长的改革成果，及时满足农村困难老人、留守老人迫在眉睫的养老需求。

伴随着信息化工作的开展，农村信息化也逐渐普及开来，要加快农村社会养老保险的信息化建设，运用先进信息技术手段，建立一个功能齐全、覆盖面广、规范透明的农村养老保险信息网络，做到软件统一、硬件设备配置较高、数据传输方式统一的信息采集制度。完善省级基本养老保险信息数据库和信息管理系统，实现省、地、县三级业务联网和数据实时共享，保障养老数据的全面性和及时性。加强普及农村社保卡的使用率，为参保人员的养老金的缴纳、领取工作、查询工作提供了便利。建立农村居民户籍动态信息沟通和信息联查机制，确保农村社会养老保险参保人员户籍信息的准确完整，能够及时享有农村社会养老保险。加快地方社会保险经办机构建设，实现基层服务平台全覆盖。根据实际工作需要配备农村社会养老保险人员力量和必要经费，提高农村养老保险工作的专业化水平，适时引进专业社会工作者参与农村养老保险工作，细化养老保险对象的基本情况以及农村养老保险基金的缴纳、记录、核算、支付、查询等服务。加强业务人员培训，提高人员经办能力，建立农村居民参保缴费和领取待遇情况档案，确保经办业务规范有序，顺利开展农村社会养老保险工作。

（三）完善农村医疗保险制度建设

社会保障制度是保证社会公正、维护社会稳定和促进经济发展的重要制度安排，关系着每一个家庭的福祉，然而面向我国广大农村地区的社会保障体制无疑是整个社会保障体系中的重中之重。农村人口收入水平普遍较低，享有的社会保障程度不高，而作为广大农村居民普遍关注的农民医疗保障问题，不仅是社会急需解决的重大问题，还关系着亿万农村居民的健康水平和农村的各种矛盾的缓解，完善农村医疗保险制度建设对于解决我国"三农"问题，构建和谐社会具有重要意义。在农村医疗保障方面，伴随着农村土地家庭联产承包责任制的推行、财税体制的变迁和市场经济的浪潮，原有的农村合作医疗制度因失去了资金筹集的制度基础和组织基础而迅速衰落，农民的健康保障问题逐渐显现，因病致贫或因病返贫的现象在农村地区司空见惯。

目前我国农村的医疗保险，大体上有合作医疗、医疗保险、统筹解决住院费及预防保健合同等多种形式，其中合作医疗是其最普遍的形式。实践证明，多种形式的农村合作医疗是农民群众通过互助共济，共同抵御疾病风险的好举措，也是促进我国农村卫生事业发展的保障。新型农村合作医疗工作是从2003年开始在全国进行试点，按照多方筹资的精神，农民自愿参加的原则，通过试点、实践，到全国的推广，各地要积极发展与完善农村合作医疗。首先，政府要给力，在资金方面要强力投入。我国新型农村合作医疗制度的推行，是一种符合我国国情、具有中国特色的医疗保障形式，具有公益性的特征，是社会福利的体现，因此，政府要给予农村医疗保险制度最大程度上的财政支持，提升对新型农村合作医疗的补助标准，同时因为地区之间的差异性，要设定合理的补助标准，与当地实际相适应和协调，保障广大农村居民看病无忧。还需要加大对农村医疗定点机构的经费投入，特别是村级卫生所、乡镇医院的投入，这些机构往往是农村居民看病最多的地方，改善其卫生医疗条件及设施设备，加强基层医疗机构基础设施建设，积极调整基层医疗卫生单位，保证它们合理分布设置，改善新型农村合作医疗的就医条件，从而保障定点医疗机构能够满足农村居民基本的医疗需求，逐步实现城乡医疗资源、条件的均等化目标。在制度方面让农村居民有所保障：其一，要不断完善新型农村合作医疗的制度与法律体系，确保农村医疗保障服务的稳定，特别是能够有效保障农村地区居民的医疗保障水平，维护农民的基本生活权益，通过具有权威性与稳定性的法律法规体系来给予保障。其二，完善农村医疗保障管理体制，这是保障农村医疗发展的重要环节。加强农村医疗卫生体制的改革，理顺管理层级，完善管理机构，明确管理职能。比如，日本的社会医疗保险模式，不仅具备健全的监督体制，而且还具有明确与清晰的管理层级。强化我国医疗卫生体制改革，尤其是农村地区，要明确医疗机构职能、合理界定医疗机构管理权限、创新医疗机构管理方式等；完善医疗卫生项目的监管与审查机制，强化对补偿与购置项目等的监管与审查，加强对重大与重要医疗卫生服务设备购置的监管与审查，要坚持有效、实用的原则添置设备。长期的医药体制分开的改革与探索并未取得令人满意的结果，特别是在农村地区，要有效实现医药分开，严密控制对药物的滥用与乱用。其三，创新管理机制。加强人员管理，降低管理成本，严格按照岗位设置要求和需求选人用人，避免乱用人的现象存在。同时，明确相应岗位职责，合理选用那些素质高、业务能力强的人员，确保选用的每名人员都能够胜任相应工作；在运行过程中，引入绩效考核机制，加强对人员的能力考核，奖罚分明，督促管理人员保质保量地完成工作。此外，加强新型农村合作医疗信息系统完善，提高工作效率，不断完善村镇卫生所和县级新型农村合作医疗工作的管理信息系统设施，对工作人员加强相关知识培训，提高软件的应用能力，保证工作人员熟练运用软件操作系统进行费用审核和监督，确保实现新型农村合作医疗管理工作的信息化、网络化，进而提高管理效率。其四，通过社会力量增加筹资渠道来弥补新型农村合作医疗筹资不足的问题。可以采取与商业保险结合的方式，每年从新型农村合作医疗的募集资金中抽出一小部分，为参合农民购买可保大病的商业保险，使患大病的参合农民在享受新农合报销之外，还可以享受商业大病保险的二次补偿，降低参合农民因大病致贫的风险，减轻农民的经济负担；也可以寻求民政、慈善、工会等多部门的支持，通过民政救助资金和社会公益资金等方式，增加筹集资金的总数，保证参合农民都能尽可能地享受到更大的新型农村合作医疗报销的比例，促进新型农村合作医疗的和谐有序发展。

农村医疗是一个国家对那些因为贫困而没有经济能力进行治病的公民实施专门的帮助和支持。其通常是在政府有关部门的主导下，社会广泛参与，通过医疗机构针对贫困人口的患病者实施的恢复其健康、维持其基本生存能力的救治行为。农村医疗救助是政府对患重大疾病、农村特困居民实行救助的救济制度，是农村社会保障体系的重要组成部分，是一项新型的社会救助制度。资助贫困人口参加当地组织的合作医疗或其他医疗保险，组织医疗救助志愿者无偿为贫困疾患者义诊，直接发放医疗救助金等。针对一些孤寡老人等特殊群体，政府要加强对他们的关注，可以专门针对他们设立相应的特殊救助制度，设置特别关爱基金，为他们减免参合费用，确保这些更需要医疗救助的人能够顺利享受到新型农村合作医疗服务，保证他们能在患病时，得到及时有效救助。

五、推动农业发展创新机制

（一）农业融资创新机制

国家一直十分重视农业发展问题，因为关系到百姓的生存问题以及国家的经济发展。在农业发展的过程中还存在着诸多问题。比如说农业融资不足，我国农业发展比较晚，规模也不大，目前农业发展的融资方式大多是农民自己出钱，而且只有小部分农民有融资的意识。另外，我国农业发展的融资方式与其他国家相比，也比较单一，只能靠小部分的农业贷款来支持，还有农民的自筹资金，资金上的限制导致农业的发展很缓慢。美国的农业合作社成为美国融资的一个非常好的渠道和方式。在农业合作社这个组织里，由社员缴纳股金，这些资金大约占到融资金融的一半，29% ~ 50% 股金形成的权益结构，对降低合作社的融资风险非常有利。

鼓励农村金融创新，加快发展村镇银行，继续深化农村信用社产权制度改革，加快组建农村商业银行和农村合作银行，积极争取各类银行开展农业产业化金融创新的试点试验。建立农业产业化担保基金，用于开展涉农担保业务，最大化保护农民的利益，积极发掘具有发展潜力的龙头企业。另外，需要建立政府引导、政策支持、协同推进、市场运作的政策性农业保险制度，健全农业再保险与巨灾风险分散机制。

（二）农业科技创新机制

建立以科技为支撑的政府引导、企业运营的参与机制，鼓励更多的企业与投资商参与到"智慧农业"中来，引入市场竞争，倡导市场化经营，提高农业产业化龙头企业的市场竞争力，更好地推动农业生产、培育、销售等环节实现质的飞越。

农业科技是农业发展的第一推动力，我国的农业发展自建国以来取得了跨越式的发展，从一开始的刀耕火种、小农经济到后来的包产到户、机械化种植和生产，再到现在的信息化覆盖农业生产。但是与外国相比仍然有一定的差距。第一，政府应制定相关的优惠政策。鼓励农业新科技的发展，把农业科技创新发展纳入国家发展规划中；第二，应该与各类院校、科研机构与企业形成联盟，共筑合力，共同研发利于农业发展的技术。利用科研单位的有利资源，不断提升我国的科技实力；第三，要学习其他国家先进的农业科学技术，比如日本的观光农业、特色农业，将农业与观赏于一体。美国高度重视现代化农业以及区域化发展，而且重视农业资源的保护，值得我国借鉴、合理采用，建设符合中国特色发展规划的农业科技之路。

农业科研投入体制的改革是一项系统工程，受多方面因素的影响，必须在增加投入、注重科研创新机制与改善外部环境等方面采取一些措施。

1. 加大农业科研的投入力度

科研投入不足是导致我国农业科技进步迟缓的主要原因。科研投入主要力量来自政府，首先，明确政府农业科研投入的主导地位，加大对农业科研投入力度。我国作为世界上最大的发展中国家，又是一个农业大国，发展农业需要政策、科技、投入等来解决，最终落脚点是依靠科技解决问题，因此，需要政府加大对农业科研的投入力度，逐步缩小同科技投入的差距。中央财政应通过项目或基地形式予以重点支持农业发展成果，各省级农业科研机构，以应用研究为主，可适当安排一些基础研究工作，突出特色和重点，着重解决本地区农业现代化中方向性、关键性的重大科技问题。其次，鼓励企业等社会力量增加农业科技投入，形成以政府投入为主导、全社会广泛参与的多元化、多渠道的农业科技投入体系。在国家科技立法的基础上，制定知识产权保护法，以法律形式明确科研成果的产权关系及收益分配关系。要通过税收、补贴和贴息等财政政策，鼓励各类经济主体包括国际组织和国外企业投入于农业科研，设立科技创业基金和高新科技风险基金。利用资本市场进行直接融资，也是高科技农业获取低成本资金支持并分散投入风险的重要途径。最后，以法律的形式保证农业科研投入的比例，随农业的发展而稳步增长，对政府的投入及其增长率等做出具体而明确的规定，切实保证农业科研投入的及时足额到位，并且较快增长。

2. 改革科研课题的分配体制

首先，改革科技立项制度。可在综合性农业主管部门内设立国家农业科研基金委员会，负责制定中央政府出资支持的中长期科研规划和课题计划，以及科研课题的设立、招标和定标，旨在组织协调有关社会力量，对农业和农村改革与发展的重大问题开展多部门、跨学科、综合性研究。其次，科研课题的分配实行招标投标制。打破行政分配的传统做法，坚持"公开、公正、公平"的原则，引入市场机制和个人资格准入制度，面向整个社会（包括科研院所、科技型企业和大型企业等）对科研项目和课题进行公开招标，保障信息的透明性，更利于科研成果的公平性。再次，完善成果评价和使用制度。完善专家评议程序以及市场评价指标体系。科研成果的评审，要考虑市场需求和社会效益，引入社会中介评估制度。明确科技成果的产权关系及其商品属性，确立规范的农业科技成果有偿使用制度。

3. 推行农科教结合

农科教结合的实质是农业科研、教育及技术推广各部门，在农业发展的基础上，各自发挥自己的优势，建立协调机构，制定整体发展规划，加强协调功能，明确产业部门是农科教结合的主体和龙头，以适应教育、科研和推广为农业生产和农村经济发展服务的客观要求。鼓励农业科研、教学、推广机构合并或者联合运行，鼓励科技人员在不同机构兼职和流动，共同推动农业科研的大力发展。

（三）农产品质量安全追溯管理机制

近年来，农产品质量安全追溯管理受到消费者广泛关注，建立农产品质量安全追溯体系，是创新农产品质量安全监管的一个重要措施。通过对农产品溯源追踪，从生产到销售，每一个环节都公开透明、了如指掌，保障了农产品的质量安全，使得消费者更加信赖所生产的农产品，也使得生产者自己能够了解产品的销售，以获得及时的反馈信息，可以扩大再生产。目前，国家追溯平台试运行平稳，数字监管、机器人等新的智慧监管方法在地方积极涌现。国家农产品质量安全追溯平台成功建立，已经在一些省份上线试运行，不断优化完善平台的功能和设计。农业农村部也已印发农产品质量安全追溯管理办法，制定了国家追溯平台主体注册、标签使用等5项配套制度和7项基础标准，谋划建立追溯实施的保障机制。追溯管理是加强农产品质量安全的一个重要手段，重点抓好规模生产经营主体，以点带面，逐渐扩大，加快推进国家追溯平台的推广应用。

第二节　优化农业可持续发展环境，推动农业服务业发展

"智慧农业"的发展，坚持以生态为基础，不仅要充分尊重原有的自然生态环境，同时也要避免农村生产活动对生态环境造成不可逆的影响。生态环境对农业生产和人们生活有重要影响，良好的生态环境是农业生产和实现乡村振兴、提高人民幸福感的重要保证。农业的可持续发展就是要在生态环境可承受最大程度的条件下满足人们的生活需求并提高人们生活的幸福感。如若一味追求经济上的利益，自然环境将遭到破坏，最终人类必将自食其果。从我国农业发展现状看，生产、生活废弃物随意丢弃、农药和化肥粗放使用、水资源严重浪费、生活污水无序排放、乡镇企业废弃物直接排放等问题日趋严重，不但污染了生态环境，而且影响了农业的可持续发展能力和人们的身体健康。如果继续采取这种掠夺式的粗放型增长，不考虑自然环境的承载力，生态环境就会遭到报复，不利于生产、生活的可持续发展。因此，应发展"智慧农业"，倡导绿色、生态、有机、循环等理念。农业发展不仅要杜绝生态环境欠新账，而且要逐步还旧账。首先，可持续发展的农业必须是能够保护生态环境的农业。要对山水林田湖加以保护，采取更为严格的措施来保护绿水青山，严禁违反规划对自然资源的不

合理开发，对生态脆弱地区更要严禁开发。对由于过度开发而造成的地下水漏斗区、土壤重金属污染区，必须下决心采取根治性措施，使其逐步得到恢复。其次，可持续发展的农业必须是资源节约、环境友好型的农业。在发展过程中不仅要尊重经济规律，还要尊重自然规律，充分考虑资源、环境的承载能力，加强对土地、水、森林、矿产等自然资源的合理开发利用，保护生态环境，促进人和自然相和谐相处，实现可持续发展。农业资源与环境压力促使农业从业者努力寻求一种在继续维持并提高农业产量的同时，又能有效地利用有限资源、保护农业生态环境的可持续发展的农业生产方式。我国进入了高度信息化时代，信息技术的发展使农业的传统观念和管理技术产生了巨大的变革。"智慧农业"的发展有着其独特的优越性，利用信息技术手段、智能技术对生态环境、质量安全问题有所监控，做出改善。"智慧农业"不仅能提升产品品牌价值，提高作业效率，提升市场占有率的经济效益；还能促进农村产业结构的调整，满足人民对美好生活追求的社会效益；更重要的是有保持水土、调节气候、改善环境、促进生态平衡、节约人工、节约水电的生态效益。

一、不断优化农业可持续发展环境

农业可持续发展的生态环境是"智慧农业"发展的重要物质条件，良好的农业生态环境有利于提高"智慧农业"的产出效益。利用现代信息技术，基于云计算、大数据分析，建立完善的农业环境信息监测系统，准确获悉农业生产环境的有关信息，对农作物生长、施肥、灌溉、土地资源的利用状况、质量安全追溯等方面做到有效预警和精细化控制，不断优化农业可持续发展环境，实现人与自然和谐共生的现代化。"智慧农业"利用多样传感器集存储、分析、联动与远程监控于一体，且通过智能数据处理，使各种数据掌控在手中，可以基本实现零失误。借助"智慧农业"的全过程监测技术，实时监测施肥、施药全过程，同时实现数据的采集与传送，遇到问题时，农民可以随时与在线专家取得联系，及时解决问题。充分发挥"智慧农业"在提升农产品的质量、降低繁琐的种植程序以及实时监控农作物的施肥、除虫全过程的优势。"智慧农业"可以通过环境监测对空气中的温度、湿度、土壤温度、营养值达到精准的监控。对农作物的通风、遮阴、加施肥、喷药，通过数据控制，保证在安全数据内，随时随地进行智能诊疗专家指导，这样生产出来的商品，消费者可以通过检标溯源进行查询，以保证农产品的绿色与安全。利用电子标签技术，在农产品流通环节对农产品包装进行信息识别、自动追踪、数据传输，实现种植、采摘、加工、包装、存储、运输、终端消费等各个环节的透明性。在优化农业生产效率的同时，实现农业的平稳发展。

互联网技术应用于土壤成分分析、水资源品质提升、自然灾害预测等方面，应该借助传感技术，收集、比对、分析不同类型的农业生产经营方式的各类数据，建设废弃物、排放物循环使用闭路系统。在某些山区发展耕作业是很难达到百分之百利用土地的，因为地形的不便利，导致了很多可用的土地资源被浪费，而智能的耕作制度节能技术，是为实现农业生产过程中用地与养地相结合，保证农作物全面持续稳定增产及保持农业生态平衡而建立起来的一种技术体系。其涉及的技术很多，包括免耕覆盖节能技术、现代轮作节能技术、现代间套复种节能技术、立体种养、设施农作节能技术等，这些技术的广泛运用，为建设节能循环型农业提供了有力保障。

二、推动农村服务业的发展

将"智慧农业"与美丽乡村建设结合起来，积极践行生态文明理念。运用当代先进的科学技术，使人类与自然协调、和谐发展；运用生态学理论将农业发展成为无废弃物、无污染物、高效能量多层次利用可持续的创新、绿色、安全的新型农业，是农业发展的大势所趋。充分利用自然生态环境、人文景观、地方特色产业等农业天然禀赋优势，积极奉行乡村振兴战略，开发农村旅游业，建设美丽乡村，发展休闲农业、都市农业，减少对农业环境的污染，实现农业副业向农业服务业的转型升级，推进农村服务业的发展和农村环境的改善。

（一）生态旅游农业

国外的实践经验表明，农业、农村是乡村旅游的基础，必须注重农业多功能性的发挥。为了更好地促进生态旅游农业的发展，将生态农业与生态旅游充分结合，农业与环境结合起来，依靠先进的信息技术，发展以农业和农村为载体的新型生态旅游业，促进农业的可持续发展。农民利用当地有利的自然资源、农业禀赋、人文特色来开发和设计乡村旅游产品，吸引游客，增加农民收入，促进农村发展。在开发产品过程中需要注重消费者的个性化需求，注重游客的体验性，有的消费者是为了想体验农家生活，有的是为了欣赏田园风光，有的是为了躲避城市喧嚣、放松身心，有的是为了休养身体，享受乡村清新空气，需求不同，对旅游的目的性就不同。生态旅游农业应尽可能要做到创新，一些带有休闲功能的传统项目，如采摘、垂钓、体验耕种、嬉戏等活动要改变，推出更能符合消费者需求的旅游项目和旅游产品。比如在各项旅游项目开发的同时融入文化和艺术气息，提高旅游精神高度，不断寻找适合自身发展的经营模式，通过推进人文性和自然性的结合，打造出多样化、复合型的旅游产品，推进乡村旅游业差异化、深层化的发展，如乡村度假游、风情游、体验游、观光游等。加强改革创新，建立生态旅游农业胜地，引领健康时尚生活，通过农业现代化技术的实施，展示现代技术带来的农业生产方式的变革，让消费者体验高效节水、循环生产、有机农业的强大生命力。此外，在产品开发过程中，还需要加大区域合作，实现产品交流，树立品牌意识，避免市场同质化竞争。发展生态旅游农业，需加强旅游规划和监管，为创设良好的农业旅游环境提供保护。坚持长短结合，注重旅游与生态环境的协调，有计划地开发农业生态旅游项目，注意合理开发自然资源。规划、环保等部门要加强监管，避免景区和游客出现破坏生态环境的行为。可以通过悬挂标语、导游讲解、播放宣传片等途径，在旅游中大力宣传生态环境对人类的重要作用、推行生态文明和绿色生产方式，提高游客保护生态环境的自觉性及必要性。

（二）特色农业

发展特色农业要防止过度开发，同时兼顾生态环境保护，在保护中谋开发，在开发中促保护，促进特色农业可持续发展。在信息技术的影响下，一些科技要素也在农业中应用，不仅可以激活传统特色产业，也可继续改造一些特色产业。特色农业，就是将区域内独特的农业资源、区域内特有的名优产品，转化为特色商品的现代农业，特色农业的关键在于"特"，这种"特"应以保护环境和资源为底线，不必过于急功近利地盲目改造特色农业。①农产品特色。强化农业新品种、新产品、新技术的开发，不断优化农产品品质，为产业化经营、提高综合产出效益奠定基础。要加强品种选育和新品种培育引进，为生产环节搞好供应。②农产品品牌化。要充分认识品牌的价值，打造地方特色农产品品牌。依托当地的能人、名人或龙头企业，寻找当地农业发展优势，进行差异化定位，凸显自己的特色，与其他地区形成差别，建立核心品牌。推动农产品的深加工，塑造农产品特色形象，铸造其品牌，提高我国农产品的附加值。③特色营销。制定合适的营销模式，针对城市中忙碌、追求自然的人群，从他们的需求出发，发展特色产业，不仅要考虑区域的资源环境承载力，更要考虑特色产业的产品去向，考虑消费群体的购买意愿和购买能力。推出具有吸引力的特色乡村旅游项目，在拉动当地经济发展的同时，提高旅游产业的知名度，实现长期稳定发展。

国家正在制定一系列政策致力于完善公共交通、卫生服务和乡村建设基础设施等。通过促进农村金融体系发展，加大对特色农业开发的投资力度，改善农村整体环境，帮助农村经营者健康有序发展；通过加大投资力度，还可以为特色农业产品"走出去，请进来"开辟新的渠道。例如，以特色农业带动农业旅游、乡村旅游等相关产业的发展，进而增加特色农产品的生产与销售，增加农产品的附加值等等。

（三）文化创意农业

我国很多地区虽然农业资源丰富，但是乡村旅游往往比较单调，在旅游产品设计上比较单一，部分地区的重游率较低，主要以"农家乐"形式呈现，大部分是观光或采摘等活动，文化传承性、知识趣味性等没有被发掘出来。发展农业、乡村旅游，是深化农业服务业产业链价值的重要体现，要想更好地实现乡村旅游的快速发展，就必须加强对乡村文化的研究，将农业旅游与文化深度融合，形成自身品牌旅游特色。农业自身的文化特质与旅游产业交汇，是产业融合发展的主要方向，基于农业的发展现状，立足区域农业资源优势，整合自然资源、文化创意和技术手段，形成具有特色的农业文化景观，发展文化创意农业，将改造传统的农业旅游模式，带来新的农村经济增长点。

1. 以文化为特质，整合农村资源

我国是一个农业文明古国，有着丰富的农业资源，农村地区的文化特色十分鲜明，要以乡村本地文化资源为基础来发展文化创意农业，同时要注意不能过度开发，主要是整合优势文化资源，在合理开发的前提下做到重点开发，使文化创意农业不断增强竞争实力。在农业与文化创意产业融合过程中，易出现同质化现象及缺乏地域特色的

重复建设，从而减弱了对游客的吸引力。需要找准自身的文化地位，发展出以文化内涵吸入眼球、以具体服务体验打动人心、独具一格的特色休闲农业园区。围绕当地名人文化、特色建筑文化、民间手工艺文化以及非物质文化遗产等，将资源与产业发展结合起来，形成独特的农村名片。农业与文化创意产业的融合，注入了艺术和文化等元素，被赋予了更多的文化符号和艺术特征，更好地满足消费者需求的变化与市场的供给，也可以为农业发展带来文化价值、经济价值和社会价值。一些具有单一功能的农产品可做成具有艺术形象的产品，对产品的包装进行改进，融入艺术元素，增加文化故事，使得产品更具有欣赏、纪念和收藏功能。通过与地方农业特色和历史文化相关的节庆来展示和宣传，是农业与文化创意产业融合发展的重要形式之一，可以很好地体现文化价值、艺术价值和经济价值。

2. 文化创意农业与科技相融合发展

现代农业的发展需要基于信息技术、数字技术和网络技术的基础上进行发展，进行农业场景的虚拟设计，实现数字化整合营销传播，驱动农村经济的跨越式发展。在产业融合的过程中，不仅要凸显文化创意为核心的融合优势，也要发挥技术向农业领域渗透带来的成本优势。基于科学技术、现代手段对农业自然资源进行改造和开发，充分挖掘区域农业资源，树立农业文化旅游专属品牌，扩大影响力，塑造创意农业产业链，形成具有传统文化内涵的现代农业产品，提升农业经济的附加值。应充分发掘当地乡村文化，乡村中遗存的老宅大院与历史遗址，乡村中流传的民间故事，乡村中独特的手工技艺和传承手艺的老艺人，乡村中丰富的农耕文化、饮食文化和民俗活动，都是体现乡村文化价值的重要载体，要通过现代科技手段和艺术手段进行包装和宣传，提高乡村文化的渲染力。借助文化创意理念，运用技术通过对景观的科学和生态设计，提升区域内的景观视觉形象，使得农业自然景观发挥文化魅力，让游客更好地体验农业文化。在设计农产品时，要借助科技的优势，在产品展示和交易环节更好地进行农业文化的宣传和普及，实现农村文化产业发展数字化。

3. 文化创意农业的产业化发展

文化创意农业要想拥有强大的竞争实力，就必须要加大市场开发力度，合理开发农业文化创意产业资源，构建完善的农业文化创意产品市场体系。乡村文化向着产业化转变，创新出更多具有当地乡村文化特色的旅游项目和农业产品，不但加大了当地乡村文化的宣传和推广，还增加了农村经济效益。

（四）村居旅游农业

我国地域辽阔，传统村落因所处的地理环境不同、社会文化因素存在差异、受城镇化影响程度不同等形成不同风格、各具特色的村居个体。20 世纪 80 年代起，由于城镇化与工业化的快速演进，现代化与科技化的进步，在一定程度上对传统生活方式造成了冲击，导致大量"空心村"的出现，使得民居闲置率大大上升。因为经济发展水平的提高以及现代生活节奏的加快，越来越多的人想亲近自然，感受不同的风土人情，人们对传统生活与居住有了返璞归真的想法，从而促使乡村旅游业的出现和不断发展。而许多西方国家的游客来中国旅游的动机，一个很重要的热点就是仰慕中国悠久的名胜古迹以及遗留下来带有特色的村落。所以，村居与农业结合起来，发展村居旅游不仅能提高村居价值，还能够增加农民收入，推动乡村文明建设，创造人与自然和谐相处的居住环境。传统村居因经济基础薄弱、基础设施落后以及村民生活习惯、传统观念等原因存在脏、乱、差、散现象，需要从改善农村环境入手，增加农村排污设施、硬化进村道路和串户步道、设置灯光照明等，但要注意与当地环境相协调，保持民居特有的风韵。要延续维系村民情感的传统文化，要让传统农耕也能成为富民新途径，倡导利用传统村居文化遗产资源发展特色产业，提升种植养殖业，制作各种各具特色的本土化手工艺品，促进村民就业，使原住村民在村落内从事生产经营活动，增加村民收入。

村居旅游以村落自然景观和人文事象为旅游吸引物，强调旅游者对村居原生态自然与人文资源的尊重和保护，目的是通过对村居整体环境的保护，实现当地生态、文化、经济、人口的可持续发展。村居旅游既利于保护传统的历史建筑遗产、保障居民正常的生活秩序、维持村落传统风貌的完整性、保持村落民俗文化的原真性等，又可满足旅游者的游览需求，实现遗产资源保护与旅游利用之间的协调互动。建筑风貌是传统村落的外在标志，要注重对传统民居的整体保护，保留村庄特有的民居风貌、农业景观、乡土文化，防止"千村一面"；同时新民居建设应延续传统民居风格，色彩、建材的选择与整体村落协调一致；强调闲置民居院落的旅游化、度假化利用。在着力发展农村经济，努力实现产业兴旺、生活富裕的同时，各级乡镇政府更需要下功夫，提倡为留在村里的居民提供多方面的扶持或奖励补贴，传承好乡土文化中的美学理念，建设好传统建筑基础上的美丽乡村，让农村拥有个性和品位，让农民在参与建设的过程当中，逐步树立自信，实现乡村全面发展。

第三节　加快农业与现代信息技术融合，推进农业智能化发展

"智慧农业"是借助于计算机技术、互联网、大数据分析等，提高了农业生产效益，实现农业现代化发展的重要方式。因此，在"互联网+"新时代背景下，应积极倡导农业发展互联网思维，强化互联网技术在农业发展中的广泛应用，实现对传统农业的升级改造，推进农业智能化发展。

一、农业物联网技术

农业物联网技术是发展"智慧农业"的关键技术，物联网技术可为农业生产调控提供科学依据，比如，提供农作物生长的环境状况数据、农业生产过程的智能化控制、农业操作远程服务等。农业物联网技术有利于改善农产品品质、增加产量、提高经济效益，从而促使"智慧农业"往更高效、更优质、更生态的方向发展。实施农业物联网技术，可采用"以点带面"的形式，先建设一批农业物联网示范基地，通过农业物联网示范工程，发挥其引领作用，逐步应用到全国农业中，发展"智慧农业"。

物联网本身是一个框架，主要包括传感器技术、标识技术、网络和通信技术、数据分析和处理技术等。物联网技术是新一代信息技术的重要组成部分，是世界高速发展的重要推动力，也是实现各种智慧应用的基础技术之一。物联网与农业的有机结合是实现"智慧农业"的开端，物联网的发展为"智慧农业"的发展奠定了基础。物联网通过传感器设备对农作物进行感知和测量，并转化成数据，人们可以快速、方便、准确地了解到农业生产的实时状况。目前，物联网技术主要体现为农业生产中的环境监测和信息追溯。农作物的生长对于环境要求较高，温度过低或过高都会对农作物的正常生长带来影响，将环境温度控制在合适的范围之内对农作物的生长有着很好的促进作用，要充分利用物联网技术精准测量环境温度，提高农作物生产效益。水产品的生长环境如水中的温度、溶氧量等都可以利用物联网技术得到监测，避免造成水产品的损失。另外，通过物联网技术全程追踪农产品种植、禽畜养殖状况，用于农产品质量的追溯应用，实现从田间、养殖场到居民餐桌各个环节的监测，确保食品安全。

二、农业机械化

伴随着农业和农村经济的不断发展，农业机械化的地位日益显著，在农业生产、农村经济、农民收入中发挥了越来越重要的作用。大型农业机械对坡耕地实施大规模的综合治理，退耕还林还草，开展农业水土保持工程；大量的农机工具具有抢收抢种、打药治虫、抗旱防涝、大搞农田水利基本建设等方面的重要作用，提高了农业抗御自然灾害的能力，极大地减少了灾害造成的损失。农业机械化能显著地减轻劳动强度，提高劳动生产率，使大量的农村劳动力从传统农业转向二、三产业并向小城镇建设转移，有力地促进了农村经济的全面发展，为农民增收带来更多的机会，促进农业的持续稳定发展。农业机械化和农机装备是转变农业发展方式、提高农村生产力的重要基础，是实施乡村振兴战略的重要支撑。没有农业机械化，就没有农业农村现代化。农业机械水平是衡量"智慧农业"效率高低的重要因素，需要提升农业装备、关键核心技术工具在农业中的应用，加快发展大型化、自动化、智能化等高端农业设备，提高农机装备信息整合、精准作业等能力，突破主要农业经济作物全程机械化"瓶颈"国家要加大对高端农机设备的政策补贴和扶持力度，大力推广科学技术在农业中的关键运用，推进农业生产的智能化发展，不断的提高农业作业效率。

农业机械化是我国实现特色农业现代化的必经之路，对于大量的农业机械设备，怎样进行有效的使用和管理，如何更好解决农业发展中存在的问题以及提高生产效益，需要从以下几个方面出发：第一，因地制宜制定发展农业机械化的策略。我国地大物博，各个地区之间自然资源、经济发展状况都有所不同，存在着较大差异，要想同步发展农业机械化是有一定难度的。所以，在农业机械化发展的过程中要因地制宜、讲求实际，采用不同的方法来发展机械化。从发展步骤来说，应根据不同地区的自然环境、劳耕方式和经济状况，采取相应的技术支持和政策扶植，推进不同地区农业机械化发展，鼓励有条件的地方率先实现农业机械化。第二，有选择、有侧重地发展农业机械化。农机化发展的重点首先是加快实现主要生产环节、主要粮食生产区以及经济作物的机械化。农机化的科技发展范围比较广，为了能够率先解决问题，就要有选择性地突破，然后再全面发展。而全面发展，就要在重点问题基本解决以后，联合多方面的力量，加大科技攻关力度，带动农业机械化全面协调发展。第三，鼓励农业机械化技术的创新，完善配套服务体系建设。农机化的发展本质是机械技术在农业发展中的应用，带动农业经济的改造升级，使得新型农业机械能够更好地促进农业生产与发展。除了生产技术的创新之外，还要建立相关政策措施和服务机制，完善农业机械社会化服务机制，提高农业机械利用效率和效益。加强农机社会化服务体系建设，培育和发展农机市场，推进农机服务的市场化、社会化、产业化进程，重点是推行合同制、股份合作制和承包经营制等，鼓励发展农机行业协会等专业性的农机服务组织和专业户、农机合作社、机具租赁公司和中介组织。第四，需要农机信息化工作的支持。农机化信息工作是农机管理工作的重要组成部分，也是反映农机化水平的重要手段。

目前我国农机信息化建设得到了一定发展，信息网络服务也逐步开展，但农机信息的信息收集、发布、传输、处理都不是很完善，许多信息资源未得到充分利用和开发。因此，需要加强农机信息化基础设施建设，完善农机化信息系统，才能进一步增强对农业机械装备的管理和有效使用，不断推进农机机械化和农业现代化服务。

三、农村信息基础设施建设

"智慧农业"发展需要逐步有序地完善农村信息基础设施的建设，加快信息基础设施在农村的普及，缩小城乡互联网普及率的差距，重点解决宽带入村、网络覆盖、信息通畅问题，研发和推广一些适合农民操作和使用的信息终端设备，降低信息资费标准，为推进"智慧农业"发展提供坚实的信息基础设施。农业信息化的发展是不均衡的，需要根据全国农业信息分布和农业信息部门发展情况，合理规划农业信息化发展的近期、中期、长期目标；建成一批具有相当规模的、适宜实用的、能定期更新的农业信息化基础数据库，发挥战略数据库的作用。通过大力建设农业信息数据库，最大限度地发挥农业信息资源的优势。要以农村实际需求为核心，整合和集结多种信息技术和信息资源，形成复合的、系统的农业信息服务体系，提供智能型、服务型、高效型的信息服务，促使现代农业转移到提高资源利用率和可持续发展能力的方向上来。

（一）大力加强农村信息化基础设施建设

依据不同地区的不同情况，紧密结合农村的实际，因地制宜，分类指导，分步骤进行农村信息化基础设施建设，充分利用多种媒体手段，使信息服务更加实用有效。

1. 统筹规划，保证基础设施稳定发展

要充分认识到加强农村信息化建设是解决"三农"问题的有效途径，积极推进农村信息化是新农村建设的突破口，用信息化推动农村经济，用信息化提升农民素质，这是实现乡村振兴战略的必由之路。农村信息化建设是一项系统工程，必须强化政府的主导作用，尤其是县、乡两级政府必须对农村信息化建设承担起主要责任。建立市（县）、乡镇、村信息网络规划，加大资金投入，保障信息基础设施能够有序、稳定发展。不断完善基层农业信息化工作，与国家农业部门的信息化建设工程相协调，尽量做到与"金农工程"等国家扶持项目配套，尽可能地提高信息网络的质量和效益。

2. 分类指导，加快网络建设步伐

在经济落后地区，可依靠普及率高、覆盖面广的广播电视网和电话网，考虑自身经济发展水平，提高传统信息传递的利用率；在经济发达地区，可积极利用网络技术、逐步建立统一标准的宽带网络，做到互通互联，不断提高网络技术以服务于农业的效益。

（二）加快农村信息资源的整合与共享

农村信息化建设的重要内容是农村信息化资源的整合与共享，通过资源的优化配置和合理分配，有效地提升农村信息化建设服务。围绕农业生产产业链和农民生活需求，重点开发和整合市场、科技、农资、气象、水产、生态环境、质量安全等信息资源，注重开发利用特色农村信息资源，加强面向农业产前、产中、产后各阶段的信息服务功能。农业数据库建设是农业信息化建设的重点，农业信息数据库主要包括农业自然资源、农业生产管理信息、农产品市场信息、农业实用技术信息以及农业相关政策法规信息等数据库的开发。要从资源整合、协调发展的角度出发，建立信息资源共享中心，实现对数据信息的实时分析和统计应用。在不断扩大现有数据资源的基础之上，把农业信息触角扩展到农业的各个领域，收集各方面的信息，不断充实现有数据库的内容，建立起大型综合数据库，通过信息技术传递给千家万户，实现农业信息资源的共建共享。重视解决横向"信息孤岛"和纵向"网站内容雷同"的问题。通过制度化建设，改变信息重复采集、分割拥有、垄断使用和低效开发的局面。建立完善的信息采集指标体系，开发适宜的信息采集平台，实现"一站式"发布，全系统共享。减少共性涉农信息资源的重复开发，根据实际需要，建设集约性、共享性的涉农信息数据库，面向农业、农村、农户的需求，加强对涉农信息资源的深度加工处理，为用户提供有效的信息服务。

1. 不断强化政府主导建立的信息服务站

近几年，国家加大资金投入，重视农村信息站的建设，比如社区服务中心、农民之家、政府便民服务点等，这些站点可为农民上网提供免费信息服务，政府要对这些网站不断地实时更新，以便更好地为农民服务。农业农村部也建立一些农业信息服务

平台和乡镇农村经济信息服务站，不断向农村延伸。政府建立的农村信息服务站，需要不断强化，不仅能够提供农业信息服务，而且具备提供文化交流与传播、培训宣传、政务公开、社会服务与保障等多种功能。

2. 重视电信运营商承建的信息服务点

中国的电信运营商在农村信息化建设中起着重要的作用，比如中国联通"农业新时空"信息工作站、中国移动"农信通"信息服务站，充分发挥他们的枢纽作用，为农民提供信息化服务。

3. 农村合作社的信息服务点

农村合作社在农村信息化建设中起着顶梁柱的作用，在农民心中，农村合作社更是他们依靠的组织，在农村合作社的统一指挥下，农民不断接触信息化知识。农村合作社要完善自身的功能，以便为农民提供更多的资源，加快农村信息化建设的实现。

4. 充分发挥第三方参与的信息服务点，鼓励企业、农户等积极参与农村信息化服务建设

从政策上鼓励他们参与，可采用公私合作的市场化运作方式，不断培育农村市场。农业"龙头"企业对所在区域的农业生产有明显的带动和示范作用，农业"龙头"企业需要大量的市场信息，并且还会反过来影响市场信息，要重视农业"龙头"企业在信息服务建设中的重要力量。各种农产品的中介组织在农业信息系统建设中也起着重要的引导作用。农户在农业信息系统建设中也是重要的参与者，农户在利用农业信息过程中所反馈的信息可以修正农业信息系统中已发布的信息，形成新的需求，对于更好地发挥农业信息系统的社会效益具有重要的作用。

第四节　加快农村电子商务发展，建构起农业产供销网络

一、发展农村电商的重要意义

（一）有利于促进农民增收，精准扶贫

农村电商是推动农村地区农产品销售的一种信息化扶贫手段，也是实现精准扶贫的重要方式。当前我国农业供给存在着数量上的结构性失衡，有的农产品严重过剩、仓库爆满，有的农产品却存在短缺；质量上无法满足消费者消费结构转型升级的要求，

高品质产品、绿色的、有机的农产品供不应求，低品位的、大路货农产品又供大于求；信息不对称、销售渠道单一导致的市场没打开、农产品"卖难买贵"等问题，致使农民收入不高、农村经济发展缓慢。解决这一问题的重要途径就是大力发展农村电商，扩大农产品的销售渠道，精准营销，满足消费者的需求。发展农村电商有利于拓宽农民增收的渠道，助力精准扶贫。

（二）有利于带动农村创业就业

我国农村市场发育很不充分，很多领域有待于开发，是各大电商企业争抢的"蓝海"，近几年国家也非常重视农村市场的发展，无疑为农村创业就业提供了更广阔的发展空间。农村创业具有租赁土地成本低、劳动力成本低、竞争力小等优势。农村电商具有很强的产业相关性，能够带动相关产业发展，比如农产品深加工、包装、住宿餐饮等，间接带来大量创业、就业机会。

（三）有利于推动美丽宜居乡村建设

农村电商发展空间巨大，为推动美丽宜居乡村建设的重要力量。

电子商务把美丽乡村的一些农产品、特色农产品积极向全国推介，不断着丰富商品种类，销往全国各地。农村电商应当充分利用自身的特色农产品和农业天然禀赋优势，形成以电子商务驱动的农业发展新业态，发展休闲旅游、观光农业、都市农业，使农业发挥其应有的生态价值、文化价值，实现传统农业产业的改造升级，有利于农村绿色化、生态化和美丽宜居乡村的建设。

（四）有利于实现农业现代化建设

农村电商的发展依赖于农村信息基础设施的完善、农民素质的提高以及农业产业化的迈进，这些也是农业现代化建设的重要内容。农村电商触及了农村产业结构的调整与升级，催生着农业现代化建设的实现，让农民摆脱分散化的耕种模式，逐渐发展成为产业化、组织化的小微企业运作，农民的思想意识发生了极大转变，新型职业化农民日益增多。

二、乡村振兴下发展农村电商的路径选择

（一）完善农村流通基础设施建设

1. 加快农村信息基础设施建设

缩小城乡之间互联网普及率的差距，重点解决宽带进村入户、信息覆盖、网络通畅问题，研发和推广一些适合农民操作和使用的信息终端设备，降低信息资费标准，让广大农民都能够用得上、用得起、用得会，给推进农村电商发展提供坚实的保障。

2. 健全农村物流配送设施，加快实施快递下乡工程，这是农村电商发展的重要关卡

加强农村物流配送体系建设，建立物流配送大数据中心，提升农村物流配送能力，做好农产品的配送与销售，让农民能够真正开展电子商务，培育现代服务业新增长点。整合利用多方资源，积极探索促进农村电商发展的物流配送模式，优化农村物流配送方式，降低物流配送成本。

（1）国外的农村物流发展经验

第一，加强农村物流的组织化程度。日本农村合作社用实际行动把集中分散的小农产品形成大市场，注重集中物流，提高了农村物流的运作化程度。我国在提高小农经济的组织化程度方面存在着一定的难度，应该结合我国国情和农村经济发展现状，借鉴日本国家发展农村合作社的方法，建立生产基地，鼓励农村经济扩大经营，发展专业化协作，引导农户和农产品进入市场，促进农业物流顺利发展。

第二，完善物流政策和管理体制。根据国外的农村物流经验，完善物流的服务机构和管理体制，建立物流职能部门和当地政府的一体式管理。可借用国外物流审批程序简化的优质方法，把流通效率和管理效率提高到一个新的层次，这就为物流企业提供了优越的外部条件。在国外，在税收、贷款、土地等政策的制定上，更倾向于物流产业，这也是值得我国引起重视的方向，要不断提高我国的物流技术，使之达到信息化、现代化、专业化、国际化。

第三，加强物流基础设施建设。加强物流基础设施是发展物流经济的基础保障，国外农村物流之所以能够发展得如此迅速，就在于物流基础设施比较坚实，而且外国愿意投入大量物流设施来保证物流产业的发展。物流基础设施中农村道路和农产品仓库以及交通运输工具、农产品批发市场等设施相对而言是非常重要的，这些设施的完善和加强可以确保农产品的运输畅通和储藏达到优质。

第四，大力支持第三方物流进入。伴随着经济的发展，物流产业越来越重视外包的经济实效性，这将是物流发展的趋势之一，这一点已成为国外发达资本主义国家农村物流的显性特征。要打造物流产业的外包就要有第三方物流的介入，形成大规模的农产品经济流动。没有规模保障，物流的利润少，第三方物流就很难占据一定额度的利润空间。因此，我国可以培养和确立高度组织化的第三方物流，在第三方农产品物流的协同作用下，农产品的数量会有一定的保障。而且，第三方物流可以使交易成本降低，并且及时地供应物流农产品，对农产品流通量和流通半径都会有所改善。

第五，减少物流环节。控制物流路程是物流产业发展的重要趋势，物流交易利润的多少是由农产品的成本决定的，降低农产品的交易成本，扩大物流主体规模，以达到利润追求。美国和日本农业规模小且分散，国家极力解决大小市场之间矛盾，减少物流环节，使农产品流通快速、高效。

第六，提高信息化程度。现代物流之所以蓬勃发展离不开信息化程度高的因素，信息化是物流产业的基础保障，国外尤其如此。而信息化却影响了我国农村物流发展，

应借鉴国外经验完善我国的物流信息体系，利用网络功能，提供优质信息，整合优势，建立跟踪信息，全程控制物流，提高物流效率。

（2）健全农村物流配送实施的主要措施

其一，强化对农村物流的顶层规划，在"互联网＋"时代的机遇下，充分利用大数据等信息技术手段对农村物流配送进行完善和优化，为城乡物质及信息资源的共享，创设更加便利的通道，从而实现城乡之间的全面快速交流，促进农村经济的快速发展。国家、政府做好导向性和政策性支持，对物流所涉及的方面进行全面部署和规划。政府应积极完善农村道路交通、仓储等基础设施建设，大力支持农村物流园建设，制定相关优惠政策，帮助物流企业做好农业物流园区的选址、建设，实现农业物流园区的合理布局与功能整合，促进农村现代物流向现代化方向发展；由于农产品的特点和性质特别是要完善冷链物流发展。在政策上积极引导物流企业进入农村市场，通过相关税收减免、适当补贴等多种方式吸引物流企业的进入，也要积极引导精通电子商务、现代物流的技术人才和管理人才到农村就业、创业。另外，要从法律法规上制定农村现代物流的发展规划及规范，加强对农村现代物流发展的引导和市场监管。

其二，加强农村信息化服务管理。农村现代物流是带动农村经济发展的重要力量，发展好农村现代物流，不仅能为农民创收，更能在农村提供更多就业、创业机会，推动"智慧农业"发展，实现乡村振兴。农村物流在农村市场中难以成规模，发展比较缓慢，主要原因在于农村信息化服务能力较低，所以要与电商企业积极合作，提升农村地区的信息化服务水平，拉动农村物流的发展。首先要搭建与完善农村信息化服务平台，建立支撑农村电商发展的现代物流信息平台。物流信息在现代物流应用中起着十分重要的作用，某种程度上来说农村电商的成败关键在于物流。政府可以积极推进搭建覆盖面广、时效性强的农村物流信息共享平台，让电商企业共享信息平台，之后可发展成移动物流信息平台，让农村电商企业使用信息平台更加快捷、方便。构建一体化的农产品信息平台，实现农产品与电商、物流的有效结合，实现农产品信息的共享，有利于农产品的推广，打造品牌，从而推动农业物流产业的发展。加强农村物流信息化系统的优化，缩小城乡之间的距离，在城市与农村地区建设成立农业生鲜产品保鲜中转站和绿色运输通道等，在农村地区设立相应的快递配送站点或农产品配购中心，有条件可以适当建立"分拨中心或物流配送站"，为农村电子商务的发展提供畅通渠道，从而提升农村整体经济水平。搭建城乡间双向物流流通渠道，实现信息流和物流的双向传递，双向信息流实现供应链上下游信息的对称，降低信息传递与信息失真的成本，使得通过成熟的虚拟交易平台进行交易的机会增多，形成持续增加的闭环供应链。双向流通渠道缩短了供应链的长度，大幅减少了信息传递成本，同时还避免了农村末端配送中的"空车"现象，增加了农村末端配送价值，让农产品进城更加容易。城乡双向物流渠道使得物流体系的价值被充分挖掘，利用率大幅度提升。

其三，创新农村物流商业模式，拓展农村物流服务功能。伴随着我国"互联网＋"发展战略的不断深入实施，互联网电商产业发展迅猛，已经成为经济增长新动力，应积极向农村地区引入新技术与发展模式，创新农村物流商业模式。我国农村物流运营主体比较单一，受运营成本的影响，物流企业在农村市场中获利比较少，无法形成有效的规模效益。因此，需要增加农村物流运营主体数量，通过丰富经营主体的方式，创新农村物流商业模式 9 以更多优质的服务增加农村物流企业的收益。比如，各地农村信用社、农业银行或者村镇银行可以针对农村物流建设推出相应的融资产品，通过降低利率、折扣利息等方式助力农村物流业发展。充分发挥物流产业的服务性质，在我国发展现代化农村的背景下，积极与新农村建设相融合，推出具有当地特色的服务内容，以拓展农村物流企业服务内容与对象。例如，开展休闲农业、乡村旅游、有机农作物采摘等项目。其中，当地政府负责农村特色建设与发展，农村物流企业负责对外推广与宣传，将物流业务与其他产业进行深度融合，以实现农村物流企业业务增值，增加企业收益。

3. 重视交通基础设施的建设，加强农村道路建设

交通基础设施的改善，能够促进农村地区及边远地区的经济社会发展。交通基础设施建设具有很强的先导作用，特别是在一些贫困地区，改一条溜索、修一段公路就能给群众打开一扇脱贫致富的大门。通畅的交通网络，可以为实现农村电商发展提供稳固的交通运输保障，能够提高农产品的运输效率，提升农产品的附加价值，带动农业农村经济的发展。

（二）健全农村电商发展的信息共享平台

信息共享平台是发展农村电商的"晴雨表"，有利于打破农村地区信息闭塞的不良状态。因此，有必要健全农村电商发展的信息共享平台，加强对农业信息的采集、发布和传播，建立健全信息网络，提高市场透明度，这样有助于克服市场信息不对称带来的弊端。在农产品生产信息方面，要完善农产品生产系统，有利于产品信息的发布与传递，避免同质产品的再度开发，实现产品的优化配置。在农产品销售信息方面，农民需要根据有效的信息及时对产品的销售、供给、营销战略做出调整，精准销售，满足消费者的需求。在农产品服务信息方面，电商需要通过消费者反馈的信息以及物流信息，及时调整和改善自身的产品和服务，打造"互联网 +"时代下更吻合消费者口味的产品。

（三）加强农村电商人才的培养

一是转变农民的思想观念。农村电子商务的发展，首先须转变农民的思想意识，提高农民使用信息技术的意识，让他们认识到电子商务给他们带来的益处，破解农产品通过传统交易方式获得收入的固化意识，强化对农村电商的认识。二是要加强关于电商的教育培训。政府应鼓励相关技术人员进村对农民进行电商培训，积极让农民认识电商、发展电商交易。政府也要与各大电商加强合作，对从事电子商务的农民进行免费培训，可以免费使用一些农村电商交易平台，让他们真正会操作与运用电商，培养他们成为农村电商人才，实现电商对农民生活方式、农村面貌的改造。三是鼓励年

轻人回乡创业，发展电子商务。鼓励大学毕业生等回乡创业、众筹众创，积极培育农村新一代电子商务人才，带动农村电子商务发展。

（四）推进农产品的品牌化和国际化战略

完善符合农产品电商发展的标准体系，建立和培育农产品品牌，成为我国农业产业化和现代化进程中不能回避的重要环节，是农产品提升市场竞争力的重要支柱，也是农村电商发展的重要利器。在"互联网+"时代下，借助互联网技术，建立农产品质量安全追溯平台，保证农产品质量和安全，树立农产品品牌，着眼于国际化标准。通过农村电商、跨境电商，不断提高农产品的国际竞争力。

（五）扩展农业产业的延伸价值

扩展农业产业的延伸价值与发展农村电商互为推动，共同促进。利用电子商务，深度挖掘农业的商业价值、生态价值、文化价值，推进农业与其他产业的深度融合，大力发展休闲农业、民宿旅游、森林康养，打造富有文化特色的乡村旅游线路。比如，秦皇岛市北戴河艺术村落的"一弦一住"，形成了颇具特色的专业村。不断丰富乡村旅游业态和产品，推动农产品的发展适应个性化、多元化与服务化的农业新业态，进一步推动农村地区现代化电子商务的发展，创新"互联网+"现代农业电子商务模式，奋力实现乡村振兴。

第五节　加强三农人才队伍建设，促进农民职业化发展

实现"智慧农业"的发展，需要大批农业科技人才的推动及新型职业农民的实践。要大力培养优秀的农业科研创新人才、农业技术推广人才、农业产业化"龙头"企业带头人等，建立人才激励机制，为发展"智慧农业"提供强大人才保障及广泛智力支持。尤其要大力培养一批农业物联网专业技术人才，能够创新和应用农业物联网技术、农业现代化信息技术，为"智慧农业"发展提供相关人才保障。与此同时，国家应加强对农村教育的支持，加大资金投入，保证农村基本教育的顺利完成，缩小城乡"教育鸿沟"，提高广大农民的受教育水平，提高他们的知识水平和应用能力，能够掌握"智慧农业"发展所需的相关技能和使用一些高端、智能设备。以农业产业化为契机，推进农民职业化发展，建立新型职业农民队伍和农业创新体系。尤其是农村中的中青年，他们接受新鲜事物比较快，思维灵活，应当做好扶持工作，鼓励他们回农村工作，带动农业农村经济的现代化发展。

高素质的农业科技人才，是农业发展的基石，可以将农业发展这层大楼建得更高、建得更牢。第一，农业的发展自然最接近农村及乡镇地区，而这些地区正是农业科技人才缺乏的地方，所以需要政府提供一些高科技人才向这些地区的农民提供相应的知识，或者组成乡村镇农业科技小组，共同研讨农业的发展问题。此时也需要国家的科技院校以及科研企业在科学技术知识上提供足够的支持，做到研究和实践相结合，产、学、研相结合。第二，政府提供相应的科技政策，把握好社会的发展方向，在社会上形成一种良好的农业发展氛围，鼓励农业科技的发展，政府在资金方面也需要大力支持，可以奖励优秀的个人或者优秀的科研机构，以鼓励他们在农业发展上所做出的贡献，不断改进不合理的人力资源结构，不断加强农业人力资源的管理。第三，"智慧农业"对人才有更高的要求，新型职业农民是"智慧农业"发展的推动者，国家要重视相关法规和政策的制定实施，为农业资金投入和技术知识产权保驾护航，维护"智慧农业"参与主体的权益。把培育新型职业农民纳入国家教育培训发展规划，形成系统的职业农民教育培训体系。

新型职业农民培育是推动农业产业转型升级的关键，在乡村振兴战略中担负着重要使命。应赋予农民现代产业意识，推动产业兴旺，进而实现生活富裕；增强农民环境保护意识，确保生态宜居；提升农民精神风貌，助力乡风文明；培养农民民主法治意识，实现治理有效。要借鉴国外职业农民培育的成功经验，以优化法治环境为保障、以加大投入力度为驱动、以加强信息基础设施建设为抓手、以构建现代农业经营体系为基石、以创新培育体系为依托，为乡村振兴目标的早日实现提供合格主力军。

2018年2月1日的《中共中央国务院关于实施乡村振兴战略的意见》把实施乡村振兴战略作为新时代下农业农村工作的主线，并指出，实施乡村振兴战略，要发挥农民的主体作用，破解人才"瓶颈"制约。新型职业农民的培育不仅是解决我国农村地区"谁来种地""如何种地""好好种地"问题的关键，也是解决我国"三农"问题的有力杠杆。

我国职业农民培育起步较晚，国外在职业农民培育的许多方面，如法律保障、管理方法、培训方式等，积累了宝贵经验，对我国职业农民的培育具有重要借鉴意义。

一、美国职业农民培育经验

美国法律制度较为健全，制定了一系列农民职业培育的相关法律，如1862年的《莫里尔增地学院法案》、1917年的史密斯—休士法案，1931年的《乔治—埃雷尔法案》、1963年的《职业教育法》等。这些法律强化了政府对职业农民培育的支持，在资金、技术方面提供了保障。《乔治—埃雷尔法案》规定，政府应每年向增地学院的职业农民教育拨款1100万美元。2013年新农业法则规定由政府承担在2011—2018年培育新农民和农场主的经费，总额高达8500万美元。另外，美国构建了富有特色的职业农民培育体系。如开展农业合作推广服务计划，由政府与农业院校加强合作，采用灵活多样的方式提高农民的技术水平；再如，成立"未来农民组织"等非官方团体，对青少年进行农业相关培训，等等。

二、德国职业农民培育经验

德国十分重视职业农民培育工作，把其视为教育体制中的重要一环。在其众多培育模式中，"双轨制"最为著名。"双轨制"即同时具有教育体制内的学校、传统教育体制外的企业两个培育主体。德国政府鼓励企业和非政府组织参与职业农民培育，培育所需经费由学校和企业共同承担。其中学校承担 1/1 的经费，主要由政府负责；企业承担 3/1 的经费，包括设备费、师资费、受训人的津贴和社会保险费等。德国法律规定，农业从业人员在正式进入工作岗位之前必须经过不少于 3 年的正规职业教育。要求学生在取得相当于我国初中学历的毕业证书后，必须先与一家企业签订培训合同，获得实习培训岗位之后，才能得到在相关的职业学校接受理论学习的资格，成为"双轨制"模式下的学生。其保证了德国职业农民理论水平和实践能力的双重提升。

三、日本职业农民培育经验

日本有着较为完善的职业农民培育体系，主要由"文部科学省系统"与"农林水产省系统"两部分组成。文部科学省系统的农民职业教育包括初、中、高等农业职业教育，属于学历教育；农林水产省系统的农民职业教育包括农业技术普及教育与农协组织的培训。日本政府非常重视对农业教育的财政保障。1945 年以来，日本政府提供农民长期的低息贷款，并对职业农民教育培训事业投入大量经费。例如，2012 年农林水产省规定的青年务农补贴制度，允许青年到都道府县所认可的农业学校、先进农户和先进农业法人等处进行培训，时间最长 2 年，每年提供 150 万日元的补贴，青年务农后政府连续 5 年每年提供 150 万日元，有效的调动了青年接受农业相关培训的积极性，为日本农业的发展储备了大量人才。

四、国外职业农民培育经验对我国的启示

虽然国外在职业农民培育方面的做法各有特色，但通过比较，仍然可以发现一些值得我国借鉴的共同特征。第一，重视法律保障。国外很多国家制定了有关职业农民培育的法律。如德国的《职业教育法》、日本的《农业改良促进法》、英国的《农业培训局法》和澳大利亚的《职业教育与培训法》，等等。这些法律涉及财政支持、考核制度、认定标准等方方面面，为职业农民培育的健康发展提供了保障。第二，政府主导下的多元化培训主体。在国外职业农民培育过程中，政府多处于主导或引导地位，同时赋予企业和一些社会组织很大权限，让它们参与到职业农民培育中来。第三，培育形式多样化。随着经济社会的发展，尤其是网络技术的进步，国外职业农民培育的形式日益多样化。表现为根据本地区农业发展的特点和需要，有针对性地开设课程；现代远程教育逐步普及，网络教学在美国、德国的国家已较为成熟。

第六节 建设高层次农机合作社，推动智慧农业快速普及应用

一、发展农机合作社，推动农业机械化

（一）农机合作社的优势

各地因地制宜，逐步探索形成农机专业户、农机合作社等多元化农机服务组织模式。这些农机服务组织在破解农民购不起、农机具利用率低和使用不经济、农机作业耗能高和污染等问题上发挥着重要作用。通过比较分析，我们可以发现，在多种农业机械化服务组织模式中，最值得倡导的是农机合作社。与其他农机服务组织相比，农机合作社有以下六方面的优势：

1. 在解决农民购不起问题上更具优势

高性能和大中型农机具的使用，一方面可更好地实现农业增产、增效和农民增收；另一方面还可以实现节能减排，更好地发挥农业机械化在促进生态文明建设上的作用。农机合作社除了通过向金融部门贷款和获得政府农机具购置补贴外，还可以通过合作社的积累和向成员筹集资金等方式，解决购置高性能机具、大中型机具和配套机具的资金短缺的难题，从而可以很好地解决购不起农机具的问题。

2. 在提高农机具利用率和经济性上更具优势

农机合作社的发展，可以在很多方面提高农机具的利用率：①合作社统筹购置，可以解决重复购置问题，实现机具的配套，有利于提高农机具的利用率；②合作社与成员是利益一致的经济共同体，这一特质使农业机械作业市场稳定，有利于提高农机具的利用率；③随着农机合作社实力的增强和经营能力的提高，市场信息获取能力和市场开拓能力也会增强（比如一些农机合作社开展跨区作业等即是很好的例证），也有利于提高农机具的利用率。

3. 在促进农民增收上更具优势

农机合作社还可以从两方面促进农民增收：①由于农机合作社为成员提供机械作业服务不以营利为目的，可以把农机作业费用降到最低水平。②农机合作社在发展机械作业服务的基础上，还可以逐步扩大贮藏加工、产品销售、生产资料购买等领域的业务，拓宽农民的增收渠道。

4. 促进农机具与其他生产要素实现更优配置

农机合作社的互利合作机制有利于协调成员之间的关系，加上经济实力的增强，有利于逐步解决好"有机无路走、机闲无处放、机坏无处修"等问题，更好地发挥农业机械化的作用。

5. 在促进职业农民队伍发展上更具优势

一方面，由于合作社是一所技术交流和培训的学校，可以提高职业农民所需要的知识和技能；另一方面，由于农机合作社实现了生产要素的优化配置，解决了农业生产经营中的社会化服务问题，一部分农民可以专门从事非农产业（在农业机械化之前，很多外出就业的农民在农忙季节要回乡干农活），而从事农业的农民也可以实现专业化分工，这有利于先进实用技术的应用，有利于提高农民从事农业生产经营技能。

6. 在提高财政支农资金使用效率上更具优势。

各地实践表明，农机合作社的发展为国家财政支农提供了一个更加有效的载体，对农机合作社的财政支持可以提高财政支农资金的使用效率，收到事半功倍的效果。

（二）政策建议

鉴于农机合作社的优势，应当明确农业机械化的组织模式以合作社为主，将农机合作社作为支持主体，在财政、税收、信贷、政策性保险、用电用油用地等方面对农机合作社予以支持，解决农机合作社购置农机具、建设农机具场库棚、机具维修保养、烘干设施、加工和贮藏设施等问题，以促进农机合作社提高服务能力和拓展服务领域，增强农机合作社的凝聚力和带动力。在现有的环境之下，需要对现行政策做出适当调整。例如，在实施农机具购置补贴政策时，应当以农机合作社为优先对象，实行多购多补，促进农机合作社的发展，以破解农业机械化发展中面临的难题，适应农业发展高度依赖机械化的要求。

二、构建我国第三代农机的创新体系

随着科学技术的进步，农业生产逐步呈现出"工业化"的趋势。

当前，农业生产过程中的流程颗粒度越分越细，以数据为驱动的生产组织管理模式得到了广泛的认可，农业生产的组织方式初步具备了工业化流程生产的特点。可以预见，这种生产模式将会极大地解放人力，提升了农业生产效率，并将深刻地影响农业产业的上、下游。

与工业生产类似，贯穿农业生产上、下游的核心是"装备"和"信息"，尤其是两者融合而成的"智能农机装备"，其应具有信息数据处理与智能作业能力。从全球农机巨头的技术布局来看，这一趋势已十分明显。但是，在我国传统农机技术远远落后于国外一些国家的情况下，如果仍然采用按部就班的"追赶策略"，必然导致我国农机创新体系的建设"一步落后，步步落后"。

因此，在全球农机工业强国纷纷开展新一代农机创新体系建设的起跑时刻，我国的农机工业借助我国在信息技术领域的优势，打造以信息技术为核心承载的自主可控的农机创新体系，将会是一种重要探索。

农业机械泛指在种植业和畜牧业生产过程中，以及农、畜产品初加工和处理过程中所使用的各种机械。而以提供动力输出为主要特征的拖拉机则被作为农业机械的代表产品，其技术发展水平在很大程度上反映了一个国家农机产业的整体技术水平。因此，本文将以拖拉机为代表来阐述我国农机工业创新体系的建设思路。

（一）我国的农机创新体系长期依靠"引进消化吸收"

1. 我国农机体系创新发展史

新中国成立以前，我国没有自己的农机工业体系。新中国成立之后，我国农机工业发展历程大致可分为两个阶段。

（1）第一阶段始于 20 世纪 50 年代

这一时期，我国立足于集体农业生产模式，并于"一五"期间引进苏联技术。例如，兴建"东方红洛阳拖拉机厂"，并以哈尔科夫拖拉机厂"德特 54"为基础生产出"东方红 54"金属履带式拖拉机，这标志着我国从此由铁犁牛耕开始进入农业机械化进程。这些拖拉机制造企业代表了一个时代的技术水平，成为当时的十大农机制造厂，也为我国农机产业发展进入新的时代奠定了基础。

同期还有 1956 年正式命名的天津拖拉机厂及"铁牛"牌拖拉机，1958 年建立的长春拖拉机厂生产的"上游"牌拖拉机，1958 年上海拖拉机厂生产的第一台"红旗"牌拖拉机，以及江西、清江、邢台、湖北、新疆等拖拉机厂。

（2）第二阶段始于改革开放

此时，农业生产模式由集体生产模式改变为包产到户，以苏联技术为基础的农机技术体系已难以满足个体化农业生产过程中的复杂多变的使用需求，于是十大农机制造厂纷纷推出满足农村改革的小四轮、小手扶等农机产品。但是这一短暂的自主创新产品属于"土法制造"，成"体系"不足。

在"技术换市场"的思路指导下，我国于 20 世纪 80 年代末以成套引进意大利菲亚特的中、大马力轮式农机体系为标志，开始了以欧美技术体系为代表的第二代农机体系的"引进—消化—吸收—再创新"的产业发展历程，并以此为基础催生了以产业配套为特征的农机产业聚集区和新的农机品牌。

如今，以河南洛阳、山东潍坊、江苏常州为主的三大农机生产制造基地已经成型；此外，浙江东部、安徽芜湖、吉林、河北等地也形成了一定规模的农机产业聚集。

2. 我国农机创新体系的断代划分

体系的建立不仅包含技术体系，还包括制造体系、标准体系、商业体系、人才体系等。仅从技术体系上来看，上述两个历史阶段明显分属两代不同的技术体系，并且时间上的持续期都在 30 年左右。从全球来看，以美国凯斯公司 2016 年研制的全球第一台无人驾驶智能农机作为标志，世界农机发展站到了以信息技术为核心的新一代农机体系

205

的关口。

技术发展的断代（整理、区分、分代）对于厘清思路、指导研发具有重要意义。所以，有必要对我国农机技术体系进行断代划分。世界上，农机正式起源于 18 世纪 60 年代第一次工业革命，而直到 1949 年新中国成立后我国才开始建设自己的农机工业体系。

因此，我们将以拖拉机为代表的我国农机工业发展历程划分为三个阶段，即三代体系：

第一代体系 —— 苏联技术体系（1956—1986 年），以差速转向技术、动力系统、湿式主离合器等技术为核心；

第二代体系 —— 欧美技术体系（1986—2016 年），以电动燃油喷射、高压共轨燃油机、动力换挡等技术为核心；

第三代体系 —— 信息化技术体系（2016—2046 年），以清洁能源、无人化和智能化作业为主要特征的新一代农机技术体系。

第一代与第二代农机体系大致都经过了 30 年发展历程，尤其是改革开放以来建立在第二代体系之上的农机工业更是成绩斐然。自 2004 年 6 月 25 日全国人大通过《中华人民共和国农业机械化促进法》后，我国的农机工业经历了"黄金十年"的快速发展。2018 年国家统计局发布的工业运行数据显示，全行业主营业务收入 2601.32 亿元人民币，我国已成为全球第一农机制造大国。

3. 我国的农机行业存在的核心问题

由于我国农机的前两代技术体系都是依靠技术引进，属于追赶者，这是造成我国农机工业长期处于落后状态的核心原因之一。综合来看，我国的农机行业存在的核心问题主要体现在三个方面。

（1）我国农机工业长期依靠引进、消化、吸收国外农机技术，缺乏自主的创新技术能力和基础技术研究，导致我国农机产业"大而不强"。

①从农机装备整体水平上来看，由于缺乏大量基础共性技术研究，核心零部件长期依赖进口，虽然目前我国已经成为全球第一的农机生产制造和消费大国，但整体的装备技术水平与全球农机强国相比，还存在 30 年以上的差距。

②从行业龙头规模看，国内农机行业竞争格局分散，市场集中度有待提高，具备国际竞争力和品牌影响力的大型企业集团严重缺乏。

2018 年我国农机生产企业总产值为 2600 多亿元人民币（不含零部件企业），其总额仅为全球农机巨头约翰迪尔公司 293 亿美元产值的 1.3 倍左右。

同期我国最大农机企业总产值只有不到百亿元人民币，与世界农机巨头相比存在当量级的差距。究其根源还是创新不足：我国农机企业的研发费用占企业销售额不足 2%，而国外主要农机企业基本在 4%～6%。

现代设计方法与试验条件滞后，产品开发周期是国际水平的 2～3 倍。

①学科方面，农业装备学科世界前 20 名高校均分布在欧、美、日，中国高校无一入围。

②人才方面，我国农机产业到 2020 年的人才缺口为 16.9 万人，到 2025 年缺口将高达 44 万人。

（2）我国农机产品需求多元，但是实际情况是农机种类少，低水平重复、恶性竞争现象严重。

①我国地域辽阔，经纬度跨度大，导致我的农业生产呈现出多样化的特征，如长江中下游地区的水田、东北黑土地的规模农业、宁夏青海地区的干旱农业、西南地区的丘陵山地农业、渤海湾地区的盐碱地农业等。

②复杂的地形地貌与气候特征导致农作物的品种多样化，作业方式多样化，因此所需要的农业装备也是多样化。但是由于农机基础技术体系不掌握在自己手中，导致新产品研发周期长、水平低，加上核心技术的基础投入不足，使得我国农机企业产品扎堆严重，呈现低水平重复、恶性竞争的特点。

③目前，我国农机品种依然聚焦在三大主粮作物的耕种收环节，针对棉、麻、油、糖等作物则缺少农机供给。从全球范围看，全球农机产品种类已达 7000 多种，而我国农机产品的品种只有 4000 多种。

④我国"无机可用"现象会长期存在，根据区域生产特点开展个性化农机定制的需求迫切。

（3）依靠现有的农机体系不能满足乡村振兴、"一带一路"建设等国家需求。

一切技术催生的劳动工具都是生产力和生产关系相互作用的必然结果，农业机械的革新过程也是社会发展历程的反映。

①从社会发展角度看，随着我国城镇化进程的加速，农村人口逐步转为城市人口，农村劳动力的短缺导致出现土地"撂荒"的现象。"00 后""10 后"很难再像他们的祖辈一样从事传统"面朝黄土背朝天"的农业生产。因此，乡村振兴战略的实施需要吸引更多的中高端技术人才回流到农村成为新时代的职业农民，从而实现城镇化发展和乡村振兴相得益彰，良性互动。而这些"新农民"则需要借助高端智能农机，如同操作手机、电脑一样来从事现代化的农业生产。

②从新时期的社会主义土地制度看，土地属于国家和集体，但是在生产关系变革过程中，土地制度也随之变革。从新中国成立后的人民公社制度，到改革开放后的"包产到户"，再到如今的土地确权中的"三权分立"，都伴随着土地集约化程度的改变。小农经济的精耕细作与规模化生产的精准高效，都会反应在生产工具的创新变革上。我国土地的适度规模经营以及人民对高质量农产品的需求，都将催生智能化的农业生产装备，而目前的生产工具并不能适应这样的发展趋势和要求。此外，"一带一路"沿线发展中国家农业生产效率和生产水平较低，急需中小型农机装备。而对于中小型农机装备，外国不愿意制造，"一带一路"沿线国家没有能力制造，这种情况下我国的农机工业蕴含巨大的发展机遇。然而，目前我国出口到中亚和非洲市场的拖拉机竟然竞争不过印度马恒达这样的农机企业。所以，我国农机工业亟待研发技术先进、质量过硬的第三代农机。

中国的发展面临"百年未有之大变局"，中美经贸摩擦仅是这场大变局的开端。粮食安全作为国家三大基础安全之一，在中美经贸摩擦的大背景下重要性愈发突出。美国每次都将大量农产品的输入作为谈判的主要诉求，而大量农产品输入将逐步削弱我国粮食自我保障能力。

依靠第三代农机推动我国的农业生产方式变革的时代已经来临。如同我国移动通信产业历经"2G 跟随—3G 突破—4G 同步—5G 引领"的历史性跨越一样，必须在农机行业构建自主可控的第三代农机的创新体系，走出一条我国农机工业创新发展新道路。

二、构建自主可控的第三代农机创新体系

（一）第三代农机创新体系特点

以美国凯斯公司 2016 年研制的全球第一台无人驾驶智能农机作为标志，世界农机发展站到了以信息技术为核心的第三代农机体系的关口。信息技术驱动的第三代农机创新体系，具体有 3 个特点：

①电子化实现农机数字控制；

②网联化实现农机互联互通；

③智能化实现农机无人作业。

具体来说，就是以机械装备为载体，融合电子、信息、生物、环境、材料、现代制造等技术，不断增强装备技术适应性、拓展精准作业功能、保障季节劳动作业可靠性、提升复杂结构制造高效性、改善土壤－动植物－机器－人和生态环境协调性，实现"安全多能、自动高效、精准智能"。

（二）第三代农机创新体系核心路线

由于第三代农机创新技术将传统的农机从机械控制带到了"机械、控制、通信、计算"融合的新阶段，需要中国科学院计算技术研究所这样的信息领域相关单位进入该领域，并积极主导推进新体系的建立，从而建立类似于信息产业的分工模式。以信息产业为例，苹果、华为等信息领域的企业，以构建体系、攻克关键技术，输出解决方案和提供服务为业务核心，真正的生产制造由富士康、比亚迪等等代工企业完成。

所以，第三代农机创新体系的核心思维方式就是把农机转变为以信息技术为核心的高科技智能农业装备。而智能农业装备的实现需要以农业机械装备学科为基础，融合物联网、移动通信、云计算、大数据、人工智能等信息技术，实现跨越式发展。在研发体系上，要构建开放的标准体系，最大程度上发挥出高校、科研院所、企业的各自优势，联合攻关。

（三）第三代农机体系构建重点

1. 第三代农机体系的开放标准，形成农机开放的基础参考架构

三代农机体系面向农业生产模式的转变，需要在传统农机架构的动力系、传动系、

行走系、悬挂系、液压系、收获系统等物理系统基础上，以信息技术为血液构建新型整体架构，包括：分布式电机动力系统、集中式高密度能源系统、电子控制减速系统、模块化收获系统、智能网联系统。

基于标准架构以及共性技术平台，实现定制化农机产品的开发，形成面向农业生产服务的成套技术、标准和工艺流程，满足未来农业生产全生命周期管理需求。

第三代农机体系的实现需要集中国内相关领域的核心研发团队，构建统一开放的标准架构，通过功能的分层分块和接口的标准统一，进行全产业链的协同，完成农机产品开发、制造与信息技术的深度融合，促使制造业、信息产业和农业的协同升级。

2. 面向农机智能化的核心信息部件研发

智能化是第三代农机体系的核心。为此，需要重点围绕五类核心部件进行布局，实现农机的智能化。

（1）面向农机综合控制的芯片

针对农机信息化需求，实现农机电子系统的集中化控制，并且为农机作业、自动驾驶等功能提供毫秒级的数据处理及通信平台。

（2）微型控制操作系统

满足农机应用多元化的核心调度与智能控制算法，完成农机作业过程中亚米级的自动化精量控制。

（3）智能网联系统

基于天地一体化网联通信技术，将传统的农机升级为具备计算、通信、控制能力的新型智能终端，并支持集群、协作、广域通信的能力，满足农机控制过程中GB级别的综合数据传输需求。

（4）"人机分离"的无人驾驶

分阶段实现辅助驾驶、遥控驾驶、智能自主驾驶，具备对农业生产的记忆和自我执行能力，在特定的农场里面可以根据历史经验自主执行。

（5）农机大数据系统

实现农机农业数据EB级的存储及处理，实现数据驱动的农机作业控制、故障预测等，并对上提供农业生产应用的数据及控制接口。

3. 基于新能源技术实现农机基础平台的"换道超车"

经过多年的发展，我国在新能源技术领域已经获得良好的技术积累，为我国借助新能源技术研发农机基础平台提供了良好的基础。此外，新能源技术与信息技术具有天然的亲和力，因此，基于新能源技术实现农机基础平台的飞跃是构建三代农机体系的重要思路。农机基础平台的研发工作主要包括6个方面：

（1）轮毂电机系统

通过分布式控制的轮毂电机实现大马力动力系统提升，包括单机的分布式电机部署，实现单机动力的线形叠加和依靠通信系统实现多机集群驾驶，提升作业效率。

（2）新型的清洁高密度能源系统

分阶段引入新型清洁能源驱动农业装备，从锂电到甲烷，再到氢能源动力，稳步实现 500 Wh/kg 能量密度，完成农机主体能源系统从燃油到清洁能源的替代。

（3）分布式控制系统

针对可扩展的轮毂电机架构，通过分布式的轮毂电机控制，实现低速非道路行走的分布式控制。

（4）大扭矩减速器

完成低转速大扭矩的农机减速器设计与材料选型，实现了大马力农机平台的稳定控制。

（5）电控液压控制系统

通过电控方法和精确控制液压系统，为厘米级的农机精量作业提供更为准确得控制。

（6）数控底盘系统

针对无人智能驾驶需求，设计大马力数控底盘，实现自动转向、提速等功能。

4. 基于我国地理地貌特点，进行定制化研发，并构建新型农业生产服务

我国农业生产极富地域特色，东、西部地区以 400mm 年降水量为界。其中：

①东部地区热、水、土条件有较为良好的配合，人口稠密，是我国绝大部分农作物及林、渔、副业的集中地区。

②西部地区气候干旱，在热、水、土条件的配合上有较大缺陷，人口稀少，大部分地区是以畜牧为主，种植为辅。

③因此，个性定制的农业装备有着非常现实的需求。

针对我国不同地域、不同气候、不同作物的农业生产需求，应提供多元化的成套智能农业装备及信息化解决方案。长期目标是打造面向农业、制造业与服务业相融合的互联网化农机服务体系，实现以农机为入口的农业生产服务"阿里巴巴化"，构建农机行业与现代服务业结合的新型业态，推动资源综合循环利用和农业生态环境保护建设，支撑农业的可持续发展。

通过以上四个方面的重点布局，构建完整的第三代智能农机的创新体系，覆盖技术创新、产品创新、装备创新、标准创新、商业模式创新等不同的环节。从根本上改变目前农业装备的生产－销售模式，通过信息技术、智能技术驱动农机产业转型升级，从而和世界农机强国比肩。

5. 我国第三代农机体系与智慧农业在黄河三角洲的探索

第三代农机体系的构建、完善和成熟需要一个发展过程，然而大量的测试和验证是必不可少的环节。因此，针对特殊地形地貌和特殊的农作物品种，按照"工业 4.0"的思路，实现个性化的农机定制，并开展技术、整机和示范验证，对于推动第三代农机产业的发展尤其重要。

作为我国重要的后备耕地资源，改良和利用盐碱地对补偿日益减少的耕地面积、保障国家粮食安全具有重要意义。在农业装备方面，因为盐碱地土壤以及作物的特殊

性，目前几乎没有出现专门针对盐碱地作业的农业装备，更不用说"耕、种、管、收"的全程机械化。

黄河三角洲农业高新技术产业示范区（以下简称"黄三角农高区"）是我国 21 世纪设立的第一个围绕盐碱地综合治理的国家级农业高新技术产业示范区。

国务院赋予黄三角农高区的重大任务是：

①深入实施创新驱动发展战略，在盐碱地综合治理、国际科技交流与合作、体制机制与政策创新、"四化"同步发展方面先行先试，做出示范；

②建立可复制、可推广的创新驱动城乡一体化发展新模式，成为促进农业科技进步和增强自主创新能力的重要载体，成为带动东部沿海地区农业结构调整和发展方式转变的强大引擎。

当前黄河流域生态保护和高质量发展已经上升为重大国家战略，黄三角农高区在中国科学院、山东省政府的积极支持下成立了黄河三角洲农高区技术创新中心，而第三代农机技术体系则成为未来农业耕作模式的一个重要支撑点。

因此，我们计划以黄河三角洲盐碱地农业综合应用示范为例，对第三代农机体系的构建和未来农业耕作模式进行探索，建立可复制可推广的农机商业模式，具体工作包括三个方面：

（1）资源整合，在黄三角农高区落地建设新一代智能农机中试研发平台

2019 年 11 月，经中国科学院批准，由中国科学院计算技术研究所牵头，联合中国科学院植物研究所、微电子研究所、沈阳自动化研究所等 7 家院内单位联合组建了中国科学院智能农业机械装备工程实验室（以下简称"工程实验室"）。

经过多年的部署和研发，工程实验室已经成功研发出国内首款智能农机专用控制芯片、智能网联终端控制器、农机大数据平台和无人驾驶技术等，率先提出并成功研制出全球第一台基于第三代技术体系的智能农业装备。目前，工程实验室团队在新一代智能农业装备领域处于国内领先、国际一流的水平。

为了进一步促进我国新一代智能农机的发展，工程实验室联合国家农机装备创新中心、中国石油大学（华东）、电子科技大学等，以黄三角农高区为基地，组建了山东中科智能农业机械装备技术创新中心。目前，该中心已经完成第三代农机中试研发平台的建设。

针对第三代农机创新体系的关键技术，完成了智慧农业机器人应用开发平台、智能农机应用大数据平台、超级基站农业传输网络应用开发平台、智慧农耕设施监测应用平台、超大马力智能农机研发平台、农机具变量作业技术开发及验证平台、通导遥一体化的农业航空系统开发平台、智慧农耕装备生产过程检测开发平台、智慧农耕感知识别技术开发平台和全程无人化作业示范应用开发平台等十大关键技术平台。

（2）围绕第三代超大马力智能网联农机装备建设中试组装基地

我国的农机产业，既要破"重主机，轻部件"的困局，也要继承"主机突破，零部件跟进"进而带动产业整体创新发展的历史经验。所以，在完成第三代农机创新体

系的核心技术和核心零部件布局的同时，通过聚集国内的优势科技力量，形成核心竞争力，包括提供第三代农机核心控制芯片、操作系统和电子控制单元（ECU）等核心零部件，彻底打破国外对农机相关领域的垄断。

项目团队将联合院内相关单位，围绕超大马力智能网联农机"鸿鹄"系列开展重大装备攻关，在黄三角农高区突破超大马力农机的复杂系统控制与系统集成难题，形成具备天地一体化网联、智能化作业、自主作业路径规划等功能的"全程无人化"系列农业装备。

（3）打造以第三代农机为核心、数据为驱动的新型农业生产模式

30年前，我国的移动通信领域形成了以巨龙通信、大唐电信、中兴通讯、华为技术为代表的通信设备制造商，并且依托三大电信运营商为主的产业格局。30年过去了，移动通信进入5G时代，以华为技术为代表的通信设备商和以中国移动、中国联通、中国电信为代表的运营商继续带领中国的通信产业前进。同样的情况也会发生在未来的农业生产领域。

我们应当认识到，第三代农机创新体系未来商业模式的核心就是"服务"。因此，除了第三代农机装备生产制造外，还应当依托农机装备的"智能网联"能力，实现农机装备的服务运营，打破目前依靠政府补贴销售给农民农机的传统模式。农机之外，涉及智能化农业生产技术及智能化服务，形成了智能化时代的新型农业生产模式变革。

为了实现全面"立体"的智能化农业生产，本项目团队将基于山东黄三角农高区提供的万亩标准试验田，按照第三代农机体系的标准，从"端、网、云、数、用"五个层面进行信息技术与盐碱地农业生产相融合。

①在感知端，结合土壤、气象、作物、畜牧生产的需要，构建以传感器技术为核心的末端数据采集系统。按照50亩为一个网格单元部署传感器终端，实现对整个农业生产过程的数字画像。

②在通信网络，结合农业生产规模化的特点，提供蓝牙、Wi-Fi、5G、卫星组合通信方式，实现空天地一体的立体通信，服务万亩级场景的农业生产通信要求。

③在"云"和"大数据"层面，围绕盐碱地的农业生产构建大数据中心，并结合云计算等技术手段进行数据分析与挖掘。通过每天大约10GB（视频数据经处理后回传）的农业生产数据的汇聚并实现万亩标准示范田的数据综合处理，形成了盐碱地农业的生产经验数字化。

④在应用方面，挖掘盐碱地农业生产数据的价值，反向控制耕、种、植保、收获、烘干、储、运、深加工的第三代农业机械装备的无人化运作。

黄三角农高区以科技创新为己任，借助土地连方成片，具备规模化和智能化作业的基础和创新优势，一旦形成1万亩级盐碱地智慧农业应用示范的标准生产模式，就可以逐步向我国5亿亩盐碱地复制推广，推动第三代农机体系的成熟。

黄三角农高区盐碱地是第三代农机创新体系以及商业创新体系的试验场。未来，以万亩级的标准试验田为模板，并结合我国复杂地形地貌、气候及作物特征，打造符

合我国农业多元化特征的统一商业模式。以第三代农机体系为支撑，以"中国科学院农业科技整体解决方案"为基础，在全国范围内实现一系列的万亩级的样本，将其打造成国家粮食的"稳定器"，保障"中国饭碗"装"中国粮食"；并进一步为"一带一路"沿线国家提供全套体系，践行"人类命运共同体"伟大构想。

（四）展望与建议

构建自主可控的第三代农机创新技术体系是改变我国农机产业长期落后局面的重要抓手，更是提升我国农业生产力水平的关键。围绕"构建我国第三代农机的创新技术体系"这一核心目标，提出三个方面的建议。

1. 加强顶层设计

建议中国科学院针对该方向开展战略研究，结合创新性国家的发展战略，分别制定到 2025 年、2035 年、2050 年的发展规划，开展面向"一带一路"沿线国家的农机产业应用推广战略研究。同时，与科学技术部、工业与信息化部、国家发展和改革委员会、农业农村部、教育部等多个部委联动，对技术体系、制造体系、产业体系、应用体系、人才体系进行融合顶层设计，为达成第三代农机创新体系这一目标优化资源配置。

2. 建立国家平台

农机装备的创新涉及基础理论创新、关键技术创新、集成装备创新、商业模式创新。因此，建议围绕农机－农艺融合的复杂农机系统理论、不同土壤阻力模型下的农机动力学建模等基础理论，建立模拟与仿真试验场，并在国家重大基础科技设施方面予以支持。

3. 支持模式探索

建立融技术、产业、资金、科研、政策于一体，互相支撑的农机创新体系，明确各类主体在农机创新体系中的定位和任务。争取在中国科学院内以此为目标设立战略性先导科技专项支持，形成中国科学院的农业科技系统解决方案，并且以此为基础孵化龙头企业，打造出与农机大国、强国相匹配的世界级农机龙头企业和一批核心关键技术细分领域的隐形冠军。

参考文献

[1] 熊航.智慧农业概论 [M].北京：中国农业出版社，2022.03.

[2] 李守林，郭伟亚.智慧农业产业发展研究 [M].北京：中国农业科学技术出版社，2022.09.

[3] 辜丽川.现代农业科技与管理系列智慧农业应用场景 [M].合肥：安徽科学技术出版社，2022.03.

[4] 马丽婷.智慧农业科技支撑农业农村高质量发展 [M].延吉：延边教育出版社，2022.06.

[5] 谭佐军，程其奕，刘玉红.新农科背景下智慧农业系列重点教材工程光学实验与智慧农业应用[M].北京：高等教育出版社，2022.08.

[6] 孙峰.农业高等职业教育本科系列教材智慧农业无人机 [M].北京：中国农业大学出版社，2022.08.

[7] 李凌云，张晓静，赵静娟.2021 国际农业科技动态 [M].北京：中国农业科学技术出版社，2022.10.

[8] 杨勇.新农人新农业与新互联网时代 [M].北京：中国农业科学技术出版社，2022.08.

[9] 马新明，时雷，台海江.农业物联网技术与大田作物应用[M].北京：科学出版社，2022.08.

[10] 严谨.数字经济从数字到智慧的升级路径 [M].北京：九州出版社，2021.07.

[11] 孔令刚.乡村振兴战略背景下的农业支持保护政策研究 [M].北京：光明日报出版社，2021.06.

[12] 刘北桦，唐志强.中国传统农业生态智慧 [M].北京：中国农业出版社，2021.06.

[13] 李道亮.物联网在中国物联网与智慧农业 [M].北京：电子工业出版社，2021.02.

[14] 马洪凯，白儒春.物联网技术与应用智慧农业项目实训指导 [M].北京：冶金工业出版社，2021.08.

[15] 杨宁，赖剑煌.5G 的世界智慧教育 [M].广州：广东科学技术出版社，2021.12.

[16] 黄伟锋，朱立学.高等教育面向 21 世纪现代农业特色十四五系列教材智慧农业测控技术与装备 [M].成都：西南交通大学出版社，2021.09.

[17] 陈剑平，万忠，刘艳.农业科技创新驱动发展战略研究[M].北京：科学出版社，2021.03.

[18] 周国民.农业大数据技术与创新应用[M].北京：中国农业科学技术出版社，2021.01.

[19] 尹武.农业物联网导论[M].西安：西安电子科学技术大学出版社，2021.10.

[20] 景元书，高益波，谢新乔.现代农业气象预报[M].北京：气象出版社，2021.07.

[21] 周承波，侯传本，左振朋.物联网智慧农业[M].济南：济南出版社，2020.08.

[22] 龙陈锋，方逵，朱幸辉.智慧农业农村关键技术研究与应用[M].天津：天津大学出版社，2020.08.

[23] 张虹，苏瑞，高莉娟.后现代哲学家的智慧[M].天津：天津人民出版社，2020.06.

[24] 陈燕娟.种业发展与农业国际合作[M].北京：中国经济出版社，2020.03.

[25] 曾凡太，刘美丽，陶翠霞.物联网之智智能硬件开发与智慧城市建设[M].北京：机械工业出版社，2020.07.

[26] 曹旭平.苏州现代农业发展路径研究[M].长春：吉林人民出版社，2020.08.

[27] 苑荣，唐志强.五千年农耕的智慧中国古代农业科技知识科普版[M].北京：中国农业出版社，2020.11.

[28] 郑勇，孙启玉，邢建平.农业物联网系统工程[M].北京：化学工业出版社，2020.06.

[29] 张漫，刘刚，李民赞.农业机械智能导航技术[M].北京：中国农业大学出版社，2020.02.

[30] 邓小明.论新农业科技革命[M].北京：中国农业出版社，2020.11.

[31] 侯秀芳，王栋.乡村振兴战略下"智慧农业"的发展路径[M].青岛：中国海洋大学出版社，2019.12.

[32] 蒋建科.颠覆性农业科技[M].北京：中国科学技术出版社，2019.03.

[33] 穆娟微.寒地水稻智慧植保[M].哈尔滨：黑龙江科学技术出版社，2019.06.

[34] 卢迈.新型智慧城市政策、理论与实践[M].北京：中国发展出版社，2019.07.

[35] 高志强，官春云.卓越农业人才培养机制创新[M].长沙：湖南科学技术出版社，2019.02.

[36] 梁普兴，李湘妮.新时代创意农业实践与模式探索[M].广州：广东科技出版社，2019.10.

[37] 贾敬敦.农业农村现代化与科技创新重大问题研究[M].北京：科学技术文献出版社，2019.03.

[38] 王文月，葛立群.农业农村现代化与产业科技创新研究[M].北京：科学技术文献出版社，2019.03.

[39] 王建，李秀华，张一品 . 智慧农业 [M]. 天津：天津科学技术出版社，2019.11.

[40] 李伟越，艾建安，杜完锁 . 智慧农业 [M]. 北京：中国农业科学技术出版社，2019.10.

[41] 杨丹 . 智慧农业实践 [M]. 北京：人民邮电出版社，2019.05.

[42] 胡晓，张峰 . 无人机在智慧城镇与智慧农业中的应用 [M]. 北京：中国农业出版社，2019.01.

[43] 柳开楼，王亮亮，郑学博 . 智能手机在智慧农业中的应用实践 [M]. 北京：中国农业科学技术出版社，2019.04.